JN437411

유기화학

박성수 · 백승화 · 박영호 공저

光文閣
www.kwangmoonkag.co.kr

이 교재는 대학에서 유기화학을 수년간 강의해온 경험을 토대로 하여 화학을 전공하는 학생뿐 아니라 유기화학 지식을 필요로 하지만 긴 과정과 시간을 할애할 수 없는 농학, 미생물학, 식품영양학, 약학, 간호학, 환경공학 등을 전공하는 학생들을 위해 유기화학의 기본개념을 알기 쉽게 흥미를 느끼며 이해할 수 있도록 꾸몄다.

이 교재의 특징은 16장으로 구성되었으며 기초과정에서 알아야 할 유기화학의 기본적인 개념, 유기반응의 메카니즘 분자모형을 활용한 분자구조, 입체화학, 고분자 및 유기화합물의 분광법에 이르기까지 유기화학 지식 습득에 필요한 거의 모든 주제를 빠짐없이 포함시켰으며 불필요한 전문용어 등을 최대한 억제 사용하였다.

이 교재는 아직도 다듬어야 할 곳이 많으므로 보완할 내용이 발견되면 아낌없는 충고와 조언을 해주시길 바라며 이들 의견을 수렴하여 수정할 것을 약속하는 바이다.

끝으로 이 책이 나오기까지 불철주야 노력하신 광문각 출판사 박정태 사장님과 직원 여러분께 진심으로 감사의 마음을 드리고자 한다.

2011년 2월

저 자

CONTENTS

제1장 서론(Introduction) / 11

1-1 유기화학 11
1-2 유기화합물의 특징 12
1-3 유기화합물의 분류 13
1-4 원자의 구조와 화학결합 14
1-5 화학결합의 종류 16
1-6 탄소원자의 구조와 성질 19
■ 연습문제 23

제2장 포화탄화수소(Saturated Hydrocarbon) / 27

2-1 포화탄화수소의 화학구조 27
2-2 알칸의 명명법(Nomenclature) 28
2-3 알칸의 물리적 성질 31
2-4 동족열과 이성체 32
2-5 알칸의 화학적 성질 33
2-6 제 법 38
2-7 시클로 알칸(cyclo alkane) 39
■ 연습문제 44

제3장 불포화탄화수소(Unsaturated hydrocarbon) / 47

3-1 알켄(alkene) 47
3-2 디엔(diene)과 폴리디엔(polydiene) 55
3-3 알킨(alkyne) 57
■ 연습문제 63

제4장 방향족 화합물(Aromatic compound) / 69

4-1 벤젠의 구조 ······69
4-2 벤젠의 안정성 ······72
4-3 벤젠 유도체의 명명법 ······73
4-4 벤젠의 제법 ······75
4-5 벤젠의 반응 ······76
4-6 치환반응에서의 지향성 ······79
4-7 치환체의 생성 ······81
4-8 방향족 다핵 화합물 ······82
■ 연습문제 ······84

제5장 입체화학 / 91

5-1 편광 ······93
5-2 키랄성(chirality) ······94
5-3 삼차원 구조의 도시 ······95
5-4 명명법 ······97
5-5 비대칭탄소가 2개인 화합물 ······100
5-6 비대칭탄소가 없는 거울상이성질체 ······102
5-7 반응의 입체화학 ······103
5-8 분할 ······105
5-9 E-Z 이성질체 ······107
■ 연습문제 ······108

제6장 알코올과 에테르 / 113

6-1 알코올(alcohol) ······113
6-2 알코올의 명명법 ······114
6-3 알코올의 물리적 성질 ······115
6-4 알코올의 화학반응 ······116
6-5 알코올의 제법 ······120
6-6 중요한 알코올 ······122
6-7 다가 알코올 ······124
6-8 Ether ······126
■ 연습문제 ······130

제7장 할로겐 화합물 / 137

7-1 할로겐화 알킬의 종류 및 물리적 성질 ······137
7-2 제법 ······138
7-3 반응 ······140
7-4 폴리할로겐화물 ······141
■ 연습문제 ······144

제8장 알데히드 케톤 / 149

8-1 명명법 ······149
8-2 알데히드와 케톤의 제법 ······151
8-3 화학반응 ······153
8-4 중요한 알데히드와 케톤 ······157
■ 연습문제 ······160

제9장 카르복실산과 그 유도체 / 169

9-1 명명법 ······170
9-2 물리적 성질 ······172
9-3 카르복실산의 산성도 ······173
9-4 제법 ······176
9-5 카르복실산의 반응 ······178
9-6 디카르복실산(dicarboxylic acid) ······180
9-7 산 할로겐화물(acid halide) ······182
9-8 산무수물(acid anhydride) ······183
9-9 에스테르(ester) ······184
9-10 카르복실산 아미드(carboxylic acid amide) ······187
■ 연습문제 ······190

제10장 아민 / 197

10-1 아민(amine)의 명명법 ······197
10-2 물리적 성질 ······198
10-3 아민의 염기성 ······199
10-4 아민의 제법 ······201
10-5 아민(amine)의 반응 ······205
10-6 제4급 암모늄 염(quaternary ammonium salt) ······208
10-7 몇 가지 아민 화합물 ······208
10-8 디아조이움 염(diazonium salt) ······211
10-9 아조 화합물 ······213
■ 연습문제 ······216

제 11 장 탄수화물 / 221

11-1 단당류(monosaccharide) ··· 221
11-2 이당류(disaccharide) ··· 227
11-3 다당류(polysaccharide) ··· 230
■ 연습문제 ··· 235

제 12 장 지방질 / 241

12-1 지방산 ··· 242
12-2 중성지방 ··· 243
12-3 지방의 화학적 성질 ··· 244
12-4 납(wax) ··· 248
12-5 인지질(phospholipid) ··· 248
12-6 Sphingolipid ··· 249
12-7 당지질(glycolipid) ··· 249
12-8 스테로이드(steroid) ··· 250
12-9 세포막의 구조 ··· 251
■ 연습문제 ··· 253

제 13 장 단백질과 아미노산 / 257

13-1 아미노산(amino acid) ··· 257
13-2 아미노산의 성질 ··· 259
13-3 아미노산의 합성 ··· 261
13-4 아미노산의 반응 ··· 262
13-5 펩티드(peptide) ··· 264

13-6 펩티드의 구조결정 ······266
13-7 펩티드의 합성 ······270
13-8 단백질 ······273
13-9 단백질의 성질 ······274
13-10 단백질의 구조 ······275
13-11 효소의 구조와 반응성 ······279
13-12 핵산의 화학성분 ······281
13-13 핵산의 1차 구조 ······282
13-14 DNA의 2차 구조 ······284
13-15 DNA의 복제 ······285
13-16 단백질의 생합성 - RNA의 역할 ······286
13-17 비루스 ······287
■ 연습문제 ······289

제14장 헤티로고리 화합물 / 297

14-1 원자고리화합물(hetero 원자 1개인 것) ······297
14-2 5원자 고리 화합물(hetero 원자 2개인 것) ······300
14-3 6원자고리 화합물(hetero 원자 1개인 것) ······302
14-4 6원자고리 화합물(hetero 원자 2개 이상인 것) ······308
14-5 핵산(nucleic acids) ······309
14-6 Vitamin ······311
■ 연습문제 ······313

제15장 테르펜 / 317

15-1 개쇄상(開鎖狀) 테르펜류 ······318

15-2 단환상(單環狀) 테르펜류 ······ 319
15-3 중환상(重環狀) 테르펜류(bicyclic terpenes) ······ 320
15-4 세스퀴테르류($C_{15}H_{24}$) ······ 321
15-5 스테로이드(steroid) ······ 323
15-6 알칼로이드(alkaloid) ······ 327
15-7 항생물질(antibiotics) ······ 330
■ 연습문제 ······ 333

제16장 유기화합물과 분광법 / 335

16-1 전자기 복사선과 분자 ······ 335
16-2 적외선 흡광 분광법 ······ 338
16-3 자외선-가시광선 분광법 ······ 348
16-4 착색된 분자 : 염료 ······ 353
16-5 임상 화학 ······ 355
16-6 광화학 ······ 357
16-7 핵 자기 공명 분광법 ······ 358
16-8 질량 분석법 ······ 370

제1장 서 론(Introduction)

1-1 유기화학

유기화학(Organic chemistry)이란 탄소원자를 포함하는 물질의 화학이다.

대체로 organic이란 말은 18세기 중엽부터 생물체(living organism)에 관계가 있는 여러 가지 화합물에서 주어진 것이다.

즉 생명체에서 생성되는 물질을 유기화합물(organic substance)이라 하고 비생명체에서 생성되는 물질을 무기화합물(inorganic substance)이라고 하였다.

이처럼 유기화합물이라고 하는 것은 오직 생물체의 생명력(vital force)에 의하여서만 조성되는 것이고 인공적으로는 만들 수 없는 것이라는 생각을 가지고 있었다.

그런데 이와 같은 생각에 수정이 가해지는 것은 1828년 독일의 wöhler가 무기물인 ammonium cyanate를 가열하여 유기물인 요소를 생성하면서 부터이다.

$$\underset{\text{ammonium cyanate}}{NH_4 \cdot CNO} \xrightarrow{\text{가열}} \underset{\text{urea}}{CO(NH_2)_2}$$

그리하여 오늘날에 유기화합물이란 탄소를 함유하는 물질을 말하며, 이와 같은 물질의 구조나 성질 및 변화과정 등을 다루는 학문을 유기화학(organic chemistry)이라 부른다.

이와 같이 하여 탄소를 함유하지 않은 무기화합물과 구별하고 있다.

그러나 carbon monoxide(CO), carbon dioxide(CO_2), sodium carbonate(Na_2CO_3) 등과 같이 광물계에 관계가 깊은 것은 일반적으로 무기화학에서 다룬다.

1-2 유기화합물의 특징

유기화합물의 주요한 특징을 살펴보면 다음과 같다.

i) 유기화합물의 종류는 매우 많다.

탄소원자는 서로 사슬모양 또는 고리모양의 구조적 특징을 가지고 있으므로 그 결합의 수와 양식에 따라서 수많은 화합물의 존재가 가능하며 공유결합이 대부분이며, 현재 알려져 있는 것으로는 약 150만 종 정도이다.

ii) 구성원소의 종류가 적다.

유기화합물의 수는 극히 많지만 그것을 구성하는 원소라고 하면 겨우 C, H, O, N의 4원소 정도이고 일부로는 S, P 등을 함유하는 것도 있지만 그 수는 적다. 따라서 유기화합물은 일반적으로 연소하기 쉽고 그때의 생성물은 주로 CO_2와 H_2O이다.

iii) 유기화합물은 열에 대해서 비교적 불안정 하다.

많은 탄소화합물은 그 분자량에 비하여 융점과 비등점이 낮고, 거의 대부분 300℃ 이하에서 녹거나 휘발해 버리거나 혹은 열에 의하여 분해된다.

iv) 물에 녹지 않는 것이 많고 유기용매에 잘 녹는다.

알코올, 산류, aldehyde, ketone 등의 저분자량과 당류의 일부는 예외이지만, 대개의 유기화합물은 물에 녹기 어렵다. 그러나 ether와 benzene과 같은 유기용매에는 잘 녹는다.

v) 비전해질이 많다.

유기화합물에는 완전히 이온에 해리하는 것이 적다. 그 때문에 유기화학 반응은 일반적으로는 속도가 늦고, 많은 화학반응이 고온과 촉매를 필요로 한다. 또 유기반응은 보통 가역적인 데다가 여러 가지 종류의 부반응을 수반하는 경우가 많다.

vi) 고분자의 물질이 많다.

천연적으로 존재하는 전분, 섬유질, 단백질을 비롯하여 합성수지, 합성섬유, 합성고무 등은 어느 것이든 고분자화합물이라 불려지는 것으로 그 분자량은 수천 내지 수만에 달하고 그의 화학구조도 매우 복잡하다.

1-3 유기화합물의 분류

약 150만종이나 되는 유기화합물에는 그 골격을 이루는 탄소 원자의 결합방법도 여러 가지이다. 여기서 유기화합물의 중심인 탄화수소의 골격을 기준으로 하여 나누어 보면 다음과 같이 크게 나눌 수 있다.

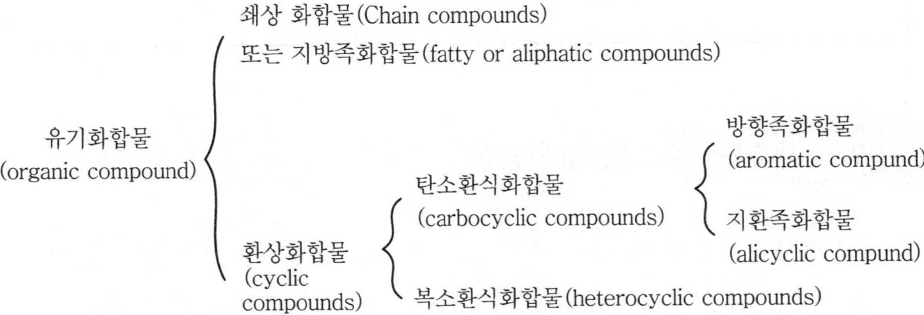

탄소원자가 쇄상으로 결합된 탄소화합물을 쇄상화합물(chain compound) 또는 지방족화합물이라고 한다. 또한, 원자가 오각형, 육각형 등과 같이 고리모양으로 된 화합물을 환상화합물(cyclic compound)이라고도 한다.

유기화합물은 다시 어떤 관능기(functional group)를 가지는가에 따라 세분하면 표 1-1과 같다.

표 1-1 유기화합물의 분류

분류	이름	관능기 또는 골격이 되는 탄소
Hydrocarbons	alkenes	$-\overset{\vert}{\underset{\vert}{C}}-\overset{\vert}{\underset{\vert}{C}}-\overset{\vert}{\underset{\vert}{C}}-$
	alkenes, alkynes	$>C=C<$ $-C\equiv C-$
	alicyclics	(ring: >C<, >C, C<, −C−, −C−)
	aromatics	(ring: C=C, −C, C−, C−C)
O-compounds	alcohol, phenol ether aldehyde ketone carboxylic acid ester carbohydrate	-OH -O-R -CHO > C=O -COOH -COO-R -CHO, -OH, > C=0
N-compounds	nitro compounds amine amide nitrile diazonium salt azo compounds amino acid	$-NO_2$ $-NH_2$, -NH-, $-\overset{\vert}{N}-$ $-CO-NH_2$ -CN $-N_2X$ -N=N- $-NH_2$, -COOH

1-4 원자의 구조와 화학결합

일반화학에서도 이미 배운 바이지만 원자는 양하전을 갖는 양자(proton)와 하전을 갖지 않는 s중성자(neutron)로 된 원자핵이 있고, 이 원자핵을 중심으로 하여 그 둘레를 전자들이 회전하고 있는데, 전자는 음으로 하전되고 있으며, 그 하전량은 양자 한 개의 하전량과 맞먹는 양이 되므로 전자의 수는 원자핵에 존재하는 양자의 수와 같다.

원자핵을 중심으로하여 불연속적으로 이루어진 몇 개의 둥근 공과 같은 전자의 궤도군을 껍질(shell)이라고 하는데, 각 껍질은 최대한 2개까지의 전자를 수용할 수 있으며, 각 껍질은 에너지의 크기가 서로 다르다. 원자핵에서 가장 가까운 껍질부터 차례로 K, L, M, N, O, P, Q, … 껍질 또는 n = 1, 2, 3, 4, … 등의 껍질이라 부른다.

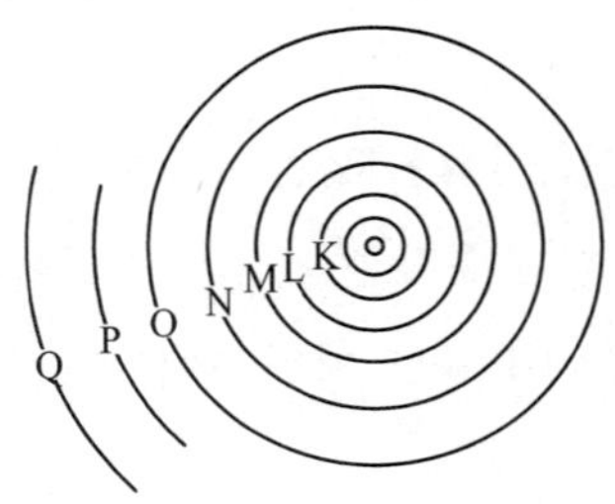

그림 1-1 **원소 원자각 모형**

원자핵에서 가장 가까운 K껍질에는 2개의 전자가 들어갈 수 있고, 다음의 L껍질에는 8개의 전자가, M껍질에는 18개의 전자가 들어갈 수 있다. 이때 K껍질을 최내각이라 하고, 원자핵에서 가장 멀리 떨어져 있는 껍질을 최외각이라 하며, 여기에는 최대로 8개의 전자가 들어 갈 수 있다. 그리고 최외각의 전자배열 상태는 그 원소의 화학반응성을 지배하게 되며, 따라서 이 전자들을 원자가전자(valence electron)라 부른다.

네온(Ne)과 아르곤(Ar) 등은 그 원자의 최외각에 8개의 전자를 갖추고 있으므로, 화학적으로 안정성을 갖게 되지만, 수소를 제외한 다른 원소의 원자들은 부족한 전자를 타원자로부터 끌어들여서 8개의 안정된 전자배열을 이루려는 성질이 있으므로, 화학결합의 현상을 나타낼 수 있다.

탄소원자의 전자배열 상태를 보면, K껍질에 2개, 최외각인 L껍질에 4개의 원자가 있는데, 이 4개의 전자는 원자가 전자가 되어 다른 원자의 전자와 공유하여 새로운 화합물을 만들게 된다.

표 1-2 원소의 주기율표

주기	족	I	II	III	IV	V	VI	VII	VIII
1	원소	H							He
	최외각전자수	1							2
2	원소	Li	Be	B	C	N	O	F	Ne
	최외각전자수	1	2	3	4	5	6	7	8

주기율표에서 왼쪽에 있는 Li나 Be는 한 개 또는 두 개의 최외각전자를 갖고 있는데, 이들은 부족한 7개 또는 6개의 전자를 끌어들이기보다는 이들의 전자를 다른 원자에 주어버리고 자기 자신은 전주기의 불활성원소의 전자 궤도를 갖추려고 한다.

이와 같은 전자를 전자공여체(electron donor)라 하고 반대로 주기율표의 오른쪽에 위치한 O나 F 등은 전자를 받아들여서 8개의 안정한 최외각의 전자배열 상태를 이루려고 하므로, 이와 같은 원자를 전자수용체(electron acceptor)라 부른다.

주기율표의 중간에 위치한 탄소는 4개의 최외각전자가 있는데 이들 전자를 주거나 받거나 하지 않고 다른 탄소원자와 전자쌍을 이루어 공유하므로써, 서로 최외각에 8개의 전자를 갖고 안정하려 하기 때문에 많은 종류의 화합물이 이루어지는 원인이 되고 있다.

1-5 화학결합의 종류

1-5-1 공유결합(Covalent bond)

두 개의 원자가 전자를 서로 공유하여 이루어진 것으로 수소원자가 서로 결합하여 수소 분자(H_2)를 형성할 때 각 원자가 가지는 한 개씩의 전자는 H : H 와 같이 두 원자가 서로 공유하며 H_2를 형성한다. 이와같은 결합을 공유결합이라 한다.

1개의 탄소원자와 4개의 수소원자가 메탄(methane)을 형성하는 경우를 보면 생성물인 메탄에서 각 원자는 전자를 공유함으로써 탄소는 전자의 완전한 옥테트(octet)를 이루고 있으며 각 수소원자는 전자쌍을 갖게 된다.

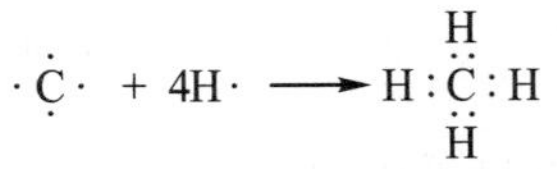

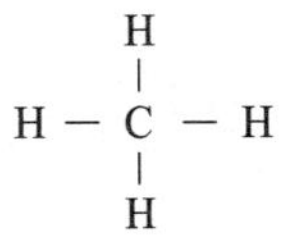

```
                        H
                        ..
 ·Ċ·  + 4H·  ──►   H : C : H
  ·                     ..
                        H

     H              H   H              H   H   H
     |              |   |              |   |   |
 H - C - H      H - C - C - H      H - C - C - C - H
     |              |   |              |   |   |
     H              H   H              H   H   H

  methane          ethane              propane
```

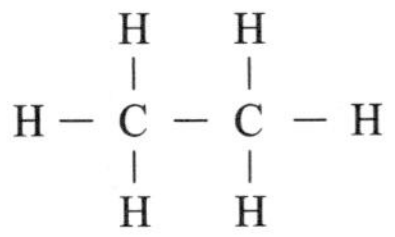

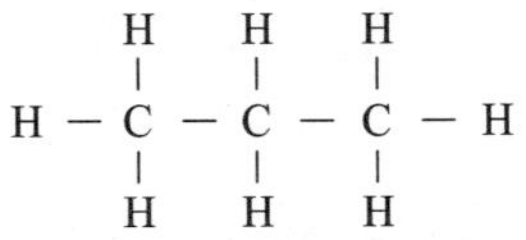

탄소화합물이 독특한 분야를 이루는 것은 탄소 - 탄소 사이에 강한 공유결합을 이룰 수 있기 때문이다. 위에 주어진 탄화수소(hydrocarbon), 즉 알칸류(alkane)가 이러한 성질을 잘 설명해준다.

1-5-2 이온결합(Ionic bond)

전자대의 공유에 의한 공유결합에 대해 이온결합에서는 원자외각전자를 상대방의 원자에 주어 자신은 (+)ion으로 되고 상대방은(-)ion으로 된다. 이들이 정전기적인 (+)(-)의 결합에 의하여 이루어지는 결합을 이온결합(ionic bond)이라고 한다.

Na와 Cl이 이온결합하는 경우를 보면 전자수용체는 다른 원자로부터 전자를 받아서 최외각에 8개의 안정한 전자배열을 갖추려고 한다. 즉 Na는 전자를 잃고 양이온으로 되며 Cl은 음이온으로 하전되어 정전기적인력에 의해 흔히 결합하여 염을 형성한다.

흔히 주기율표의 좌측에 있는 양전성 금속원자와 주기율표의 우측에 있는 음전성 비금속원자 사이에서 볼 수 있다.

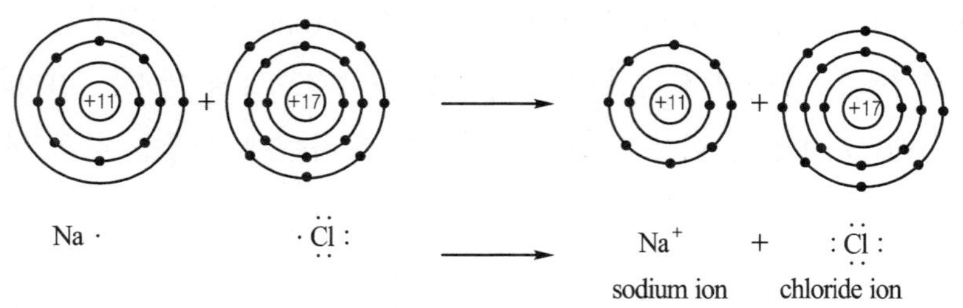

그림 1-2 Na와 Cl이 이온결합 하는 모양

1-5-3 수소결합(Hydrogen bond)

한 개의 수소원자가 극성을 띠는 두 개의 원자 사이에 끼었을 때는 정전기적 인력으로 인하여 세 원자 간에 아주 약한 결합이 형성되는데 이와 같은 결합을 수소결합(hydrogen bond)이라고 한다.

이와 같은 수소결합은 전기음성도가 강할수록 잘 형성되며 물 분자끼리, 또는 암모니아와 물 분자 사이에서 볼 수 있다.

수소결합은 공유결합 세기의 5~10%이지만 물리적 성질에 관계가 있고 특히 단백질과 핵산과 같은 큰 분자의 모양을 결정하는데 중요한 관계가 있다.

```
                          H         H
H — O ····· H — O         |         |
    |           |     H — N ····· H — O
    H           H         |
                          H
```

지금까지 알려진 바로는 F, O, N 원자와 H 원자 사이에서 수소 결합이 이루어지고 있다.

1-5-4 배유결합(Coordinate bond)

이온결합과 공유결합이 중복된 것이라고 볼 수 있으며 한쪽의 원자에서 2개의 전자를 공급하고 다른 원자에서 전자를 내지 않고 결합하는 방법을 배유결합(coordinate bond)이라고 한다.

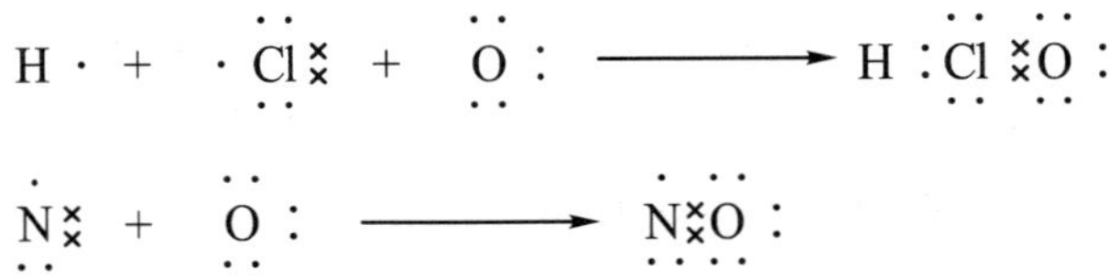

H · + ·Cl⨯⨯ + O : ⟶ H :Cl ⨯⨯O :

N⨯⨯ + O : ⟶ N⨯⨯O :

위에서 보는 바와 같이 공유되지 않은 전자쌍이 존재하는데, 이와 같은 전자쌍을 유리전자대(lone pain) 또는 고독 전자대라고 한다.

1-6 탄소원자의 구조와 성질

유기화학이 탄소화합물에 대한 학문이기 때문에 탄소원자에 대한 깊은 이해는 무엇보다도 중요하다.

탄소원자의 전자배열은 바닥 상태(ground state)일 때 1s, 2s, $2p_x$, $2p_y$ 이지만, 어떤 이유로 에너지의 변화가 생겼을 때에는 여기 상태(excited state)로 되어 1s, 2s, $2p_x$, $2p_y$, $2p_z$의 배열을 갖게 된다.

바닥상태의 전자배열	1*s*	2*s*	$2p_x$	$2p_y$	$2p_z$
	↑↓	↑↓	↑	↑	

들뜬상태의 전자배열	1*s*	2*s*	$2p_x$	$2p_y$	$2p_z$
	↑↓	↑	↑	↑	↑

그림 1-3 탄소원자의 전자 배열상태

이들 전자 중 화학결합에 관계되는 가전자는 2*s* 와 2*p*에 있는 4개의 전자인데, 이들이 소속되는 궤도는 다를지언정 서로 동등한 자격으로 화학결합에 참여하게 된다. 즉, 이들 4개의 전자는 각기 다른 궤도함수를 화학결합에 이용하지 않고, 이들이 서로 혼성하여 4 개의 소위 sp^3 혼성궤도를 형성하므로 그 원자가 4가이며 각 결합은 서로 동격인 공유결합을 이룰 수 있다. 따라서 결합각은 기하학적으로 109.30°이어야 한다.

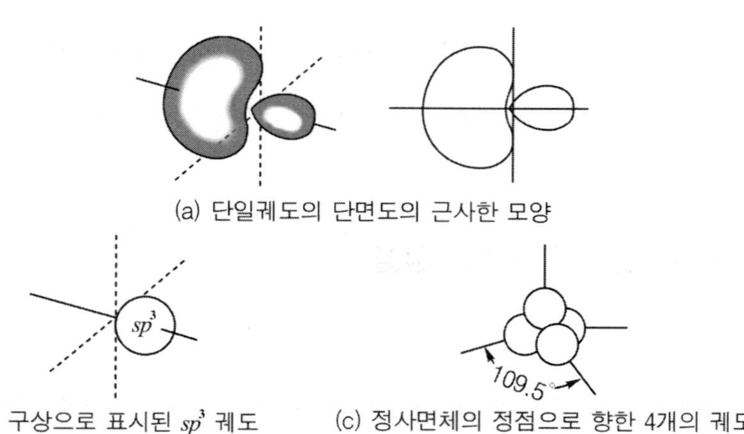

(a) 단일궤도의 단면도의 근사한 모양

(b) 구상으로 표시된 sp^3 궤도 (c) 정사면체의 정점으로 향한 4개의 궤도

그림 1-4 SP³ 혼성궤도

탄소원자와 탄소원자끼리 결합 방법에는 단일결합(C-C), 이중결합(C=C), 삼중결합(C≡C)의 세 가지 방법이 있는데, 단일결합은 δ결합으로 되어 있고 이중결합과 삼중결합에 있어서는 한 개의 δ결합과 한 개 또는 두 개의 π 결합으로 되어 있다.

1-6-1 δ 결합

두 수소원자가 결합해서 수소분자를 형성할 때에는 각 수소원자의 1s 궤도가 서로 포개져서 공유결합을 이루며, 또 에탄(ethane, CH_3-CH_3)을 예로 들어보면 탄소와 탄소와의 결합은 각 탄소의 sp^3혼성궤도 하나씩이 서로 포개어져 C-C결합이 형성되고, 각 탄소의 나머지 세 개의 sp^3혼성궤도는 수소의 1s궤도와 포개어져 C-H결합을 이루게 된다. 이와 같은 결합을 공유결합이라 하며, 다음의 π결합에 비하여 안정한 결합이다.

1-6-2 π결합

에텐(ethene, CH_2 = CH_2)에서 보면, 탄소원자의 4개의 sp^3혼성궤도 중 2개는 수소원자의 1s와 포개어져 δ결합을 형성하고, 각 탄소의 나머지 2개의 sp^3혼성궤도는 서로 포개어져서 2개의 C=C이중결합을 이룰 수 있는 것처럼 짐작할 수 있으나 실지로는 그 같이 되지 못한다. 즉 파울리(pauli)의 법칙에 의하면 2개의 전자가 동일한 상태의 궤도를 형성할 수 없으며, 따라서 에텐에 있어서는 탄소 1개의 s궤도와 2개의 p궤도가 혼성하여 3개의 새로운 sp^2혼성궤도를 형성하여 이중에서 2개의 sp궤도는 수소의 1s궤도와 포개어 져서 C-H δ결합을 이루고 나머지 1개의 sp^2 궤도는 다른 탄소원자의 sp2궤도와 포개어져서 C-C 결합, 즉 δ결합을 이루게 된다. 그런데 탄소원자에는 아직도 1개의 p궤도가 남아 있는데, 이 궤도는 앞의 sp^2궤도와 직각을 이루어 전자운을 형성하게 되며, 상대편 탄소원자에서 이루어진 전자운의 일부분이 서로 포개어져서 일종의 결합을 이루게 되는데, 이와 같은 결합을 π결합이라고 한다.

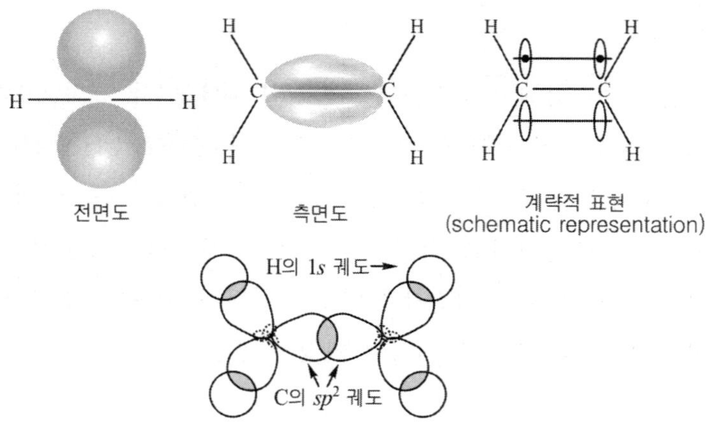

그림 1-5 Ethene의 결합 상태

π결합은 σ결합에 비해서 전자궤도가 포개어진 정도가 작으므로 그 결합은 불안정하며, 따라서 전자가 이동하기 쉽고 분자 내 분극을 형성하기 쉽다 π결합에 관여하는 전자를 π전자라 부른다.

문제 1. **베릴륨(Be)이온은 어떤 전하를 갖고 있는가?**

풀이

원자번호 4번인 $_4Be$은 $1S^2$, $2S^1$, $2P^1$의 전자배치를 지녀 최외각의 전자는 2개의 양하전을 가진다.

문제 2. **리튬(Li)과 베릴륨(Be)중 어느 원자가 보다 더 전기적 양성인가?**

풀이

원자번호 3번 Li과 4번 Be으로 Li은 양하전 1개, Be은 양하전 2개로 Be이 양하전 1개가 더 많은 양성이다.

문제 3. **산소(O)와 플루오르(F), 산소(O)와 질소(N), 플루오르(F)와 염소(Cl) 가운데 보다 강한 전기음성을 나타내는 원소를 가려내어라.**

풀이

산소(O=3.4)와 플루오르(F=4.0)의 전기음성도 값은 0.6 임

산소(O=3.4)와 질소(N=3.0)의 전기음성도 값은 0.4 임

플루오르(F=4.0)의 염소(Cl=3.2)의 전기음성도 값은 0.8 임

문제 4. **클로로메탄(염화메틸) CH_3Cl의 구조식을 써라.**

풀이

```
     H
     |
H — C — Cl
     |
     H
```

문제 5. **1개의 탄소-탄소 이중결합을 가진 C_3H_6의 구조식을 써라.**

풀이

```
  H  H  H
  |  |  |
H-C=C-C-H
        |
        H
```

문제 6. 다음 원자들의 원자가전자수는 각각 몇 개인가? 원소기호가 내부 전자껍질을 나타낸다고 가정하고 점을 사용하여 원자가전자를 표시하여라.

① 탄소C ② 불소F ③ 규소Si ④ 붕소B ⑤ 황S ⑥ 인P

풀이

① 원자번호 6번인 탄소C는 4개 ② 원자번호 9번인 불소F는 7개
③ 원자번호 14번인 규소Si는 4개 ④ 원자번호 5번인 붕소B는 3개
⑤ 원자번호 16번인 황S는 6개 ⑥ 원자번호 15번인 인P는 5개

문제 7. σ결합과 π결합의 차이점을 예를 들어 설명하라.

풀이 σ결합(sigma bond)은 S–S, S–P, P–P의 결합에서 볼 수 있듯이 원소와 원소 간의 결합이 원소의 핵 간의 축을 따라 원통형으로 대칭을 이루는 종적겹침으로 단일결합을 형성한다.

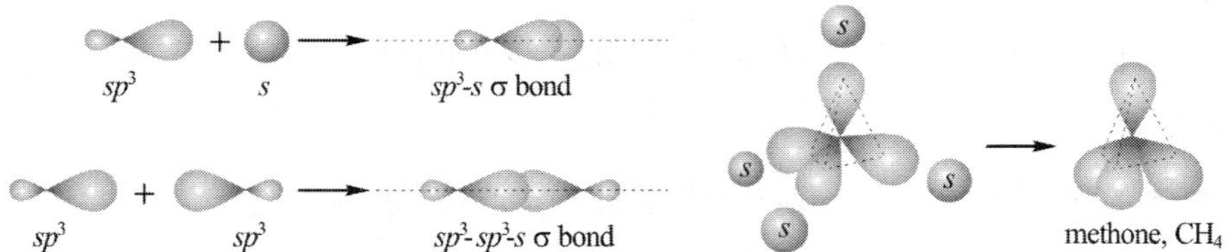

π결합(pi bond)은 sp^2–sp^2 궤도함수의 끝과 끝이 연결되어 생긴(end-on overlab) σ결합에 탄소의 p 궤도함수가 횡적 겹침이 일어나 만들어지는 결합으로 이중결합을 형성한다.

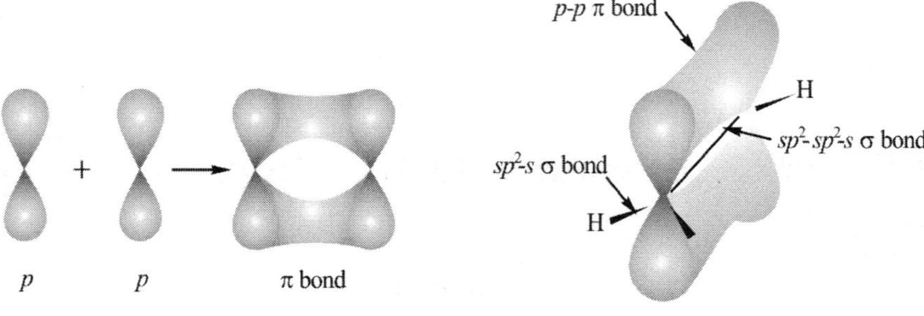

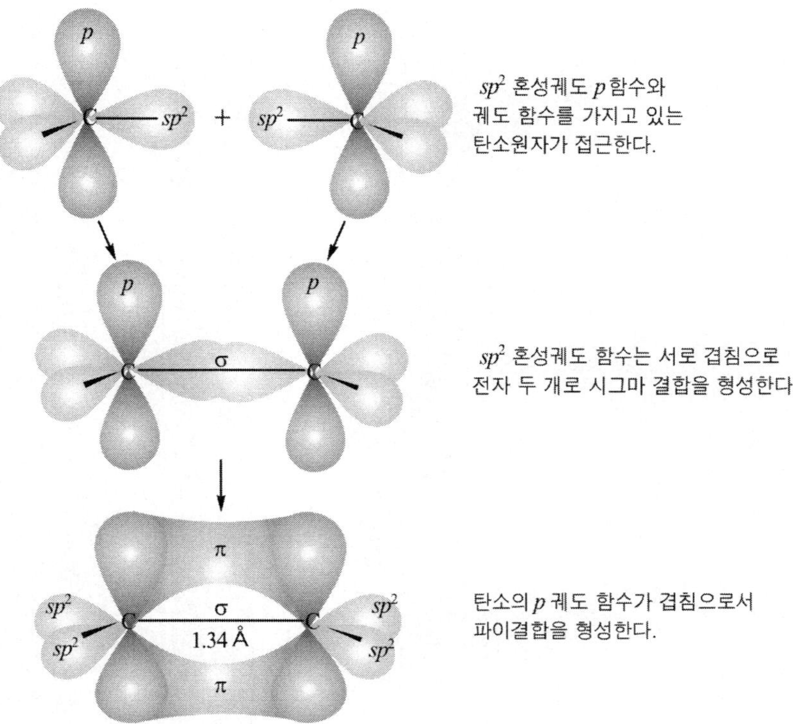

탄소–탄소 이중결합의 두 sp^2의 궤도함수 간에 끝과 끝이 연결되어 생긴 시그마 결합과 p궤도함수의 횡적 겹침에 의해 생성된 파이 결합

제2장 포화탄화수소 (Saturated Hydrocarbon)

탄화수소는 탄소와 수소원자로 이루어진 화합물로서 탄소원자 사이에 단일 결합(single bond)만으로 이루어진 화합물을 포화탄화수소(saturated hydrocarbon)라 하고 이중결합(double bond)이나 삼중결합(triple bond)을 가지는 탄화수소를 불포화탄화수소(unsaturated hydrocarbon)라 한다. 오직 탄소원자와 수소원자를 가지고 있으므로 더 복잡한 유기화합물은 수소원자를 다른 원자나 원자단으로 치환하여 포화탄화수소에서 유도된 것으로 생각할 수 있다.

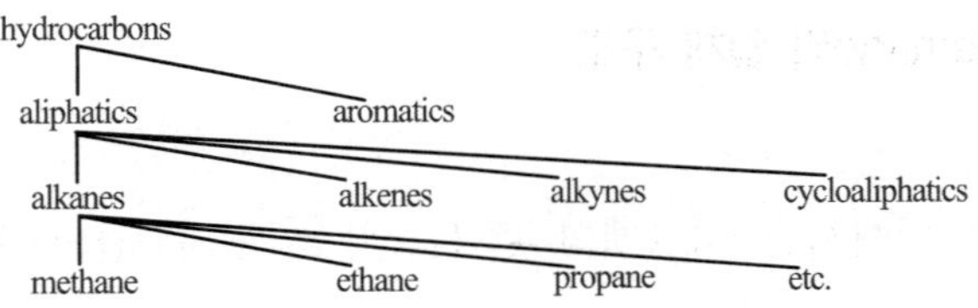

2-1 포화탄화수소의 화학구조

포화탄화수소인 알칸(alkane)은 다른 유기화합물에 비해 반응성이 극히 약하므로 paraffin(라틴어 parum : little, affinis : affinity)계 탄화수소라고 하고 일반식은 C_nH_{2n+2}이다. 또 알칸의 가장 간단한 화합물은 탄소원자수 1개로 된 methane계 탄화수소라 부르며 이 중 가장 간단한 포화탄화수소는 methane계 탄화수소라 부르며 이 중 가장 간단한 포화탄화수소는 methane이다.

H
|
H—C—H 또는 CH_4
|
H

Methane의 화학구조는 대칭적인 정사면체의 구조로 되어 있기 때문에 이 원자가 결합의 공간배열은 정사면체의 수선과 합치되어야 하고 이 화학구조의 실감을 나타내기 위하여 여러 가지 모형들이 사용되고 있다.

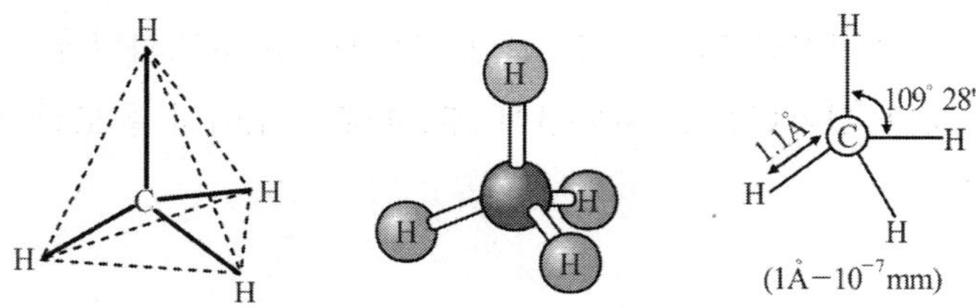

그림 2-1 **Methane의 입체 구조**

Methane에 있어서는 네 개의 C-H결합의 원자 간의 결합간격(bond distance, bond length)은 어느 것이나 같은 1.1Å이며 결합수의 결합각(bond angle)도 109° 28′이다.

2-2 알칸의 명명법(Nomenclature)

수많은 유기화합물에 계통적인 명칭을 붙이는 데는 조직적인 방법이 필요하다. 전 세계의 유기화학자들에 의하여 국제적으로 통일된 명명법이 고안되었고, 이 명명법이 인정되면서 사용되고 있다. 이명명법은 국제순수응용화학연명(Internatinal Union of Pure and Applied Chemistry : IUPAC)에서 추천된 것이며 이것을 IUPAC 명명법 또는 IUPAC법이라 한다.

(i) 파라핀(paraffin), 즉 포화탄화수소의 일반 명칭은 알칸(alkane)이다.

(ii) 사슬의 알칸의 명칭은 C_1에서 C_4 까지는 관용명을 사용하고 C_5 이상의 것에는 Greece의 수사어근에 공통으로 -ane를 붙인다.

(iii) 알칸에서 수소원자를 한 개 없애는 원자단 C_nH_{2n+1}을 알킬기(alkyl group)라 부르고 개개의 명칭은 알칸의 어미를 -yl로 붙인다.

(iv) 가지 달린 사슬모양의 알칸의 경우에는 우선 가장 긴 탄소사슬에 알칸의 기본명을 붙인다. 다음 그 가지 달린 사슬에 가까운 한쪽 끝에서 사슬의 탄소원자에 차례로 1, 2, 3, ···· 이라 번호를 붙여서 가지 달린 사슬의 위치를 나타낸다.

같은 종류의 가지 달린 사슬이 여러 개 있을 때, 그 개수를 mono-, di-, tri-, ····등의 접두어를 사용하여 붙인다.

표 2-1 IUPAC 법에 의한 명칭

C_nH_{2n+2}	alkane	C_nH_{2n+1}	alkyl기	Greece의 수사	
CH_4	methane	CH_3	methyl	1	mono
CH_3CH_3	ethane	C_2H_5	ethyl	2	di
$CH_3CH_2CH_3$	propane	C_3H_7	propyl	3	tri
$CH_3(CH_2)_2CH_3$	butane	C_4H_9	butyl	4	tetra
$CH_3(CH_2)_3CH_3$	pentane	C_5H_{11}	pentyl※	5	penta
$CH_3(CH_2)_4CH_3$	hexane	C_6H_{13}	hexyl	6	hexa
$CH_3(CH_2)_5CH_3$	heptane	C_7H_{15}	heptyl	7	hepta
$CH_3(CH_2)_6CH_3$	octane	C_8H_{17}	octyl	8	octa
$CH_3(CH_2)_7CH_3$	nonane	C_9H_{19}	nanyl	9	nona
$CH_3(CH_2)_8CH_3$	decane	$C_{10}H_{21}$	decyl	10	deca

※ 관용명으로 amyl이라고 부른다.

표 2-2 몇 가지 alkane의 명명법

구조식	I.U.P.A.C.명	관용명
$\overset{1}{C}H_3-\overset{2}{C}H_2-\overset{3}{C}H_2-\overset{4}{C}H_2-\overset{5}{C}H_3$	pentane	*n*-pentane
$\overset{4}{C}H_3-\overset{3}{C}H_2-\overset{2}{C}H(CH_3)-\overset{1}{C}H_3$	2-methylbutane	isopentane
$CH_3-C(CH_3)_2-CH_3$	2,2-dimethylpropane	neopentane
$\overset{1}{C}H_3-\overset{2}{C}(CH_3)_2-\overset{3}{C}H_2-\overset{4}{C}H(CH_3)-\overset{5}{C}H_3$	2,2,4-trimethylpentane	isooctane
$\overset{1}{C}H_3-\overset{2}{C}(CH_3)_2-\overset{3}{C}H_2-\overset{4}{C}H(C_2H_5)-\overset{5}{C}H_2-\overset{6}{C}H_3$	2,2-dimethy-4-ethylhexane	

(v) 가지가 달린 긴 alkyl기는 다음과 같이 명명한다.

$\overset{5}{C}H_3\overset{4}{C}H_2\overset{3}{C}H_2\overset{2}{C}H_2\overset{1}{C}H_2-$
1-methyl pentyl

$(CH_3)_2\overset{5}{C}H\overset{4}{C}H_2\overset{3}{C}H_2\overset{2}{C}H_2\overset{1}{C}H_2-$
5-methyl hexyl

(vi) 길이가 동일한 가장 긴 탄소사슬이 여러 개 있을 경우, 곁사슬의 수가 많은 것을 모체사슬로 한다.

$$\overset{1}{C}H_3-\overset{2}{C}H(CH_3)-C(CH_3)(CH_2CH_3)-\overset{4}{C}H_2-\overset{5}{C}H_2-\overset{6}{C}H_3$$

3-ethyl-2,3-dimethyl hexane

2-3 알칸의 물리적 성질

알칸은 물에 불용성이며 물보다 밀도가 낮아서 물 위에 뜬다. 알칸의 분자 속에는 극성원자단이나 다중결합, 비공유전자쌍이 없으므로 분자간의 인력이 매우 작다. 그 결과 같은 분자량을 가진 다른 탄화수소 유도체보다 대체로 끓는점이 대체로 낮다.

즉 알칸의 C_1~C_4는 상온, 상압에서 gas상이며 C_5~C_{16}는 액상이고 C_{17}이상의 것은 고체로서 20℃ 또는 그 이상에서 액상이 된다. 직쇄의 화합물은 비점이나 융점이 탄소수가 많을수록 높아지지만 측쇄가 있는 이성체에서는 측쇄가 많아지면 낮아진다. 예를 들면 펜탄, 이소펜탄, 그리고 네오펜탄의 끓는점은 각각 36℃, 28℃, 9℃ 이다.

표 2-3 포화탄화수소의 물리적 성질

분자식	명칭	녹는점(℃)	끓는점(℃)
CH_4	methane	-182.7	-161.6
C_2H_6	ethane	-172.0	-88.5
C_3H_8	propane	-189.9	-44.5
C_4H_{10}	butane	-135.0	-0.5
C_5H_{12}	pentane	-130.8	36.2
C_6H_{14}	hexane	-94.3	68.8
C_7H_{16}	heptane	-90.6	98.4
C_8H_{18}	octane	-57	125.8
C_9H_{20}	nonane	-51	150.6
$C_{10}H_{22}$	decane	-29.7	174.0

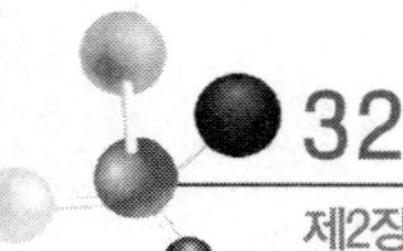

2-4 동족열과 이성체

2-4-1 동족열(homologue series)

포화탄화수소는 그 일반식이 C_nH_{2n+2}로 표시되며, 여기에서 n은 탄소 분자내에 존재하는 탄소원자의 개수를 나타낸 것이다. 위의 화합물을 검토해 보면 각 물질들은 $-CH_2^-$(methylene 기) 만큼 차이가 생기는 것을 알 수 있는데 이런 계열의 각각을 서로 동족열(homologue series)이라 한다.

이 계열에 속하는 화합물들은 물리적, 화학적 성질이 밀접한 관계가 있다.

2-4-2 이성체(isomer)

Methane, propane의 탄화수소에는 각각 단 한 종류의 것만이 존재하지만 butane부터는 동일한 분자식을 나타내도 비점이 서로 다른 물질들이 알려져 있다. 이것은 표 2-4와 같은 구조식에 따라 구별된다.

표 2-4 Butane의 이성체

H H H H │ │ │ │ H−C−C−C−C−H │ │ │ │ H H H H	H H H │ │ H−C──C──C−H │ │ H H H−C−H │ H
$CH_3-CH_2-CH_2-CH_3$	$CH_3-CH-CH_3$ │ CH_3
$CH_3CH_2CH_2CH_3$	$CH_3CH(CH_3)_2$ 또는 $CH_3CH(CH_3)CH_3$
normal butane, *n*−C_4H_{10}H(b.p −0.5℃)	isobutane, *iso*−C_4H_{10}(b.p −10.2℃)

이와같이 동일한 분자식을 가지면서도 성질이 서로 다른 화합물을 이성체(isomer)라고 하며, butane과 isobutane과 같은 화학 구조식에 따라 구별

되는 것을 특히 구조이성체라 한다.

포화탄화수소의 이성체의 수는 pentane(C_5H_{12})에 있어서는 3종, hexane (C_6H_{14})에 있어서는 5종이며 탄소 수가 증가함에 따라 점차 많아진다.

이들의 이성체 중에서 탄소 원자들이 일렬로 늘어선 상태의 화합물을 normal이라고 하며 이와 반대의 경우 가지가 있는 화합물로서 보통 iso를 앞에 붙여서 부르기도 한다.

2-5 알칸의 화학적 성질

포화탄화수소는 그 탄소원자의 결합수가 모두 다른 원자에 의하여 포화되고 있기 때문에 화학적으로 안정하며 halogen원소 이외에 여러 가지 시약에 대한 친화력이 적고 물에는 거의 용해되지 않으며 산이나 알칼리에도 반응하지 않는다.

또 아주 강력한 산화제인 $KMnO_4$나 $K_2Cr_2O_7$에서도 쉽게 산화되지 않는다.

2-5-1 할로겐화 반응(Halogenation)

포화탄화수소의 수소 원자는 halogen원소에 따라 치환되어 여러 가지 종류의 halogen화 탄화수소를 생성한다.

$$CH_4 + Cl_2 \xrightarrow{\text{햇빛과 열}} CH_3Cl + HCl(\text{chlorination})$$

여기에서 얻어진 염화메틸은 필요하다면 나머지 수소들이 전부 치환될 때까지 반응할 수가 있다. 즉 CH_2Cl_2, $CHCl_3$, CCl_4 등이 생성될 수 있고, 보통 때는 이들의 혼합물이 얻어진다.

$$CH_3Cl + Cl_2 \xrightarrow{\text{햇빛과 열}} \underset{\text{methylene chloride}}{CH_2Cl_2} + HCl$$

$$CH_2Cl_2 + Cl_2 \xrightarrow{\text{햇빛과 열}} \underset{\text{chloroform}}{CHCl_3} + HCl$$

$$CHCl_3 + Cl_2 \xrightarrow{\text{햇빛과 열}} \underset{\text{carbon tetrachloride}}{CCl_4} + HCl$$

탄화수소의 탄소 수가 많아지면 이와 같은 반응도 더욱 복잡해진다.

이 반응은 조절이 곤란하므로 여러 가지 혼합물이 생성되고 ethane의 브롬화(bromination)를 보면 다음과 같다.

$$CH_3CH_3 \longrightarrow \underset{\text{ethyl bromide}}{CH_3CH_2Br} \longrightarrow \underset{\text{ethylidene bromide}}{CH_3CHBr_2} + \underset{\text{ethylene bromide}}{CH_2BrCH_2Br}$$

Halogen 중에서도 브롬은 염소에 비하여 반응성이 약하다. 요오드는 직접 치환이 일어나지 않고 간접적인 방법에 의하여서만 치환된다.

2-5-2 니트로화 반응(Nitration)

최근에 특히 그 중요성이 인정된 또 다른 치환반응은 진한 황산의 존재하에서 진한 질산과 포화탄화수소의 반응이다.

$$CH_4 + \underset{\text{nitric acid}}{HO-NO_2} \xrightarrow[\text{c-}H_2SO_4]{400℃} \underset{\text{nitromethane}}{CH_3NO_2} + H_2O$$

니트로화 반응은 단일 니트로화 반응만이 일어나고 고급 알칸에서는 탄소-수소결합의 절단뿐만이 아니라 탄소-탄소결합도 끊는다는 점에서 할로겐화 반응과 차이가 있다.

$$CH_3CH_2CH_3 \xrightarrow{HONO_2} CH_3CH_2CH_2NO_2 + CH_3CH(NO_2)CH_3 + CH_3CH_2NO_2 + CH_3NO_2$$

propane　1-nitropropane　2-nitropropane　nitroethane　nitromethane

이 반응의 생성물은 우수한 용매로서 특별한 경기용 및 모형 엔진의 연료로 이용되며 의약품 살충제 및 폭발물 합성의 중간체로 이용한다.

2-5-3 술폰화(sulfonation)

Methane 등의 저급 alkane은 산류와는 전혀 반응하지 않지만 C_6 이상의 것은 발연 황산에 의하여 그 수소원자는 술폰산기($-SO_3H$)와 치환된다.

$$C_nH_{2n+2} + H_2SO_4 \longrightarrow C_nH_{2n+1} + SO_3H + H_2O$$

이러한 반응을 일반적으로 술폰화라고 하며 그 생성물은 술폰산(sulfonic acid)이라고 한다.

C_{10} 이상의 alkane의 술폰산의 Na염은 오늘날에는 합성세제로 쓰이고 있다.

2-5-4 산화(oxidation)

Alkane을 과량의 산소의 존재하에서 연소하면 CO_2와 H_2O을 생성하면서 많은 양의 열을 발생한다.

$$CH_4 + 2O_2 \longrightarrow CO_2 + 2H_2O + 211{,}800 \text{ cal/mol}$$

$$2C_4H_{10} + 13O_2 \longrightarrow 8CO_2 + 10H_2O + 6{,}880{,}000 \text{ cal/mol}$$

산소가 부족한 상태에서는 반응이 완전하지 못하여 유독한 일산화 탄소나 유리탄소가 발생되는데 자동차의 엔진 내에서 위와 같은 불완전연소가 있을 때는 공해를 초래하는 요소가 된다.

$$2CH_4 + 3O_2 \longrightarrow 2CO + 4H_2O$$
$$CH_4 + O_2 \longrightarrow C + 2H_2O$$

2-5-5 열분해(cracking)

알칸 안전한 화합물이기 때문에 분해되지 않는 상태로 증류시킬 수가 있다. 그러나 그것을 공기가 없는 상태에서 그들의 비점 이상의 온도까지 올리면 그 분자들은 몇 가지의 작은 분자로 분해되는데, 이런 현상을 크래킹(cracking)이라 부른다. 카본 블랙(carbon black)은 메탄을 크래킹하여 만든다.

$$CH_4 \xrightarrow[\text{pyrolysis}]{\text{열}} C + 2H_2$$

고급탄화수소를 크래킹해서 휘발유를 얻을 수 있고, 촉매를 이용하는 기술의 발전으로 인하여 종전보다 더욱 낮은 온도에서 그것이 가능하게 되었다.

$$\text{고급 alkane} \xrightarrow{\text{열, 압력}} \text{저급의 alkane} + \text{불포화탄화수소}$$

이 반응은 약 15~18의 탄소수를 가지고 있는 탄화수소 탄소 수가 5~12 정도인 휘발유 탄화수소로 전환키기 위해 석유공업에서 널리 이용되고 있다.

$$\underset{n\text{-butane}}{CH_3CH_2CH_2CH_3} \xrightarrow[\text{이성화}]{AlCl_3} \underset{iso\text{-}butane}{CH_3\underset{\displaystyle CH_3}{\underset{|}{C}}HCH_3}$$

2-5-6 이성화(isomerization)

자동차 연료에서 직쇄로 된 탄화수소보다는 측쇄가 많이 달린 것이 더욱 안티녹킹(antiknocking)성이 크다는 것이 알려졌다. 따라서 직쇄의 것을 측쇄가 있는 것으로 전환시키는 기술이 발달되었다.

$$CH_3CH_2CH_2CH_3 \xrightarrow[\text{이성화}]{AlCl_3} CH_3CH(CH_3)CH_3$$

n-butane → *iso-butane*

휘발유의 질은 옥탄가(octane number)로 표시되며, 이소옥탄(isooctane)의 옥탄가를 100으로 하고 노르말헵탄(*n*-heptane)의 옥탄가를 0으로 하였을 때, 양자의 혼합비에 의해서 나타나는 안티녹킹도를 비교하여 휘발유의 질을 규정짓게 된다. 옥탄가 80의 휘발유라 하면 이소옥탄 80%, 노르말헵탄 20%의 비로 혼합된 휘발유와 질이 같다는 뜻이다.

따라서 옥탄가가 높은 이소옥탄은 다음과 같이 공업적으로 합성된다.

$$2\,(CH_3)_2C\;CH_2 \xrightarrow[\text{부가중합}]{H_2SO_4} (CH_3)_2C\;CH{-}C(CH_3)_2{-}CH_3$$

2-methyl-1-propene → 2, 4, 4-trimethyl-2-pentene

$$\xrightarrow{H_2} (CH_3)_2CH - CH_2{-}C(CH_3)_2{-}CH_3$$

iso-octane(2, 2, 4-trimethylpentane)

2-6 제 법

2-6-1 할로겐화 알킬(R · X)로부터의 환원법

무기산에 Zn과 같은 금속을 작용시키면 발생기의 수소를 얻을 수 있다. 이 발생기의 수소가 alkyl halide와 작용하면 alkane이 생성된다.

$$\underset{\text{alkyl halide}}{R-X} + Zn + H \longrightarrow \underset{\text{alkane}}{R-X} + Zn + X$$

$$\underset{\text{2-bromo-3-methylpentane}}{CH_3-CH(Br)-CH(CH_3)-CH_2-CH_3} \xrightarrow[0℃]{Zn \cdot HI} \underset{\text{3-methylpentane}}{CH_3-CH_2-CH(CH_3)-CH_2-CH_3}$$

2-6-2 Grignard 합성법

금속 마그네슘의 소편을 무수 ether에 담가 놓고 여기에 alkyl기를 첨가하면 alkylmagnesium halide(grignard 시약)가 형성되므로 이것을 묽은 산이나 alkyl halide로써 처리하면 해당하는 alkane이 생성된다.

i) $RX + Mg \xrightarrow{\text{무수ether}} RMgX$

$2RMgX + 2HCl \longrightarrow 2RH + MgX_2 + MgCl_2$

ii) $RMgX + R'X \longrightarrow R-R' + MgX_2$

2-6-3 Wurtz 합성법

Alkyl halide의 무수 ether 용액에 금속 Na를 작용시키면 탄소 원자 수가 배가 되는 alkane이 생성된다.

$$2RH + 2Na \longrightarrow R-R + 2NaX$$

요오드화 메칠은 금속 나트륨을 작용시키면 ethane을 얻는다.

$$CH_3I + 2Na + ICH_3 \longrightarrow CH_3-CH_3 + 2NaI$$

2-7 시클로 알칸(cyclo alkane)

2-7-1 시클로 알칸의 명명법

알칸 중에서 앞에서 설명한 알칸보다 수소 수가 적은 것이 있다. 고리구조를 갖는 이들의 일반식은 C_nH_{2n}이고, 그 중 가장 간단한 분자식이 C_3H_6인 시클로프로판이다.

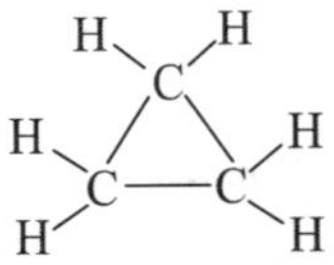

H H
C
H H
C—C
H H

cyclopropane

고리 아닌 알칸과 구분하기 위하여, 같은 탄소수를 가지는 보통 알칸의 이름 앞에 시클로(cyclo)를 붙여 명명한다.

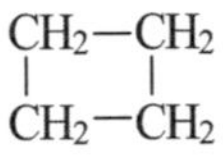

CH_2-CH_2
CH_2-CH_2

cyclobutane

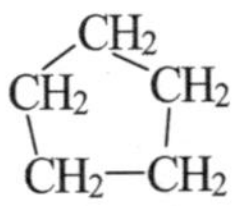

CH_2
CH_2 CH_2
CH_2-CH_2

cyclopentane

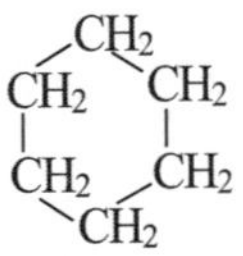

CH_2
CH_2 CH_2
CH_2 CH_2
CH_2

cyclohexane

시클로알칸에서 수소 하나가 없는 것을 알킬기와 같이 명명하여 시클로알킬기가 된다. 고리구조에 치환체가 있으면 각각의 위치번호를 정하는데 모든 치환기번호의 합이 최소가 되도록 하여야 한다.

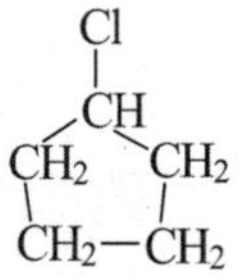

chlorocyclopentane (cyclopentyl chloride)

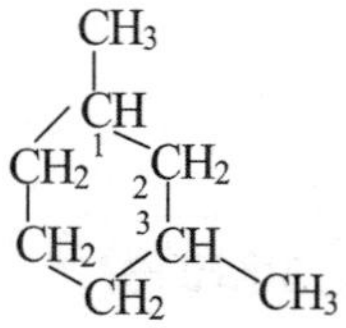

1,3-dimethyl-cyclohexane

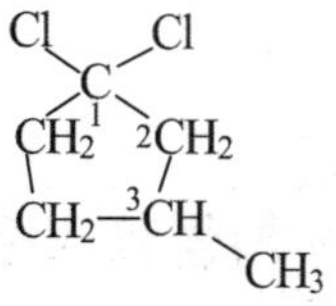

1,1-dichloro-3-methylcyclopentane

시클로알칸의 구조식은 고리의 수소와 탄소를 생략하여 나타낼 수 있다. 같은 방법으로 고리 아닌 알칸도 탄소골격만으로 나타낼 수 있다.

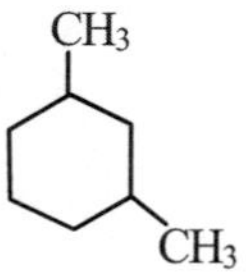

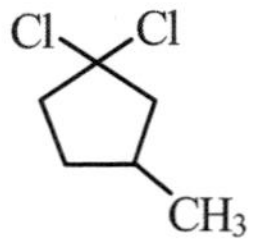

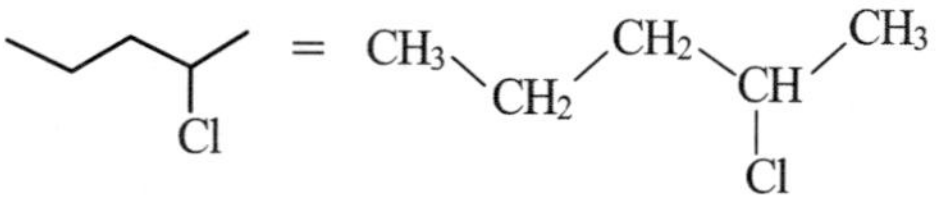

2-Chloropentane

2-7-2 시클로 알칸의 구조

네 개의 치환기를 가진 탄소 원자는 가장 센 결합을 이루기 위하여 기하학적 모양이 정사면체인 109°에 가까운 결합각을 가진다. 그러나 시클로프로판의 탄소 사이의 결합각은 다음과 같이 60°이다.

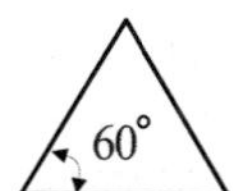

결과적으로 시클로 프로판의 탄소-탄소결합은 알칸에 비하여 비정상적으로 약하여, 강산에 의한 분해 등 여러 가지 화학반응을 일으킨다.

$$\triangle + HBr \longrightarrow CH_3-CH_2-CH_2-Br$$

이들 고리화합물의 불안정성은 결합각이 정사면체의 109°에서 벗어나기 때문에 일어나며, 이를 각스트레인(angle strain)이라고 한다. 시클로부탄도 탄소 사이의 결합각이 90°이므로 큰 각스트레인을 네 개의 탄소는 거의 평면에 놓여 있다. 정오각형의 시클로펜탄은 탄소 사이의 결합각이 108°이므로 거의 109°에 가까워서 정상에 가깝다. 시클로헥산은 정확하게 정사면체의 구조인 109°의 결합각을 가진다. 이것은 여섯 개의 탄소수가 평면의 기하구조를 이루지 않기 때문이다. 더 큰 고리화합물도 평면구조가 아니며 결합각이 거의 109.5°를 유지하고 있다.

2-7-3 시클로헥산의 형태

시클로헥산의 고리를 갖는 화합물을 흔히 볼 수 있으며, 그들의 기하구조를 잘 이해하여야 한다. 시클로헥산은 의자형(chair form)과 보우트형(boat form)의 두 기하구조가 있으며, 각 탄소의 결합은 109.5°를 유지하여 각스트레인이 없다. 의자형과 보우트형은 탄소-탄소 결합 주위를 회전하면서 상호변환이 가능하다. 이러한 것을 시클로헥산의 형태(conformation)라고 한다.

의자형은 대부분의 시클로헥산 유도체와 시클로헥산의 형태에서 가장 안정한 구조이다. 따라서 시클로헥산고리를 갖는 분자는 거의 의자형이며, 고리의 탄소에 결합된 원자나 치환기는 모두 엇먹는 형태이다.

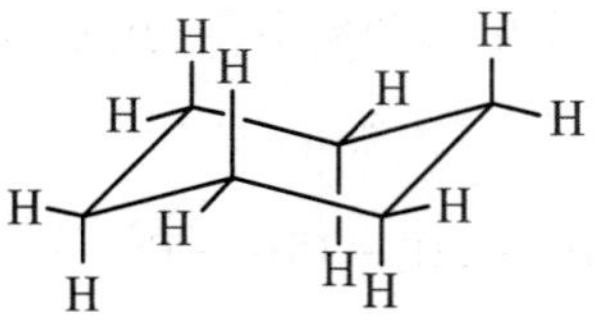

측면 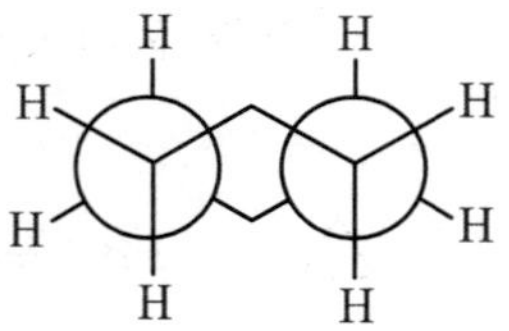 전면

chair conformation

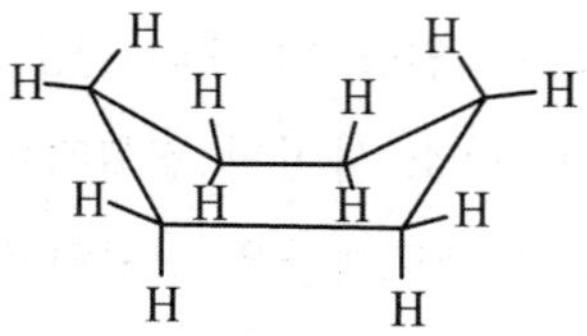

측면 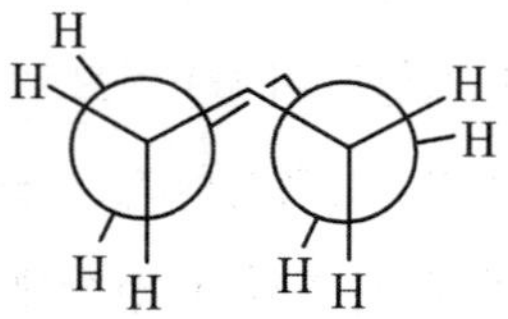 전면

boat conformation

보우트형은 각스트레인이 없는 109.5°를 가지지만 의자형보다 덜 안정하다. 그것은 측면의 탄소-탄소 결합에 결합된 치환기가 가리워진 형태를 가지고 있기 때문이며, 또 다른 이유로는 깃대수소(flagpole hydrogen)가 가까이 접근하면서 생기는 반발 때문이다.

치환기들이 너무 가까이 접근하여서 발생되는 상호작용을 입체반발(steric repulsion)이라고 한다.

의자형에는 두 종류의 수소가 있다. 여섯 개의 수소는 탄소고리의 공간쪽으로 있으며 이를 수평 방향(equatoral)이라고 하고, 나머지 여섯 개의 수소는 수직 방향에 있으며 축 방향(axial)이라고 한다.

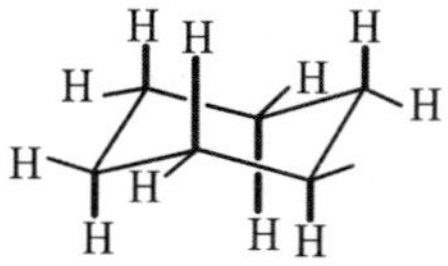

의자형의 한 탄소를 반대쪽으로 틀어버리면 보우트형으로 변화되며, 그 탄소에서 네 번째 탄소를 반대쪽으로 하면 다시 의자형이 된다. 이 변화의 결과, 모든 수소는 축 방향과 수평 방향으로 변화될 수 있고, 이러한 탄소-탄소 결합을 중심으로 한 회전은 상온에서 초당 수천 번씩 일어난다.

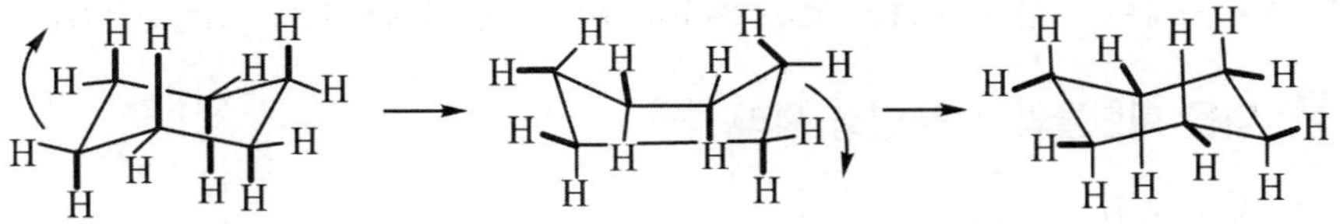

의자형 → 보우트형 → 의자형

문제 1. 6개의 탄소원자를 가진 알칸의 분자식을 적어라.

풀이

탄소원자 6개를 가진 alkane은 hexane이라 부르며 분자식은 $CH_3(CH_2)_4CH_3$이다.

문제 2. 다음 화합물의 IUPA명을 써라.

① $CH_3CH(CH_3)-CH(CH_3)CH_2CH_3$　　② $(CH_3)_2CHCH_2CH_3$

③ $(CH_3)_2CHC(CH_3)(C_2H_5)_2$　　④ $CH_3CH_2CH_2Br$

풀이

① $CH_3CH(CH_3)-CH(CH_3)CH_2CH_3$
2,3-dimethylpentane

② $(CH_3)_2CHCH_2CH_3$
2-methylbutane

③ $(CH_3)_2CHC(CH_3)(C_2H_5)_2$
2-emthy1-3, 3-diethylbutane

④ $CH_3CH_2CH_2Br$
1-bromopropane

문제 3. 다음 화합물의 구조식을 써라.

① 2,2,4−trimethylpentane　　② 6−etyl−2−methylhexane

③ isobutane　　④ neopentane

풀이

① $CH_3C(CH_3)_2-CH_2-CH(CH_3)CH_3$
2,2,4−trimethylpentane

② $CH_3CH(CH_3)-CH_2-CH_2CH_2CH_2(C_2H_5)$
6−etyl−2−methylhexane

③ $CH_3-CH(CH_3)-CH_3$
isobutane

④ $CH_3-CH(CH_3)_2-CH_3$
neopentane

문제 4. 1,3-dichlorobutane은 IUPAC명으로 옳은 이름이고 1,3-dimethyl butane은 IUPAC명으로 틀린 이름인 이유를 설명하여라.

풀이 알칸의 명명법(Nomenclature) 규약(참고의 4번 확인)에 의하여 가장 긴 탄소 사슬에 알칸의 기본이름을 붙인다. 따라서 IUPAC명명법으로 1,3-dichlorobutane 옳으나 1,3-dimethyl butane은 3-methyl pantane으로 명명하여야 옳다.

참고 : 유기화합물에 계통적인 명칭을 붙이는 데는 체계적인 방법이 필요하여 국제순수응용화학연명(Internatinal Union of Pure and Applid Chemistry : IUPAC)에서 정한 규정을 IUPAC 명명법 또는 IUPAC 명명법 또는 IUPAC법이라 한다.

(i) 파라핀(paraffin), 즉, 포화탄화수소의 일반명칭은 알칸(alkane)이다.

(ii) 사슬의 알칸의 명칭은 C_1에서 C_4까지는 관용명을 사용하고 C_5 이상의 것에는 Greece의 수사어근에 공통으로 -ane를 붙인다.

(iii) 알칸에서 수소원자를 한 개 없애는 원자단 CnH2n+1을 알칼기(alkyl group)라 부르고 개개의 명칭은 알칸의 어미를 -yl로 붙인다.

(iv) 가지 달린 사슬모양의 알칸의 경우에는 우선 가장 긴 탄소사슬에 알칸의 기본명을 붙인다. 다음 그 가지 달린 사슬에 가까운 한쪽 끝에서 사슬의 탄소원자에 차례로 1, 2, 3, … 이라 번호를 붙여서 가지 달린 사슬의 위치를 나타낸다.

(v) 가지가 달린 긴 alkyl기는 다음과 같이 명명한다.

$$\overset{5}{C}H_3\overset{4}{C}H_2\overset{3}{C}H_2\overset{2}{C}H_2\overset{1}{C}H_2-$$

1-methyl pentyl

$$(CH_3)\overset{5}{C}H\overset{4}{C}H_2\overset{3}{C}H_2\overset{2}{C}H_2\overset{1}{C}H_2-$$

5-methyl hexyl

(vi) 길이가 동일한 가장 긴 탄소사슬이 여러개 있을 경우, 곁사슬의 수가 많은 것을 모체사슬로 한다.

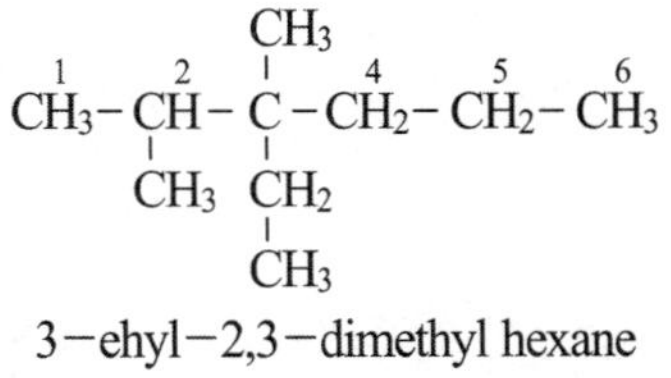

$$\overset{1}{C}H_3-\underset{\substack{|\\CH_3}}{\overset{2}{C}H}-\underset{\substack{|\\CH_2\\|\\CH_3}}{\overset{\substack{CH_3\\|}}{C}}-\overset{4}{C}H_2-\overset{5}{C}H_2-\overset{6}{C}H_3$$

3-ehyl-2,3-dimethyl hexane

제3장 불포화탄화수소 (Unsaturated hydrocarbon)

불포화탄화수소는 탄소 원자 사이에 이중결합을 가진 올레핀(olefin)계 탄화수소를 알켄(alkene)이라 하고 삼중결합을 가진 아세틸렌(acetylene)계 탄화수소를 알킨(alkyne)이라 부른다.

3-1 알켄(alkene)

알켄은 탄소-탄소 이중결합을 이루고 있는 화합물로서 일반식은 C_nH_{2n}이다. 이들 알켄 계열의 첫 번째 화합물은 에틸렌(ethylene)으로서 올레핀(olefin)계 탄화수소 계열이라고 한다.

3-1-1 알켄의 명명법

Alkene에 이름을 붙일 때에는 이중결합을 포함한 가장 긴 사슬을 모체로하여 이에 해당하는 alkene의 이름을 어미 -ane을 -ene으로 바꾸어 명명한다.

$$\underset{\text{ethane}}{CH_3-CH_3} \longrightarrow \underset{\text{ethane(ethylene)}}{CH_2 = CH_2}$$

$$\underset{\text{propane}}{CH_3-CH_2-CH_3} \longrightarrow \underset{\text{propane(propylene)}}{CH_3-CH = CH_2}$$

탄소 원자들의 사슬이 길 때는 이중결합의 위치를 표시하기 위하여 α · β · γ··· 등으로나 또는 1 · 2 · 3··· 등의 번호를 붙여서 명명한다.

$$\overset{\delta}{CH_3} - \overset{\gamma}{CH_2} - \overset{\beta}{CH} = \overset{\alpha}{CH_2}$$

α-butene

$$\overset{5}{CH_3} - \overset{4}{CH_2} - \overset{3}{CH} = \overset{2}{CH} - \overset{1}{CH_3}$$

2-pentene

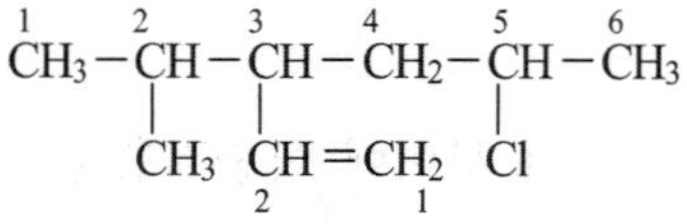

$$\overset{1}{CH_3} - \underset{CH_3}{\overset{2}{CH}} - \underset{\underset{2}{CH} = \underset{1}{CH_2}}{\overset{3}{CH}} - \overset{4}{CH_2} - \underset{Cl}{\overset{5}{CH}} - \overset{6}{CH_3}$$

3-isopropy1-5-chloro-1-hexene

또 2개 이상의 이중결합이 있을 때에는 그 수를 나타내는 수사(di, tri, tetra····등)를 어미 -ene 바로 앞에 붙인다.

$$\overset{1}{CH_2} = \overset{2}{CH} - \overset{3}{CH} = \overset{4}{CH} - \overset{5}{CH_3}$$

1, 3-pentadiene

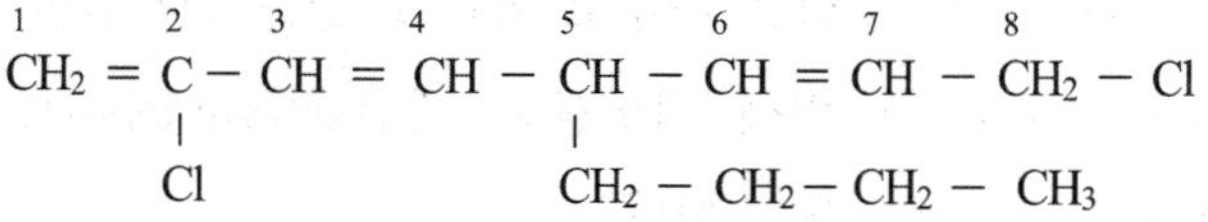

$$\overset{1}{CH_2} = \underset{Cl}{\overset{2}{C}} - \overset{3}{CH} = \overset{4}{CH} - \underset{CH_2 - CH_2 - CH_2 - CH_3}{\overset{5}{CH}} - \overset{6}{CH} = \overset{7}{CH} - \overset{8}{CH_2} - Cl$$

2, 8-dichoro-5-n-buty1-1,3,6-octatriene

이와 같이 사슬에 번호를 붙일 때에는 이중결합의 첫 번째 탄소원자의 번호가 가장 작은 숫자가 되도록 한다.

3-1-2 알켄의 물리적 성질

순수한 알켄은 무색·무취이며 비점과 융점 등 몇 가지를 제외하고는 알칸과 성질이 거의 비슷하다. 모든 알켄은 물에 전혀 녹지 않으며, 비중은 물보다 작다.

상온에서 부텐(butene) 이하의 것은 기체이며, C_5~C_{18}의 것은 액체, C_{19} 이상의 것은 고체이다.

표 3-1 알켄의 물리적 성질

분자식	IUPAC명	구조식	b.p.(℃)
C_2H_4	ethene	CH_2=CH	-103.8
C_3H_6	propene	CH_3-CH=CH_2	-47
C_4H_8	1-butene 2-butene 2-methyl propene	C_2H_5-CH=CH_2 CH_3-CH=CH-CH_3 $(CH_3)_2C$=CH_2	-6.3 3.6 -6
C_5H_{10}	1-pentene 2-pentene 2-methyl-1-butene 3-methyl-1-butene 2-methyl-2-butene	$CH_3CH_2CH_2$-CH=CH_2 CH_3-CH_2-CH=CH-CH_3 CH_2=C(CH_3)-CH_2-CH_3 $(CH_3)_2$CH-CH=CH_2 $(CH_3)_2$C=CH-CH_3	30 36.4 32. 20.1 38.4
C_6H_{12}	1-hexene	C_4H_9-CH=CH_2	61.4
C_7H_{14}	1-heptene	C_5H_{11}-CH=CH_2	99
C_8H_{16}	1-octene	C_6H_{13}-CH=CH_2	123
$C_{10}H_{20}$	1-decene	C_8H_{17}-CH=CH_2	172

3-1-3 알켄의 이성체

알켄에는 알칸에서와 같은 사슬이성체(chain isomer)외에도 이중결합의 위치에 따른 위치이성체(positional isomer), 이중결합의 양편의 사슬의 결합상태에 따른 기하이성체(geometrical isomer)가 있다.

탄소-탄소 단일결합에 있어서는 정사면체의 정점에서 결합된 것으로서, 결합부에서 자유로이 회전될 수 있기 때문에, (a)와 (b)는 표기상에 차이가 있을 뿐이며, 실제로는 동일한 화합물이다. 그러나 알켄에 있어서는 다름과 같이 완전히 별도의 화합물인 것이다.

```
        CH2—CH3          CH2—CH3
        |                |
CH3—CH2                  CH2—CH3
     (a)                  (b)
```

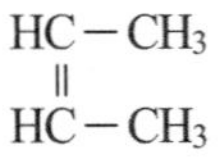

$$\begin{array}{c} HC-CH_3 \\ \| \\ HC-CH_3 \end{array} \qquad\qquad \begin{array}{c} HC-CH_3 \\ \| \\ CH_3-CH \end{array}$$

cis-2-butene(b.p. 3.6℃) 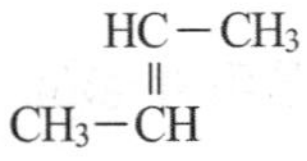　　　　*trans*-2-butene(b.p. 0.9℃)

앞에서와 같이 완전히 별도의 화합물인 것이다. 이것은 이중결합을 사이에 둔 탄소 원자는 능선부에서 결합되어 있으므로 자유회전이 불가능하기 때문에 나타나는 결과이다.

구조식으로 표시할 때에는 이중결합을 중심으로 하여 같은 방향에 같은 원자단이 배열된 것을 시스형(cis form)이라 하고, 반대 방향으로 배열된 것을 트랜스형(trans form)이라고 한다.

3-1-4 알켄의 제법

1) 알코올의 탈수 반응

1개의 OH기를 가지고 있는 포화알코올을 $Al_2(SO_4)_3$ 존재하에서 반응시키면 탈수되어 이중결합이 형성된다.

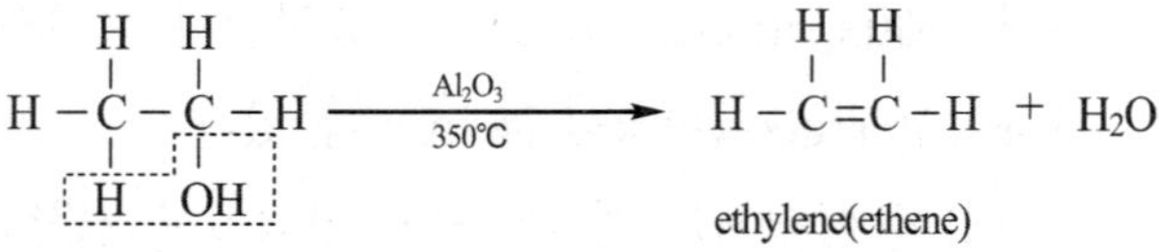

$$\begin{array}{c} H\ \ H \\ |\ \ \ | \\ H-C-C-H \\ |\ \ \ | \\ H\ \ OH \end{array} \xrightarrow[350℃]{Al_2O_3} \begin{array}{c} H\ \ H \\ |\ \ \ | \\ H-C=C-H \end{array} + H_2O$$

ethyl alcohol　　　　ethylene(ethene)

2-부탄올(2-butanol)을 이용하면 알켄의 혼합물을 얻을 수 있다.

```
                                        H  H  H  H
                                        |  |  |  |
                                      ┌ H-C=C-C-C-H
                                      │       |  |
 H  H  H  H                           │       H  H
 |  |  |  |                           │  1-butene(20%)
H-C-C-C-C-H        -H2O               │
 |  |  |  |     ─────────→            ┤
 H  OHH  H                            │ H  H  H  H
2-butanol                             │ |  |  |  |
                                      └ H-C-C=C-C-H
                                          |     |
                                          H     H
                                        2-butene(80%)
```

2) 탈할로겐화 수소반응

할로알칸(haloalkane)에 강알칼리의 알코올 용액을 작용시킨다.

```
    H   H   H                          H  H  H
    |   |   |          K+OH-           |  |  |
H - C - C - C-H    ──────────→    H-C-C=C-H  +  KBr  +  H2O
    |   |   |        in alchol         |
    H   Br  H                          H
```

이탈된 할로겐화 수소는 알칼리와 반응해서 염과 물을 형성한다. 실험실에서 알켄을 얻을 수 있는 가장 중요한 자원은 이상의 두 화합물, 즉 알코올과 할로알칸이다.

3) 알칸의 열분해에 의한 방법

알칸을 고온으로 처리하여 탈수소(dehydrogenation)시키거나 또는 탄소의 결합을 분해하여 만든다.

$$CH_3CH_3 \xrightarrow{700℃} CH_2 = CH_2 + H_2$$

노르말부탄(n-butane)은 다음과 같이 크래킹되어 프로펜(propene)과 에텐(ethene)이 생긴다.

$$CH_3-CH_2-CH_2-CH_3 \xrightarrow{(a)} CH_4 + CH_2=CH-CH_3 \text{ (propene)}$$

$$CH_3-CH_2-CH_2-CH_3 \text{ (n-butane)} \xrightarrow{(b)} CH_2 = CH_2 \text{ (ethene)} + CH_3-CH_3$$

원료가 C_{10}~C_{16} 정도의 알칸일 때는 여러 가지 생성물이 얻어진다.

3-1-5 알켄의 반응

포화탄화수소와 불포화탄화수소는 그것들이 갖는 반응성에 있어서도 크게 차이가 있다. 알칸은 주로 치환반응을 하는데 반해서 알켄은 주로 부가반응을 특징으로 하고 있다. 이것은 에탄(ethane)과 에텐(ethene)이 브롬과 반응하는 것으로 비교할 수 있을 것이다.

$$\underset{\text{ethane}}{CH_3-CH_3} + Br_2 \longrightarrow \underset{\text{bromoethane}}{CH_3CH_2Br} + HBr \text{ (치환반응)}$$

$$\underset{\text{ethene}}{CH_2-CH_2} + Br_2 \longrightarrow \underset{\text{1,2-dibromoethane}}{\underset{Br}{\underset{|}{CH_2}} \;\; \underset{Br}{\underset{|}{CH_2}}} \text{ (부가반응)}$$

부가반응은 낮은 온도에서도 대단히 빠른 속도로 진행되나, 첨가반응은 가끔 촉매를 필요로 하거나 높은 온도를 요한다.

부가 반응은 단 한 가지 생성물만 만드나, 치환반응에서는 두 생성물을 만들며, 그 중의 하나는 무기부산물이다. 알켄은 부가반응 이외도 산화반응, 중합반을을 한다.

1) 수소 및 할로겐의 부가반응

$$R-CH=CH_2 \xrightarrow[Pt,\ Ni]{H_2} R-CH_2-CH_3$$

촉매의 존재하에서 쉽게 수소부가가 이루어진다. 또 알칸에서는 치환반응을 하였던 할로겐 역시 여기에서는 부가반응을 한다.

$$R-CH=CH_2 \xrightarrow{X_2} R-\underset{X}{\overset{H}{C}}-\underset{X}{\overset{H}{C}}-H$$

이 경우는 빅-디할리드(vic-dihalide)가 생성된다.

2) 할로겐화 수소와 반응

산이나 할로겐수소가 알켄과 반응할 때에도 부가반응을 한다.

$$CH_3-CH=CH_2+HBr \rightarrow CH_3-CH_2-CH_2Br \text{ (1-bromopropane)}$$

$$CH_3-CH=CH_2+HBr \rightarrow CH_3-CHBr-CH_3 \text{ (2-bromopropane)}$$

이 반응에서는 위와 같이 두 가지 과정에 의해서 이성체가 생성될 가능성이 있으나, 실제는 2-bromopropane이 주생성물이다.

마르코브니코프(Markownikoff, 1838~1904)의 법칙에 따르면 부가 시약에서 양성 부분은 수소 원자가 더 많이 결합된 이중결합의 탄소 원자가 붙게 된다. 이를 다시 설명하면 1-프로펜(1-propene)의 메틸기는 전자를 밀어내는 성질(electron releasing property)을 가지고 있으므로 이중결합의 전자밀도는 1번 탄소에 치우치고, 따라서 2번 탄소의 전자밀도는 적어진다. 따라서 H+는 음성 부분을 띤 1번 탄소에, Br- 는 전자밀도가 적어져서 상대적으로 양성 부분을 띠게 된 2번 탄소에 붙게 된다.

$$\overset{3}{C}H_3 \rightarrow \overset{\overset{H}{|}}{\overset{2}{C}} :: \overset{\overset{H}{|}}{\overset{1}{C}}-H \longrightarrow [CH_3 \longrightarrow {}^{\delta\oplus}CH-{}^{\delta\ominus}CH_2]$$

$$CH_3-{}^{\delta\oplus}CH-{}^{\delta\ominus}CH_2 + H^{+}X^{-} \longrightarrow CH_3-CHX-CH_3$$

이때에 사용된 (+), (-)기호는 이온화된 뜻이 아니고, 전자밀도의 치우침을 나타내는 것이다. 그런데 이와 같은 부가반응에 있어서 과산화물이나 산소가 존재하면 반대의 결과가 나타난다. 이것은 카아라쉬(kharasch, 1933)에 의해서 발견된 것인데, 이것을 산소효과(ocygen effect) 또는 과산화물효과(peroxide effect)라고 부른다.

$$CH_3-CH=CH_2+HBr \xrightarrow{[O]} CH_3-CH_2-CH_2Br$$

3) 알킬화 반응

알켄에 알칸을 반응시킬 때는 마르코브니코프의 법칙이 적용된다.

$$\underset{\text{ethane}}{CH_3-CH_3} + \underset{\text{propene}}{CH_2=CH-CH_3} \longrightarrow \underset{\text{2-methylbutane}}{CH_3-\overset{\overset{CH_3}{|}}{C}H-CH_2-CH_3}$$

$$\underset{\text{2,2-dimethylpropane}}{CH_3-\underset{\underset{CH_3}{|}}{\overset{\overset{CH_3}{|}}{C}}-CH_3} + \underset{\text{2-butene}}{CH_3-CH=CH-CH_3} \longrightarrow \underset{\text{2,24-trimethylhexane}}{CH_3-\underset{\underset{CH_3}{|}}{\overset{\overset{CH_3}{|}}{C}}-CH_2-\overset{\overset{CH_3}{|}}{C}H-CH_2-CH_3}$$

4) 알켄의 중합반응

작은 화학단위가 반복해서 이루어진, 즉 분자량이 큰 화합물을 중합체(polymer)라 하고 고분자화합물의 기본 단위가 되는 화합물을 단위체

(monomer), 단위체로부터 고분자를 만드는 화학반응을 중합반응(polymerization)이라 부른다. 알켄의 중합반응에서 에틸렌(ethene, ethylene)을 중합하면 폴리에틸렌이 된다.

$$n(CH_2{=}CH_2) \xrightarrow{1{,}000\text{기압},\ 100\sim140^\circ C} (CH_2-CH_2)_n$$

ethene(ethylene) → polyethylene

이때 n은 70~700 정도가 된다.

그런데 이 반응은 유리기(free radical) 반응으로서 다음과 같이 표시할 수 있다.

$$R\cdot + CH_2=CH_2 \xrightarrow[+]{} R-CH_2-CH_2\cdot$$

$$R-CH_2-CH_2\cdot + CH_2=CH_2 \longrightarrow R-CH_2-CH_2-CH_2-CH_2\cdot$$

이 과정은 계속하여 진행되며, 기(基)가 너무 커져서 더 이상 기의 형성을 하기에는 그 에너지가 부족할 때까지 진행되거나, 두 유리기의 결합으로 반응이 종결되어 안정화될 때까지 진행된다. 이때 사용되는 촉매는 쉽게 유리기 R·을 만들 수 있는 것이라야 하며, 보통 R_3A1과 $TiCl_4$의 혼합물 등이 쓰이고 있다.

이렇게 해서 된 물질 즉, 폴리에틸렌(polyethylene)은 식품의 포장용 필름으로나 농업용 비닐하우스에서 쓰이는 필름 제조용으로 널리 이용된다.

3-2 디엔(diene)과 폴리디엔(polydiene)

한 분자 내에 이중결합 2개의 이중결합을 갖는 탄화수소를 디엔(diene)이라 하고, 그들 분자 내의 이중결합의 배치 상태에 따라 다음과 같이 구별한다.

3-2-1 고립된 이중결합(isolated double bond)

이중결합이 따로따로 행동하며 두 번째 이중결합은 첫 번째 이중결합에 아무런 영향을 주지 않으며 보통 알켄에서와 같은 반응을 한다.

$$—CH = CH—(CH_2)_n — CH = CH—$$

$$—CH_2 = CH — CH_2 — CH_2 — CH = CH_2$$

1, 5-hexadiene

3-2-2 공액 이중결합(conjugated double bond)

이중결합이 한 칸 건너에 배치된 상태를 만든다.

$$—CH = CH—CH = CH—$$

$$CH_2 = CH—CH = CH_2$$

1, 3-butadiene

3-2-3 겹친 이중결합(cummulated double bond)

이중결합이 연속해 있는 상태이며, 알렌(allene)이 그 대표적 예이다.

$$CH_2 = C = CH_2$$

allene

3-2-4 알렌(allene)과 그 유도체

알렌은 다음과 같이 제조된다.

$$\underset{\text{1, 2, 3-tribromopropane}}{CH_2(Br)-CH-CH_2(Br)} \xrightarrow[\text{-HBr}]{OH} \underset{\text{2, 3-dibromo-1-propene}}{CH_2=C(Br)-CH_2(Br)} \xrightarrow[\text{-}Br_2]{Zn} \underset{\text{allene}}{CH_2=C=CH_2}$$

알렌을 에테르(ether)중에 Na와 가열하면 이성화가 일어나 메틸아세틸렌(methylacetylene)이 되며, 진한 황산에 흡수시킨 후 물을 넣고 증류하면 아세톤(acetone)이 생성된다.

$$\underset{\text{allene}}{CH_2=C=CH_2} \xrightarrow[\text{Na}]{\text{ether}} \underset{\text{methylacetylene}}{CH_3-C\equiv CH}$$

$$\underset{\text{allene}}{CH_2-C-CH_2-2H_2O} \xrightarrow{\text{conc. } H_2SO_4} CH_3-\left[C(OH)(OH)\ CH_3\right] \xrightarrow{\text{-}H_2O} \underset{\text{acetone}}{CH_3-C(=O)-CH_3}$$

3-3 알킨(alkyne)

알킨은 탄소-탄소간에 삼중결합을 이루고 있는 유기화합물로서 일반식은 C_nH_{2n}이며, 명명법은 알켄의 어미 ane 대신에 yne를 붙여서 부른다. 이들 알킨 계열의 첫 번째 화합물은 아세틸렌(acetylene)으로서 이 계열의 화합물을 아세틸렌계 탄화수소 계열이라고도 한다.

알킨의 탄소-탄소 삼중결합은 각 탄소로부터 *sp*궤도를 사용함으로 이루어 진 δ결합 한개와 각각의 탄소에 남아 있는 *p*궤도로서 형성된 π결합 두 개로 구성되어 있다. 2개의 π결합은 서로 직각을 이루고 있고 전자궤도 속에 탄소-탄소 δ결합을 둘러싸고 있다.

3-3-1 알킨의 물리적 성질

알킨의 물리적 성질은 알칸이나 알켄과 비슷하나, 일반적으로 알킨은 비점과 물에 대한 용해도가 약간 높다. C_2~C_4는 상온, 상압에서 기체이고 그 이상의 화합물은 상온, 상압에서 액체를 이룬다.

3-3-2 알킨의 제법

1) 할로겐화 수소 이탈 반응

$$\underset{\text{2,3-dichlorobutane}}{CH_3CHClCHClCH_3} + 2KOH \xrightarrow{\text{alcohol}} \underset{\text{2-butyne}}{CH_3C\equiv CCH_3} + 2KCl + 2H_2O$$

앞 반응에서 요구되는 vicinal 이할로겐화물은 알켄에 할로겐을 첨가시킴으로써 편리하게 제조된다. 그러므로 프로핀의 합성은 프로펜을 출발물질로 하여 2단계 과정으로 진행된다.

$$\underset{\text{propene}}{CH_3CH=CH_2} + Br_2 \longrightarrow \underset{\text{1,2-dibromopropane}}{CH_3CHBrCH_2Br}$$

$$\underset{\text{1,2-dibromopropane}}{CH_3CHBrCH_2Br} + 2KOH \xrightarrow{\text{alcohol}} \underset{\text{propyne}}{CH_3C\equiv CH}$$

2) 탄화칼슘(Ca-Carbonate)에 물을 작용

아세틸렌의 공업적 제법은 석회(lime)와 코크스(coke)로부터 만들어진 카바이드(calcium carbide)를 가수분해하여 제조한다. 이 두 단계의 과정은 다음과 같다.

$$3C + CaO \xrightarrow[\text{temps.}]{\text{2500~3000°C high}} CaC_2 + CO$$

coke lime calcium carbide carbon monoxide

$$CaC_2 + 2H_2O \longrightarrow HC\equiv CH + Ca(OH)_2$$

calcium carbide acetylene calcium hydroxide

아세틸렌의 실험실적 제법은 알켄의 제법과 비슷하다.

3-3-3 알킨의 화학반응

아세틸렌의 주요 반응은 부가반응과 중합반응으로서, 앞서 배운 알켄(alkene)의 경우보다 부가시약을 2분자 더 부가시킬 수 있다.

1) 수소화 반응

알킨의 수소화 반응은 최종 생성물인 알칸을 생성한다. 부분적인 수소화 반응은 알켄을 만든다. 시스-트란스(cis-trans) 이성질체가 존재하는 화합물에 시스-이성질체는 아세틸렌의 부분적인 촉매의 수소화 반응으로 생성되는 우세한 이성질체이다.

$$HC\equiv CH + 2H_2 \xrightarrow{Pd} CH_3CH_3$$

acetylene ethane

$$CH_3C\equiv CH + H_2 \xrightarrow{Ni} CH_3CH=CH_2 \xrightarrow[Ni]{H_2} CH_3CH_2CH_3$$

propyne propene propane

$$CH_3C\equiv CCH_3 + H_2 \xrightarrow{Pt} \underset{\text{H}}{\overset{\text{CH}_3}{}}\!\!\!\!>C=C<\!\!\!\!\underset{\text{H}}{\overset{\text{CH}_3}{}} \xrightarrow[Pt]{H_2} CH_3CH_2CH_2CH_3$$

cis-2-butene *n*-butene

2) 할로겐화 반응

알켄에서와 비슷하게 염소와 부름이 쉽게 삼중결합에 첨가된다. 플루오르는 일반적으로 너무 격렬하며, 요오드는 안정한 첨가 생성물을 만들지 않는다. 아래와 같이 반응이 단계적으로 이행된다.

$$\underset{\text{acetylene}}{HC\equiv CH} + Cl_2 \longrightarrow \underset{\text{1,2-dichloroethylene}}{ClCH\quad CHCl} \xrightarrow{Cl_2} \underset{\text{1,1,2,2-tetrachloroethane}}{CHCl_2CHCl_2}$$

$$\underset{\text{2-pentyne}}{CH_3CH_2C\equiv CCH_3} + 2Cl_2 \longrightarrow \underset{\text{2,2,3,3-tetrachloropentane}}{CH_3CH_2CCl_2CCl_2CH_3}$$

3) 할로겐화 수소의 첨가

할로겐화 수소(HF, HCl, HBr 및 HI)의 첨가반응으로 먼저 할로겐화 비닐(vinyl halide)이 되었다가 나중에 1,1-이할로겐화물이 만들어진다.

이들 첨가반응은 Markownikoff의 법칙에 따른다.

$$\underset{\text{acetylene}}{HC\equiv CH} + HBr \longrightarrow \underset{\substack{\text{vinyl bromide}\\ \text{(1-bromoethene)}}}{CH_2=CHBr} \xrightarrow{HBr} \underset{\text{1,1-dibromoethane}}{CH_3CHBr_2}$$

$$\underset{\text{propyne}}{CH_3C\equiv CH} + 2HCl_2 \longrightarrow \underset{\text{2,2-dichloropropane}}{CH_3CCl_2CH_3}$$

4) 물에 첨가

적절할 조건하에서 물을 아세틸렌이 첨가하면 알데히드(aldehyde)인 아세트 알데히드를 만든다. 최근까지 이 반응은 아세트 알데히드의 상업적 제법으로 사용되었으며 초산(CH_3COOH)과 기타 화학 약품을 제조하는 중요한 중간 물질이다.

$$\underset{\text{acetylene}}{HC\equiv CH} + H_2O \xrightarrow[H_2SO_4]{H_2SO_4} \underset{\text{acetaldehyde}}{CH_3CHO}$$

5) 알킨의 중합 반응

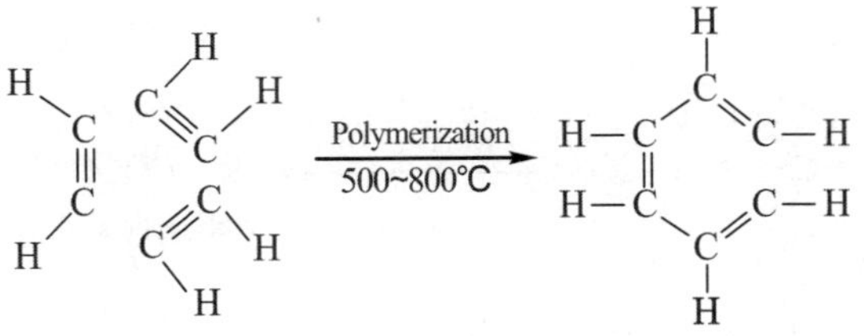

$$3\,HC\equiv CH \xrightarrow[500\sim800^{\circ}C]{Polymerization} C_6H_6$$

3acetylene → benzene

아세틸렌 세 분자가 적절한 조건하에서 중합반응을 일으키면 위 식에서와 같이 한 분자의 벤젠이 된다. 또한, 아세틸렌에서 석유계의 용매에 안정한 네오프렌(neoprene) 고무를 합성할 수 있다.

$$2CH\equiv CH \xrightarrow[HgCl_2]{NH_4Cl_2} CH_2=CH-C\equiv CH \xrightarrow{HCl} CH_2=CH-C(Cl)=CH_2$$

acetylelne → chloroprene

$$nCH_2=CH-C(Cl)=CH_2 \longrightarrow (CH_2-CH=C(Cl)-CH_2)_n$$

neoprene

6) 금속화합물의 형성

$$2CH\equiv CH + 2Na \xrightarrow{\text{액체 암모니아}} 2CH\equiv CNa + H_2$$

sodium acetylide

$$CH\equiv CH + 2Cu(NH_3)_2OH \longrightarrow CuC\equiv CCu + 4NH_3 + 2H_2O$$

cuprous acetylide

금속 아세틸리드(acetylide)의 건조물은 폭발성이 있으므로 주의해야 한다.

7) 산화

$KMnO_4$나 오존(O_3)에 의해서 카르복실산의 생성

$$R-C\equiv C-H + 2O_2 \xrightarrow{KMnO_4,\ H_2O} \underset{\text{carboxylic acid}}{R-COOH} + CO_2$$

$$R-C\equiv C-H + 2O_2 \xrightarrow{H_2} \underset{\text{carboxylic acid}}{R-COOH} + \underset{\text{formic acid}}{HCOOH}$$

문제 1. 헥산 C_6H_{14}에는 어떤 이성체가 있는가 ? 그의 구조식과 명칭을 기입하라.

CH_3-CH_3-CH_3-CH_3-CH_2-CH_3
hexane

CH_3
|
CH_3-CH-CH_2-CH_2-CH_3
2-methyl pentane

CH_3
|
CH_3-CH_2-CH-CH_2-CH_3
3-methyl pentane

CH_3 CH_3
|
CH_3-CH-CH-CH_3
2, 3-dimethyl butane

CH_3
|
CH_3-C-CH_3-CH_3
|
CH_3
2, 2-dimethyl butane

문제 2. 지방족 불포화 탄화수소의 특이한 성질을 말하라.

풀이

에틸렌계와 아세틸렌계의 불포화 결합에 대한 부가, 산화 및 중합 · 아세틸렌계에 대하여는 acetylide의 생성.

1. 에틸렌계 탄화수소의 풀이

- 부가반응

이중결합에 수소, 할로겐, 할로겐화수소, 무기산 등이 부가한다.

a) 수소 백금흑(白金黑)이나 니켈부날 등의 촉매 존재에서 이중결합에 수소 1 분자가 부가하여 포화화합물로 된다.

$-CH=CH-=H_2 \rightarrow -CH_2-CH_2-$

b) 할로겐 이중경합에 대한 반응성은 $Cl_2>Br_2>I_2$의 순서이다.

$-CH=CH-+Br_2 \rightarrow -CHBr-CHBr-$

c) 할로겐화 수소(HX) 이중결합에 대한 반응성은 HI>HBr>HCl 이다. 부가할 때에는 이중결합을 이루는 수소 가운데 수소 원자가 적은 탄소편에 할로겐이 결합한다. 이것을 Markownikoff(1838)의 법칙이라 한다.

$CH_2=CH-CH_3+HI \rightarrow CH_3-CHI-CH_3$

그러나 산소 또는 과산화물이 존재한 때에는 이 법칙과는 반대의 부가가 일어남이 Kharasch(1933)에 의하여 밝혀졌다(이상부가). 이것을 산소효과(Oxygen effect)라 한다.

$$CH_2 = CHBr + HBr \begin{cases} \xrightarrow{O_2} BrCH_2 - CH_3Br & \text{(이상부가)} \\ \longrightarrow CH_3 - CHBr_3 & \text{(정상부가)} \end{cases}$$

d) 진한 황산

$$-CH = CH - + H_2SO_4 \longrightarrow -CH_2 - \underset{}{\overset{OSO_3H}{\overset{|}{CH}}} -$$

- 산화반응

여러 가지 산화제에 의해서 이중결합이 산화되고, 다시 이중결합이 절단된다. 이때의 분해 생성물을 확인함으로써 이중결합의 위치를 결정할 수가 있다.

a) 과망간산칼리 알칼리성의 0.5～1% $KMnO_4$용액에 의해 산화되어서 글리콜로 된다. 이때 $KMnO_4$의 자색은 소실되고 갈색의 MnO_2가 생긴다. 가열하면 다시 산화되어 카르복실산으로 된다. $K_2Cr_2O_7$과 H_2SO_4로 산화하여도 같게 된다.

b) 오존 클로로포름, 사염화탄소 등의 용매에 녹여서 O_3을 통하면 오존화물(Ozonide)을 생성하고, 가수분해하면 이중결합의 위치가 끊어져 알데히드 또는 케톤을 생성한다. 이것을 오존분해(Ozonolysis)라 한다.

$$R-CH = CH-R' \xrightarrow{O_3} R-\underset{\underset{O\text{——}O}{|\qquad\quad|}}{CH\overset{\diagup O \diagdown}{\qquad} CH}-R' \xrightarrow{H_2O} R-CHO + R'-CHO + H_2O_2$$

- 중합반응

같은 종류의 분자가 몇 분자 모여서 동일 조성의 분자량이 큰 분자를 만드는 것을 중합(Polymerization)이라 하며, 또 새로운 물질을 중합체(Polymer)라 한다. 황산, $ZnCl_2$ 등의 촉매의 존재로 중합한다.

$$n\ RCH = CH_2 \rightarrow [-RCH-CH_2-]n$$

$$n\ CH_3 = CH_2 \xrightarrow{500℃, 2000기압} [-CH_2CH_2-]n$$

- 아세틸렌계 탄화수소의 풀이

■ 부가반응

$$CH \equiv CH \xrightarrow{H_2} CH_2 = CH_2 \xrightarrow{H_2} CH_3 - CH_3$$

$$CH \equiv CH \xrightarrow{Br_2} CHBr = CHB_1 \xrightarrow{Br_2} CHBr_2 - CHBr_2$$

$$CH \equiv CH \xrightarrow{HBr} CH_3 = CHBr \xrightarrow{HBr} CH_3 - CHBr_2$$

$$CH \equiv CH \xrightarrow[Hg^{++}염]{H_2O} [CH_2 = CH\,OH] \longrightarrow CH_3 - CHO$$

■ 산화반응

$KMnO_4$, H_2O_2, O_3에 의해서 삼중결합이 산화되고, 다시 절단된 후 그의 위치가 결정된다.

$$R - C \equiv C - R' \xrightarrow[K\ KMno_4]{3O + H_2O} R - COOH + R' - COOH$$

$$R - C \equiv C - R' \xrightarrow{O_3} R - C(-O-)(-O-O-)C - R' \xrightarrow{H_2O} R - COOH + R' - COOH$$

■ 중합반응

3 CH≡CH ⟶ C_6H_6 벤젠

2 CH≡CH ⟶ CH_2=CH-C≡CH 비닐 아세틸렌

4 CH≡CH ⟶ 씨클로옥타테트라엔 (레페반응)

■ 금속화합물(acetylide)

-C≡CH의 구조를 가진 아세틸렌계 탄화수소는 $CuCl_2$, $AgNO_3$, $HgCl_2$와 같

은 중금속염의 암모니아성 용액에 통하면 $-C\equiv C-M$과 같은 아세틸리드 (acethylide)을 침전한다. 이것은 산에 분해되어서 탄화수소를 재생한다.

$$Cu-C \equiv C-Cu + 2HCl \longrightarrow HC\equiv CH + Cu_2Cl_2$$
$$Ag-C \equiv C-Ag + 2HNO_3 \longrightarrow HC\equiv CH + 2AgNO_3$$

문제 3. 포화탄화수소와 불포화탄화수소에 대하여 화학적 성질의 차이를 말하라.

풀이

	포화탄화수소	불포화탄화수소
부가반응	하지 않는다	한다
치 환	할로겐과 치환	-
중 합 성	없다	있다
강산화제	영향을 받지 않는다	불포화 결합을 한다

문제 4. 메탄이 연소할 때의 화학반응식을 쓰고, 이 식에서 메탄과 산소 또는 질소와의 혼합 기체에 점화하여 폭발을 가장 맹렬하게 하는 데는 체적의 비율을 어떻게 해야 하는가?

풀이

$CH_4 + 2O_2 = CO_2 + 2H_2O$

위 식에서 메탄 : 산소=1 : 2, 메탄 : 공기=1 : 10의 체적비에 폭발이 가장 맹렬하게 한다.

문제 5. 다음 각 기체를 용이하게 결정하는 데는 어떻게 하는가?

(a) 아세틸렌　　(b) 에틸렌　　(c) 메탄　　(d) 질소

풀이

다음의 성질을 이용하면 좋다.

(a) 아세틸렌은 암모니아성 염화제일동의 용액에 통하면 acetylide를 침전하며, 이것은 산에 의해서 분해하여 아세틸렌을 재생한다.

$CH\equiv CH + Cu_2Cl_2 + 2NH_3 \longrightarrow Cu-C \equiv C-Cu + 2NHCl$

$Cu-C \equiv C-Cu + 2HCl \longrightarrow CH \equiv CH + Cu_2Cl_2$

(b) 에틸렌을 진한황산에 흡수시켜 생성한 에틸황산은 가열하면 에틸렌을 생성한다.

$CH_2 \equiv CH_2 + H_2SO_4 \longrightarrow CH_3-CH_2-OSO_3H$

$CH_3-CH_3-OSO_3H \longrightarrow CH_2=CH_2 + H_2SO_4$

(c) 메탄은 위의 2개의 반응을 행하지 않으며, N_2와 다른 점은 가용성이다.

(d) 질소는 다른 3종의 기체와는 달리 불연성(不燃性)이다.

문제 6. 에탄, 에틸렌 및 아세틸렌의 혼합기체에서 각 성분기체를 분리하여 채취하는 방법을 말하라.

풀이

혼합기체를 우선 $AgNO_3$ 또는 $CuCl_2$의 암모니아성 용액에 통하여 아세틸렌을 제거하고, 다음에 진한황산에 통하여 에틸렌을 흡수시킨다. 에탄은 반응하지 않고 빠져나온다. 흡수된 아세틸렌과 에틸렌은 문제 5의 풀이와 같이 하여 재생시킨다.

문제 7. 질소, 수소, 탄산가스 및 메탄으로 되어 있는 혼합기체가 있다. 각 성분을 정량 분석하는 원리를 기술하라.

풀이

일정체적의 혼합기체를 진한 KOH수용액(약 50%)에 통하면 CO_2는 흡수되고, 체적의 감소량은 CO_2의 체적에 상당한다. 다음에 CuO를 채워넣은 적열관(赤熱管)에 통하면 CH_4과 H_2는 연소한다. $CaCl_2$를 채워넣은 관에 통하여 수분을 흡수시키면, CH_4와 동체적(同體積)의 CO_2를 생성하므로 체적의 감소는 H_2의 체적이다. 다시 CO_2를 KOH 수용액에 흡수시켜서 CH_4의 체적을 알고, 최후에는 변화하지 않고 그대로 남아있는 N_2의 체적을 측정한다.

$$(N_2, H_2, CO_2, CH_4) \xrightarrow[VCO_2]{\text{KOH용액}} N_2, H_2, CH_4) \xrightarrow{\text{가열 CuO관}}$$

$$\xrightarrow[VH_2]{CaCl_2\text{관}} (N_2, CO_2) \xrightarrow[VCH_4]{\text{KOH수용액}} (N_2)$$

문제 8. 에탄, 에틸렌, 아세틸렌의 순서로 변화시키는 방법을 말하라.

풀이

$$C_2H_6 + Br_2 \longrightarrow C_2H_5Br + HBr$$

$$C_2H_5Br + KOH \xrightarrow{\text{알칼리성}} CH_2{=}CH_2 + KBr + H_2O$$

$$CH_2{=}CH_2 + Br_2 \longrightarrow BrCH_2-CH_2Br$$

$$BrCH_2-CH_2Br + 2KOH \xrightarrow{\text{알코올성}} CH{\equiv}CH + 2KBr + 2H_2O$$

$$C_2H_6 \xrightarrow{Br_2} C_2H_5Br \xrightarrow{\text{알코올}KOH} C_2H_4 \xrightarrow{Br_2} C_2H_4Br_2 \xrightarrow{\text{알코올}KOH} C_2H_2$$

문제 9. 이중결합을 검출하는 데는 어떻게 하는가?

풀이

a) 시료를 아세톤, 빙초산 또는 물에 녹이고 NaOH의 알칼리성으로 하여 이것에 묽은 $KMnO_4$ 용액을 가할 때 적자색의 탈색(脫色) 여부를 검사한다.

b) 시료를 빙초산에 녹이고 묽은 취소(臭素)의 빙초산 용액을 가할 때 갈색이 소실하는가 어떤가를 시험한다. 이중결합이 있으면 취소가 부가하여 취소의 색이 없어진다.

문제 10. 탄화수소 C_4H_8가 있다. 이것은 취소를 탈색하며, 오존분해하면 아세트알데히이드 CH_3CHO만을 생성한다. 이 화합물의 구조식을 써라

풀이

$CH_3CH{=}CHCH_3$ 2-butene. 오존분해에 의해서 이중결합이 절단되어 아세트알데히드를 생성한다.

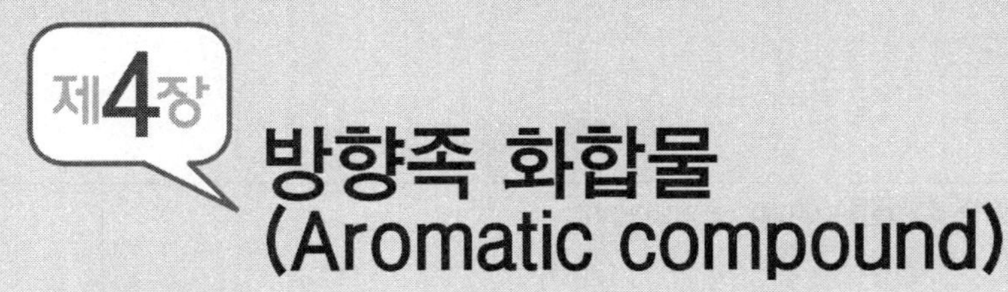

제4장 방향족 화합물 (Aromatic compound)

1825년 Michael Faraday에 의해서 처음 발견된 방향족화합물의 모체는 benzene이다. Coal tar는 benzene을 얻을 수 있는 중요한 자원이며 석유 속에서도 얼마간의 benzene이 들어 있으며, 또한 석유탄화수소로부터 알칸의 방향족화 반응에 의하여 대량 생성되고 있다.

또 이들 화합물의 유도체들이 다소 향기로운 냄새를 가지고 있으므로 흔히 이들 화합물을 방향족화합물(aromatic compound)이라 부르게 되었다.

4-1 벤젠의 구조

벤젠의 분자식은 C_6H_6로서 표시되며 여섯 개의 탄소 원자가 고리 모양으로 결합되고, 각 탄소 원자에는 각각 한 개씩의 수소 원자가 결합되어 있다는 것을 최초로 케쿨레(Kekule, 1865)가 주장하였다. 또 그는 (a)와 (b)의 두 가지 구조식으로 나타냈으며 이들은 서로 변이하기 때문에 이중결합의 위치는 고정되어 있지 않다고 하였다.

(a) ⇌ (b)

이것을 케쿨레의 진동설이라 하며, 이러한 설명은 벤젠 유도체의 하나인 오르도 크실렌(o-xylene)을 오존(O_3)으로 산화시켜서 얻어지는 글리옥살

(glyoxal), 비아세틸(biacetyl), 메틸글리옥살(methylglyoxal)등의 생성으로써 잘 설명된다.

o-xylene $\xrightarrow{2O_3}$ biacetyl ($CH_3-CO-CO-CH_3$) + glyoxal (COH–COH) + glyoxal (CHO–CHO)

o-xylene $\xrightarrow{2O_3}$ methylglyoxal ($CH_3-CO-CHO$) + glyoxal (OHC–CHO) + methylglyoxal ($CH_3-CO-CHO$)

또한, 벤젠 중의 여섯 개의 탄소와 탄소와의 결합은 모두 같은 성질을 가지고 있어서 어느 것이 단일결합 또는 이중결합인가를 구별할 수 없는데, 이러한 성질을 표시하기 위하여 케쿨레의 진동설 이외에 클라우스(Claus, 1867)의 대각선 구조식과 암스트롱 베이어(Armstrong Baeyer, 1892)의 중심형 구조식 등이 제안되어 있다.

지금 흔히 사용되는 고전적인 벤젠의 구조는 ⬡ 또는 ⬡ 이지만, 표현방법은 전자 분포의 견지에서는 적당하지 않다고 볼 수 있다. 즉 이중결합을 이루는 π 전자는 여섯 개의 탄소에 고르게 분포되어 있다는 것이 있으므로 다음과 같은 방법으로 벤젠을 표현하자는 제안이 있다.

H, C, HC, CH, HC, CH, C, H (점선 결합의 벤젠) 또는 (점선 육각형) 또는 (원이 있는 육각형)

화합물에 있어서 두 가지 이상의 동등한 구조를 쓸 수 있으며, 원자들의 위치가 동일하나 전자의 배치가 다른 현상을 공명(resonance)이라 부른다.

대각선구조식 중심형구조식

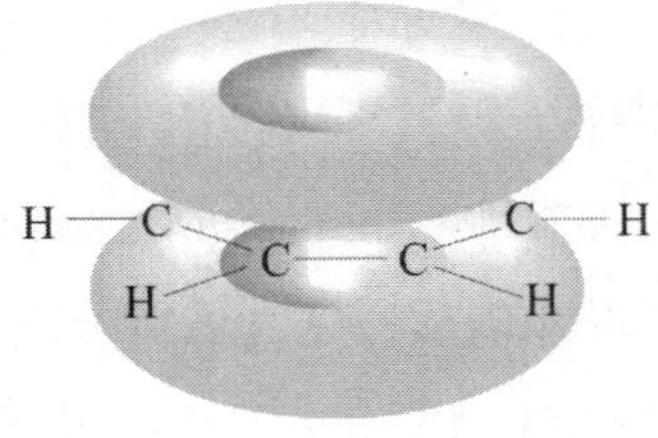

그림 4-1 벤젠의 모양

이런 분자의 정확한 구조는 단 한 가지 식으로는 표시할 수가 없고 다만 지표상에 표현할 수 있는 몇 가지 구조식의 공명혼성체(resonance hydrid)라고 생각이 되고 있다.

벤젠의 공명혼성체는 위에서 설명한 바와 같이 로 부가적인 전자를 점선으로 표시하거나 또는 고전적인 구조 사이에 두 개의 머리를 가진 화살표를 써서 다음과 같이 표시한다.

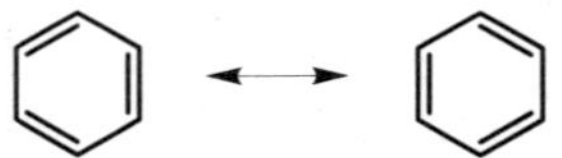

4-2 벤젠의 안정성

양자역학에 의하면 공명혼성체의 에너지는 한계구조식이 가진 에너지보다 적다. 다시 말하면 벤젠은 케쿨레(kekule)구조식의 (a)나 (b)와 같은 상태로 존재할 때 보다 이것을 중첩시킨 형인 공명혼성체(즉, 실제의 벤젠)가 더 안정하다는 것인데, 이것은 공명에 의하여 에너지가 방출되어 안정화되었기 때문이다. 이때 얼마만큼의 에너지를 방출시켜 안정화되었는가를 kcal/mole로 표시한 것을 공명에너지(resonance energy)라 하는데, 대개 실제의 벤젠(공명혼성체)이 가지고 있는 공명에너지는 약 36kcal/mole이 된다.

벤젠의 공명에너지 산출방법의 예를 들면, 시클로헥센(cyclehexene)에 1mole의 수소를 부가시켜서 시클로헥산(cyclohexane)을 만들 때 28.6kcal/mole의 열량이 발생된다.

cyclohexane + H_2 ⟶ cyclohexane + 28.6 kcal/*mol*

그런데 벤젠의 한계구조식에는 세 개의 이중결합이 있으므로 여기에 수소를 부가시켜서 시클로헥산을 들려면 28.6×3 = 85.8kcal/mole의 열량이 발생되어야 한다.

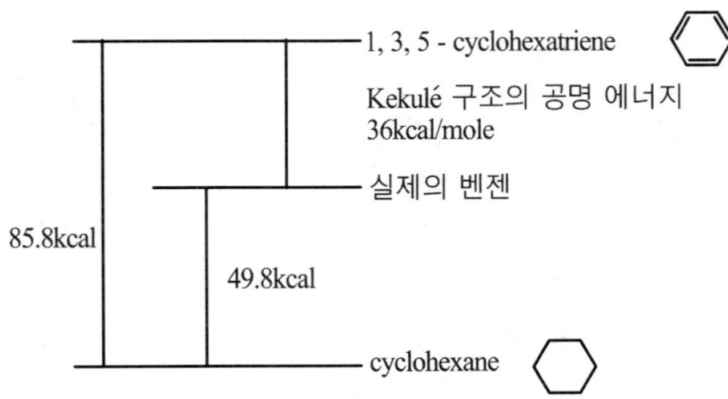

그러나 실험 결과에 의하면 벤젠의 수소부가열은 49.8 kcal/mole이므로 85.8-49.8 = 36 kcal/mole 만큼의 안정화를 위한 공명에너지가 된다.

4-3 벤젠 유도체의 명명법

방향족화합물로부터 유도된 aryl기는 기호 Ar-로 표시하며 benzene고리에서 수소 원자 한 개가 빠진 것을 phenyl이라 한다.

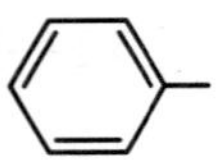

CH_2-

phenyl 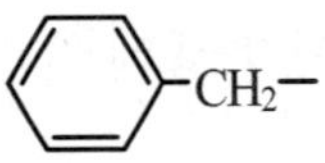　　benzyl

벤젠의 일치환체는 벤젠의 유도체로 명명한다.

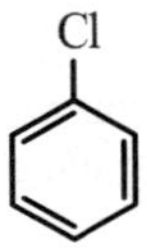

Cl　　NO_2　　CH_2CH_3

chlorobenzene 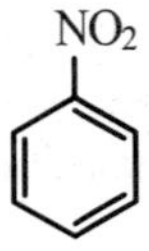　　nitrobenzene 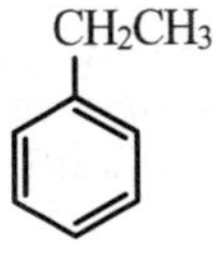　　ethylbenzene

몇 가지 벤젠의 일치환체들은 관용명을 가지고 있다.

CH_3 / toluene　　$CH{=}CH_2$ / styrene　　CH_2Cl / benzyl chloride

2개의 치환체가 존재할 때에는 세 가지의 구조이성질체가 가능하다. 즉 1,2 치환체는 오르토(ortho, o-), 1,3치환체는 메타(meta, m-) 1,4치환체는 파라(para, p-)라 한다.

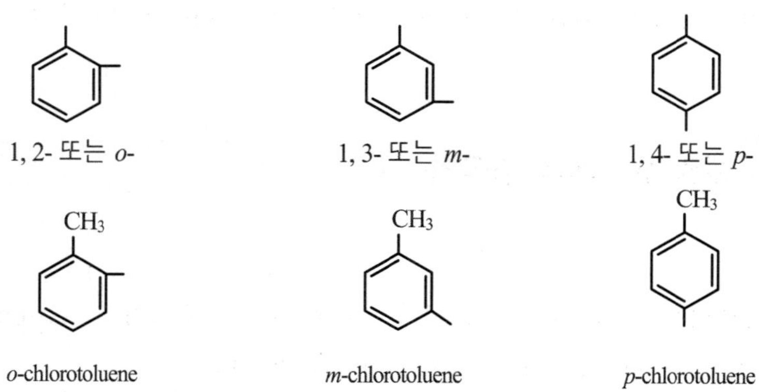

또한, 3개의 치환체가 존재할 때에는 고리에 번호를 붙인다.

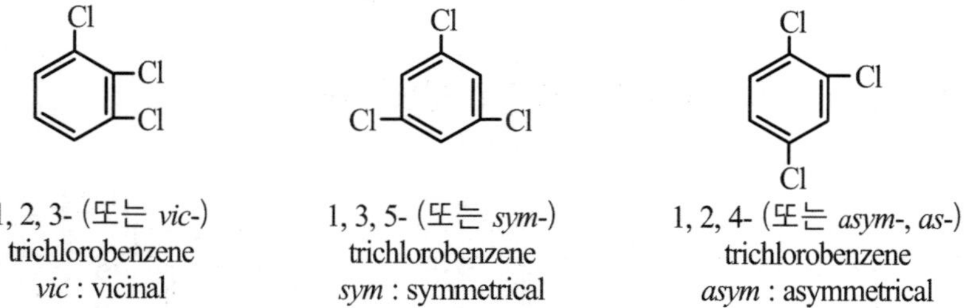

4-4 벤젠의 제법

4-4-1 지방족화합물에서의 제조

benzene, toluene 등을 지방족탄화수소에서 합성하는 것은 옛날에는 매우 어렵다고 생각되어 왔으나, 오늘날에는 석유탄화수소의 열처리에 따라서 여러 가지 방향족 화합물이 얻어지게 되었다.

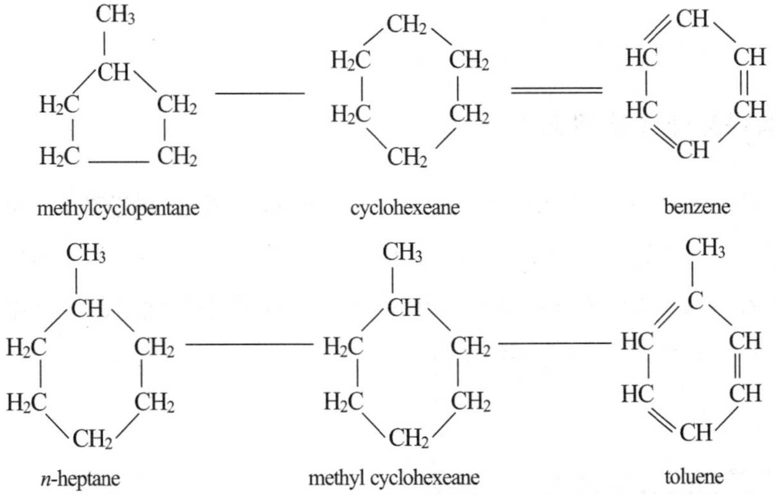

methylcyclopentane — cyclohexeane = benzene

n-heptane — methyl cyclohexeane — toluene

이와 같이 사슬탄화수소 화합물에서 방향핵을 만드는 반응을 일반적으로 방향족화(aromatization)라 한다. 석유공업에서 말하는 개질(reforming) 혹은 하이드로포밍(hydroforming) 등의 과정에 있어서도 이와 같은 방향족화가 일어난다. 그 밖에도 butadiene과 ethylene에서도 합성된다.

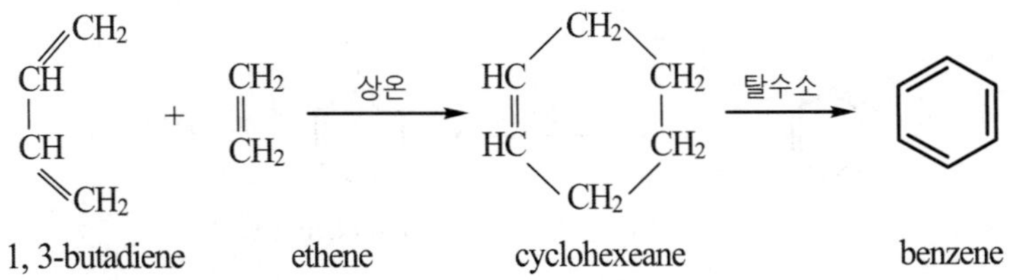

1, 3-butadiene + ethene —상온→ cyclohexeane —탈수소→ benzene

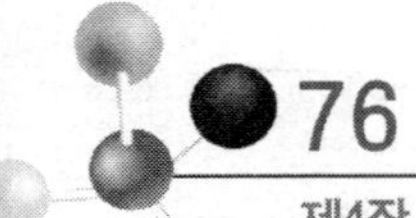

위의 반응은 Disls-Alder 합성법으로 알려져 있다.

4-4-2 아세틸렌(acetylene)을 중합시켜서 얻는 방법

$$2\,HC\equiv CH + HC\equiv CH \xrightarrow[\text{cat}]{500\sim800^{\circ}C} C_6H_6$$

2 acetylene　　acetylene　　benzene

4-4-3 코올타르에서의 제조

석탄을 고온에서 건류(destructive distillation)시키면 석탄가스 · 코올타르 · 암모니아 · 물 및 코오크스(cokes)가 나온다. 즉 코올타르는 석탄에서 약 5%가 나오는데 끈끈한 액체이며 이것을 분류시키면 벤젠을 비롯한 200여 종류의 화합물을 얻을 수 있다.

4-5 벤젠의 반응

4-5-1 할로겐화

염화철이나 할로겐화철이 촉매로서 존재하면 염소나 브롬과 쉽게 반응한다.

$$C_6H_6 + Cl_2 \xrightarrow{FeCl_3} C_6H_5Cl + HCl$$

chlorobenzene

알킬측쇄(alkyl side chain)가 존재하면 치환 과정은 다음의 두 가지 경로 중의 하나를 따르게 된다.

$$\text{toluene} + Cl_2 \xrightarrow{\text{햇빛}} \text{benzyl chloride } (C_6H_5CH_2Cl) + HCl$$

$$\text{toluene } (C_6H_5CH_3) + Cl_2 \xrightarrow[\text{Fe}]{\text{어두운곳}} \left\{ \begin{array}{l} o\text{-chlorotoluene} \\ p\text{-chlorotoluene} \end{array} \right\} + HCl$$

4-5-2 니트로화

벤젠은 황산 존재하에서 질산과 반응하면 수소가 니트로기와 치환될 수 있다.

$$C_6H_6 + HO-NO_2 \xrightarrow[50℃]{H_2SO_4} C_6H_5NO_2 + H_2O$$

nitric acid　　nitrobenene

4-5-3 술폰화

벤젠은 황산과는 반응을 하지 않으나 높은 온도에서는 천천히 술폰화가 일어난다.

$$C_6H_6 + HO-SO_3H \longrightarrow C_6H_5SO_3H + H_2O$$

sulfuric acid　　　　benzensulfonic acid

4-5-4 알킬벤젠

고리에 알킬기가 붙은 어떤 벤젠의 유도체들은 코올타르에서 얻을 수 있다. 그러나 이들의 대부분은 대단히 짧은 측쇄를 가지고 있다.

$$C_6H_5Br + 2Na + BrCH_2CH_2CH_3 \longrightarrow C_6H_5CH_2CH_2CH_3 + 2Na^+Br^-$$

bromobenzene　　　　*n*-propylbenzene

$$Ar-X + 2Na + X-R \longrightarrow Ar-R + 2Na^+Br^-$$

$$C_6H_6 + CH_3CH_2Cl \xrightarrow[0^\circ]{AlCl_3} C_6H_5CH_2CH_3 + HCl\uparrow$$

ethylbenzene

$$Ar-H + R-Cl \longrightarrow Ar-R + HCl$$

$$C_6H_6 + 3CH_3CH_2Br \xrightarrow[24시간]{AlCl_3} C_6H_3(CH_2CH_3)_3 + 3HBr$$

1, 3, 5-(sym-)triethylbenzene

$$3C_6H_6 + HCCl_3 \xrightarrow[80^\circ]{AlCl_3} (C_6H_5)_3CH + 3HCl$$

triphenylmethane

피티히(fitting, 1864)는 할로겐화 알킬과 방향족 할로겐화물(aromatic halide) 혼합물에 나트륨을 작용시킴으로써 부르쯔 반응(wurtz reaction)을 알킬벤젠의 제조에까지 응용하였다. 이것은 부르쯔-파티히(wurtz-fitting) 반응이라고 알려진 것이다.

또 촉매로서 $AlCl_3$가 존재하면 할로겐화 알킬이 방향족탄화수소와 축합함을 알 수 있다.

알킬화반응은 가끔 할로겐화 알킬 대신 올레핀(olefin)과도 일어나며, 에틸벤젠은 벤젠과 에틸렌에서 이 방법으로 대량 생산된다.

$$C_6H_6 + \underset{\text{ethylene}}{CH_2 = CH_2} \xrightarrow{AlCl_3} \underset{\text{ethylbenzene}}{C_6H_5{-}CH_2CH_3}$$

에틸벤젠은 폴리스티렌(polystyerne)을 만드는 데에 쓰인다.

$$C_6H_5{-}CH_2CH_3 \xrightarrow[\text{cat}]{-H_2} \underset{\text{styrene}}{C_6H_5{-}CH{=}CH_2} \xrightarrow{\text{cat}} \underset{\text{polystyrene}}{{-}\!(CH(C_6H_5){-}CH_2)\!{-}_n}$$

고급 올레핀(olefin)으로 알킬화하면 측쇄가 있는 알킬방향족을 생성한다.

$$C_6H_6 + CH_2{=}CH{-}CH_3 \xrightarrow{AlCl_3} \underset{\text{isopropylbenzene (cumene)}}{C_6H_5{-}CH(CH_3){-}CH_3}$$

4-6 치환반응에서의 지향성

Benzene 유도체인 C_6H_5X를 할로겐화, 니트로화 술폰화 하였을 때 벤젠고리 여섯 개의 위치가 동등하다는 것을 알 수 있다. 그리고 벤젠고리에는 한 개 이상의 치환기를 도입할 수 있다. benzene의 한 개의 수소가 이미 Y인 치환기로 치환되었을 때, 다음에 들어갈 수 있는 치환기 X는 다음과 같은 다섯 가지 방법으로 들어갈 수 있다.

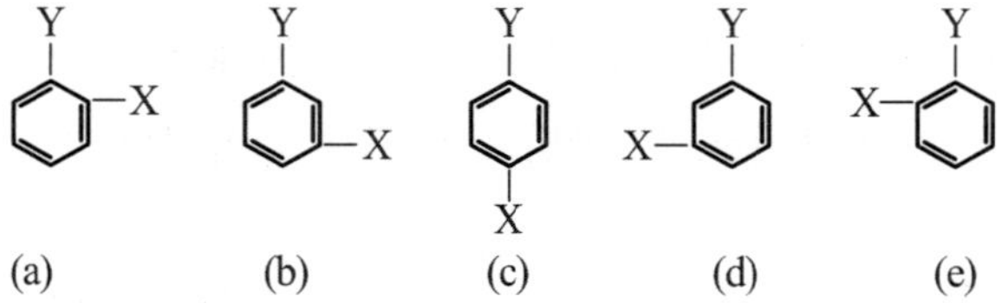

(a) (b) (c) (d) (e)

그런데 (a)=(e)는 (b)=(d)이므로 (a), (b), (c)의 각 치환체가 생길 수 있는 확률은 (a)=40%, (b)=40%, (c)=20%로 짐작할 수 있다.

그러나 실제에 있어서는 이와 같이 되지 않고 미리 존재하는 치환의 종류 (위에서는 Y)에 따라 다음 그림에서 볼 수 있는 바와 같이 2차적으로 들어가는 치환기의 공격 위치가 달라진다.

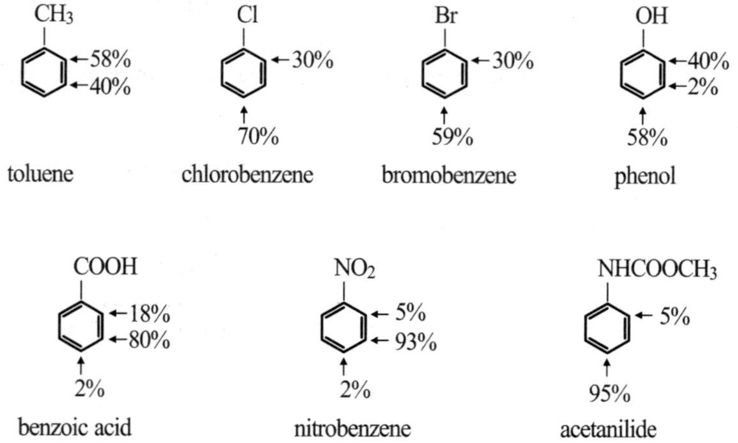

toluene (CH_3): 58%, 40%
chlorobenzene (Cl): 30%, 70%
bromobenzene (Br): 30%, 59%
phenol (OH): 40%, 2%, 58%

benzoic acid (COOH): 18%, 80%, 2%
nitrobenzene (NO_2): 5%, 93%, 2%
acetanilide ($NHCOOCH_3$): 5%, 95%

술폰화의 경우도 거의 같은 경향이 있다. 이와 같은 실험적 사실에서 대개 다음과 같이 말할 수 있다.

benzene 유도체인 C_6H_5X에 다시 치환기 Y를 도입하려고 할 경우, 그 기에 들어가는 위치는 주로 기존기 X의 종류에 따라 정해지는 것으로 새로운 도입기 Y의 종류에는 그다지 관계가 없다. 이러한 성질을 지향(directing)이라 하고 그 위치에 따라서 두 가지로 구별된다.

1) *o,p* 지향성을 표시하는 기

CH_3 및 기타의 알킬(alkyl)기, Cl, Br, I, OH, OCH_3(기타의 OR), NH_2, NHR, NR_2, $NHCOCH_3$(NHCOR), CH_2COOH, CH_2COOR

2) *m* 지향성을 표시하는 기

NO_2, COOH(COOR), CHO, COR, SO_3H, CN, NH_3, $-NH_2R$, NHR_2, NR_3

4-7 치환체의 생성

벤젠고리에 2개의 치환기가 이미 들어가 있는 경우에는 이들 두 치환기의 상대적인 힘의 강약에 따라서 제3의 기의 위치가 좌우된다.

1) *o,p* - 지향성기

OH, $NH_2 > CH_3CONH_2 > Cl > I > Br > CH_3$

2) *m* - 지향성기

$NH_2 > COOH > SO_3H$

표 4-1 치환기의 효과

활성화능력 증가	치환기	지향성
↑	— OH, — OR — NH_2 R(alkylbenzenses) (— H)(bezene)	ortho-para 지향기
	$-\overset{O}{\overset{\|}{C}}R$, $-\overset{O}{\overset{\|}{C}}H$, $-\overset{O}{\overset{\|}{C}}OH$ — SO_3H — NO_2	meta 지향기

다음 구조식에서 화살표는 제3치환기가 들어갈 위치를 표시한 것이다.

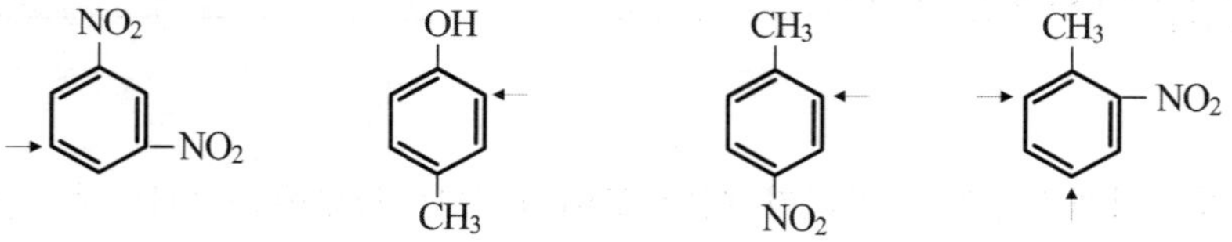

4-8 방향족 다핵 화합물

한 화합물 속에 벤젠고리가 두 개 이상 축합해서 존재하는 것을 방향족 다핵 화학물이라 하고 이들 중에서 탄소만으로 된 탄화수소는 다음과 같은 것이 있으며 코울타르(coal tar)에서 얻어진다.

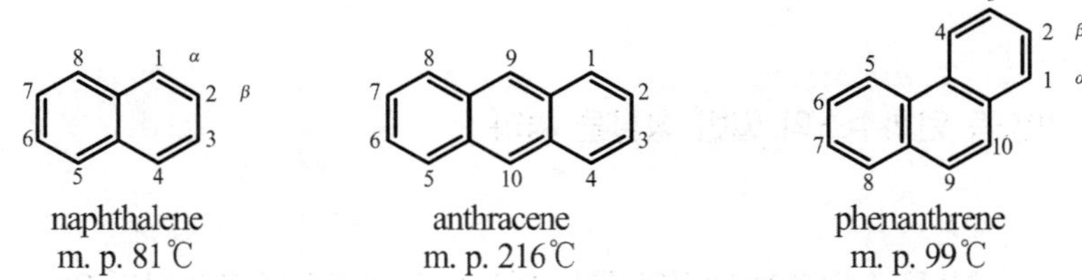

1) Naphthalene($C_{10}H_8$)

Naphthalene은 coal tar 중에 약 5% 존재하며 170℃~230℃의 유분 속에 함유되어 있다. 무색판상이고 특유한 냄새를 가지며 승화성이 있는 결정체로서 물에 불용이며 유기용매에는 가용성이며 부패 살균성등을 가진다.

2) Anthracene 및 phenantherne($C_{14}H_{10}$)

anthracene은 coal tar 중에 0.5% 함유되어 있고, 무색판상 청자색의 형광을 가지는 결정으로서 벤젠에 녹으나 다른 유기 용매에는 난용이다.

화학성은 naphthalene에 유사하나 한층 더 산화 환원을 받기 쉽다.

3) Benzpyrene

불완전연소하여 생기는 매연, 타르 또는 담배연기에서 발견할 수 있는 유기물질로 네 개 이상의 고리가 붙은 방향족화합물로서 최근 암을 발생할 수 있는 물질로 알려졌다.

문제 1. 방향족 탄화수소의 일반 성질을 써라

풀이

1) 산화 : 벤젠핵은 산화제에 대하여 극히 안정하고 용이하게 파괴되지 않는다. 그러나 곁사슬은 가열하면 용이하게 산화되어서 카르복실기로 된다.

$$C_6H_5-CH_3 \xrightarrow{O} C_6H_5-CHO \xrightarrow{O} C_6H_5-COOH$$

2) 환원 : Ni 촉매로 가압하에 접촉환원하면 수소를 부가하여 시클로핵산(Cyclo-hexane)또는 시클로핵산 유도체로 된다.

$$C_6H_6 \xrightarrow[NI]{6H} (CH_2)_6$$

3) 친환반응 : 벤젠핵의 수소는 할로겐, 니트로기, 술폰기 등에 의해 치환된다.

a) 할로겐화

$$C_6H_6 + Br_2 \xrightarrow[Fe]{} C_6H_5-Br + HBr$$

b) 니트로화

$$C_6H_6 + HNO_3 \xrightarrow[H_2SO_4]{} C_6H_5-NO_2 + H_2O$$

c) 술폰화

$$C_6H_6 + H_2SO_4 \xrightarrow[\text{가열}]{} C_6H_5-SO_3H + H_2O$$

d)Friedel-Crafts반응

$$C_6H_6 + CH_3Cl \xrightarrow{AlCl_3} C_6H_5 - CH_3 + HCl$$

$$C_6H_6 + RCOCl \xrightarrow{AlCl_3} C_6H_5 - OCR \xrightarrow{H} C_6H_5 - CH_2R$$

4) 부가 : 할로겐의 부가는 일반적으로 일어나지 않지만 조건에 따라서는 부가하는 일도 있다.

$$C_6H_6 + 3Cl_2 \xrightarrow[\text{햇빛}]{} C_6H_6Cl_6$$

Benzene hexachloride (B. H. C)

이와 같은 방향족 화합물의 특유한 성질을 방향성(Aromaticity)이라고 한다.

문제 2. 방향족 탄화수소와 지방족 탄화수소의 화학적 성질을 비교하라.

풀이

방향족 탄화수소

- 벤젠고리를 가지고 있음 ex) 에틸벤젠

지방족 탄화수소

- 벤젠고리를 가지지 않음 ex) 펜탄

문제 3. 벤젠의 공명에 대하여 설명하라.

풀이

1개의 화합물이 수종의 구조식(한계식, Limit formula)의 중간 상태를 가지는 것을 공명(Resonance)이라고 한다.

벤젠의 분자식은 C_6H_6이고 어떠한 방법에 의해서도 벤젠의 1치환체 C_6H_5X는 1종류만 얻어진다. 그래서 6개의 H는 동등해야 되므로, Kekule는 6개의 탄소원자가 고리를 이루며 그 각각에 수소가 1원자씩 결합하고 있다고 생각하였다. 그러나 탄소의 원자가가 4가라는 것을 생각할 때 그중 3개는 그의 상태를 이해할 수 있지만 나머지 1개는 탄소 사이에 2중 결합을 하고 있다고 생각해야 한다. 그런데 그의 불포화성은 올레핀과는 전혀 달라서 Br을 부가하지 않고 또 산화제에 대해 안정하다.

또 2치환제 $C_6H_4X_4$를 생각할 때 오르토(ortho) 화합물에는 2종의 구조가 가능하지만 실제로는 1종류밖에 존재하지 않는다.

현재에는 물리적 방법에 의해 벤젠 고리가 정육각형의 편면 구조이라는 것이 밝혀지고 탄소 사이의 간격은 1.39A°로 단결합(1.54A°)과 이중결합(1.34A°)의 중간이라는 것을 알게 되었다. 그러므로 1개의 구조식에 의해 벤젠의 성질을 표시하는 것이 불가능하고, 다음의 공명혼성체(共鳴混成體)로서 표시하게 된 것이다.

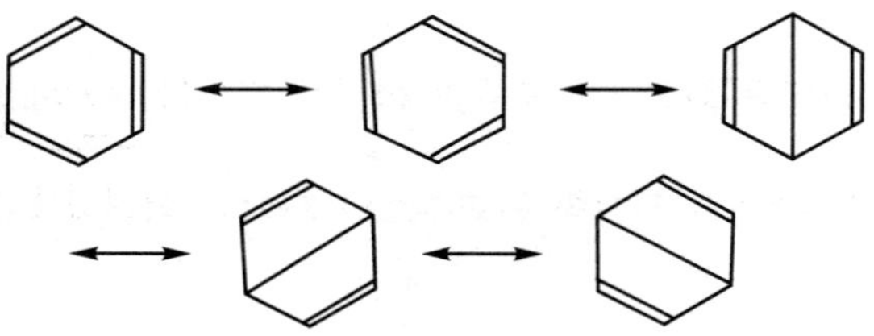

보통 벤젠의 구조식을 또는 간략하게 으로 표시하여 위의 의미를 내포한 것으로 생각하고 있다.

- 치환기의 위치

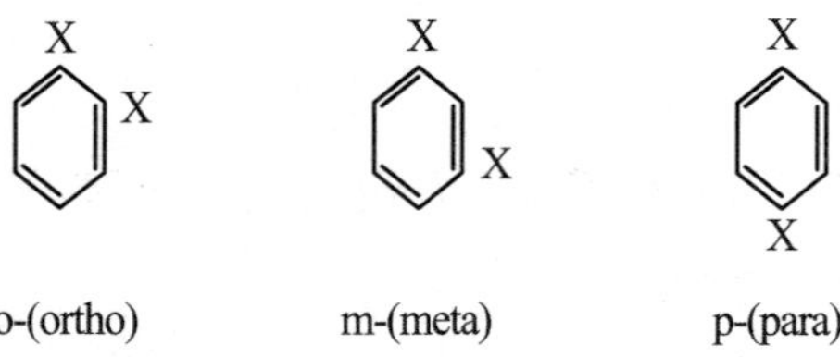

문제 4. 벤젠에서 에틸벤젠을 유도하라.

풀이

a)

벤젠 $\xrightarrow[Fe]{Bra}$ 벤젠 — Br $\xrightarrow[\text{(Wurtz-Fitting 반응)}]{C_2H_6Br + Na}$ 벤젠 — C_2H_5

b)

벤젠 + C_2H_5Br $\xrightarrow[\text{(Friedel-Crafts 반응)}]{AlCl_a}$ 벤젠 — C_2H_5

c)

벤젠 + CH_3COCl $\xrightarrow{AlCl_a}$ 벤젠 — C(=O) CH_3

$\xrightarrow[\text{(Clmmensen 환원)}]{Zn(Hg)+HCl}$ 벤젠 — C_2H_5

d)

벤젠 $\xrightarrow[Fe]{Bra}$ 벤젠 — Br $\xrightarrow[\text{에데르}]{Mg}$

벤젠 — MgBr $\xrightarrow{C_2H_5Br}$ 벤젠 — C_2H_5

grignard 시약

문제 5. 벤젠에서 톨루엔을 얻는 방법 및 톨루엔에서 벤젠을 얻는 방법을 써라.

풀이

$$C_6H_6 \xrightarrow[AlCl_3]{CH_3Cl} C_6H_5-CH_3 \xrightarrow{dil\ HNO_3}$$

$$C_6H_6 \xrightarrow{Fe\ |\ Bra} C_6H_5-Br \xrightarrow{CH_3Br + Na} C_6H_5-CH_3$$

$$C_6H_5-COOH \longrightarrow C_6H_5-COONa \xrightarrow{소다석회} C_6H_6$$

문제 6. 다음 물질에서 출발하고 임의의 지방족 화합물을 써서 n-부틸벤젠을 유도하라.

a) 벤젠　　　b) 브로모벤젠　　　c) 벤즈알데히드

풀이

a)

$$CH_3CH_2CH_2COOH + C_6H_6 \xrightarrow{AlCl_2} CH_3CH_2CH_2COC_6H_6$$

$$\xrightarrow{Zn(Hg)+HCl} CH_3CH_2CH_2CH_2-C_6H_5$$

b)

$$CH_3CH_2CH_2CH_2Br + C_6H_5Br + 2Na \longrightarrow$$

$$CH_3CH_2CH_2CH_2 - C_6H_5$$

c)

$$C_6H_5-CHO+BrMgCH_2CH_2CH_3 \longrightarrow$$

$$C_6H_5-CH(OMgBr)CH_2CH_2CH_3 \xrightarrow{H_2O}$$

$$C_6H_5CH(OH)CH_2CH_2CH_3 \xrightarrow{-H_2O}$$

$$-CH{=}CH- \xrightarrow{H_2 부가}$$

$$C_6H_5-CH_2CH_2CH_2CH_3$$

문제 7. α-브로모 나프탈렌에서 α-메틸 나프탈렌을 유도하는 방법을 써라.

풀이

α-브로모나프탈렌 + CH_3Br —(2Na, Wurtz-Fitting 반응)→ α-메틸나프탈렌 (CH_3)

문제 8. 에틸벤젠과 o-키실렌의 식별법을 써라.

풀이

산화제에 의해 곁사슬을 산화되어 카르복실기로 되므로 에틸벤젠에서 안식향산을, o-키실렌에서는 프탈산이 생긴다. 전자는 모노카르본산이고 후자는 디카르본산이다. 페놀프탈렌을 지시약으로 하여 KOH로 적정한 결과, 1당량이 작은 편이 프탈산이고, 산화되기 저은 o-키실렌이다.

$C_6H_5CH_2CH_3 \longrightarrow C_6H_5COOH$ (안식향산)

$C_6H_4(CH_3)_2 \longrightarrow C_6H_4(COOH)_2$ (프탈산)

문제 9. 벤젠화합물의 핵치환에 관한 법칙을 써라.

풀이

벤젠핵에 이미 제1의 치환기가 들어 있고, 제2의 치환기를 넣으려고 할 때 그의 치환이 일어나는 위치는 제1의 치환기에 따라 지배된다. 이것을 제1 치환기의 배향성(配享性)이라고 한다. 배향성에 대하여는 대략적인 규칙이 있다.

1) *o*, *p*-배향성의 치환기 : 할로겐, $-CH_3$, 알킬, $-OH$, $-OCH_3$, $-NH_2$, $N(CH_3)_2$, $-NHOCCH_3$

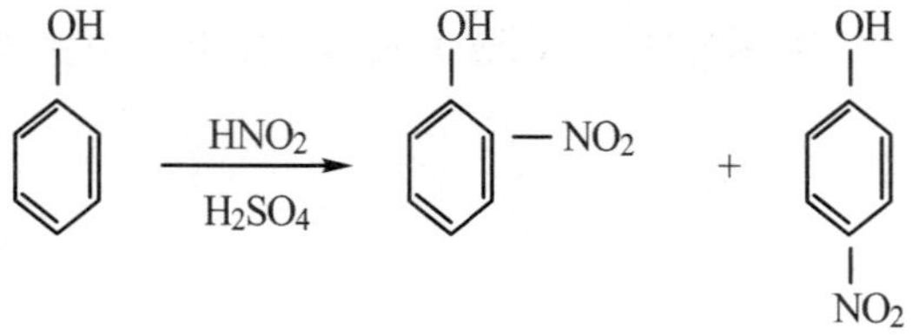

위에 열거한 기(基)는 벤젠핵의 *o*–위치와 *p*–위치의 전자밀도를 높이기 때문에 이것에 향하여 제2의 치환기가 들어온다.

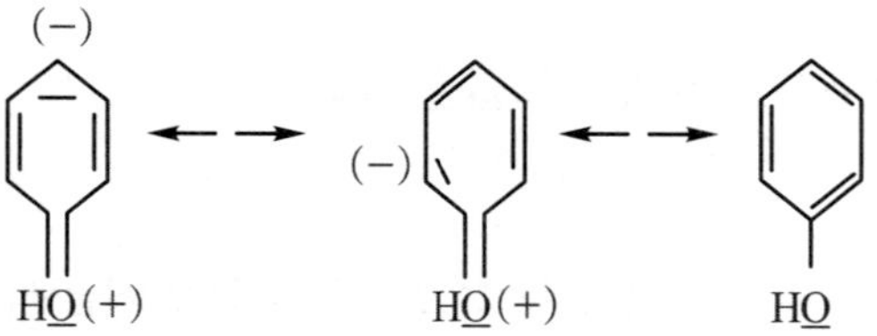

2) *m*–배향성의 치환기 $-NO_2$, $-COOH$, $-SO_3H$, $-CN$, $-CHO$, $-COOH_3$
이들의 기는 전자를 끌어당기는 성질이 있으므로 *o*,*p*의 위치는 전자밀도가 감소한다. 그래서 비교적으로 전자밀도가 높은 m–위치에 치환이 일어난다.

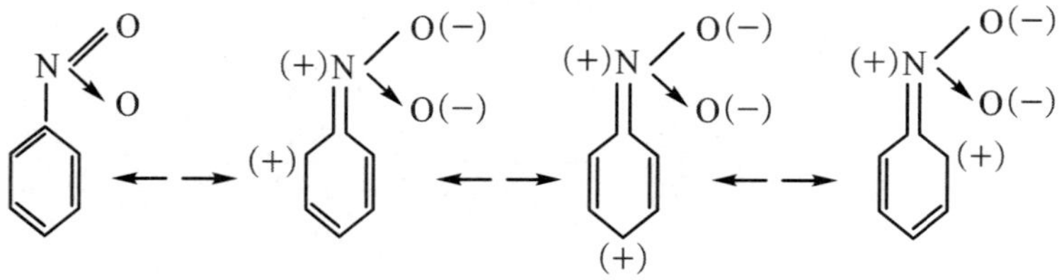

문제 10. 클로로벤젠에 황산 존재하에 질산을 작용시킬 때의 생성물의 구조식을 써라.

풀이

–Cl은 *o*, *p*–배향성이므로 *m*–화합물은 거의 생성하지 않는다.

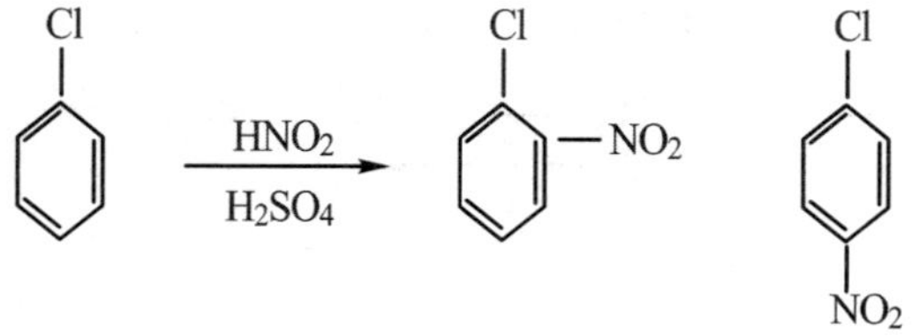

제5장 입체화학

입체화학(sterochemistry)은 분자의 삼차원적 구조, 즉 공간배열을 연구하는 화학의 한 분야이다. 화합물의 구조이성질체(structural isomer)는 분자 내의 원자들의 결합순서가 다르나 입체이성질체(stereoisomer)는 구조식은 같으나 구성 원자의 공간적 배열이 다르며 물리 및 화학적 성질이 서로 다르다. 입체이성질체는 거울상이성질체(enantiomer)와 부분입체이성질체(diastereomer)로 나눌 수 있다.

이성질체(Isomers)
- 구조이성질체
- 입체이성질체
  - 거울상이성질체
  - 부분입체이성질체

거울상이성질체는 서로 거울상이지만 부분입체이성질체는 그렇지 않다. 즉 서로 포갤 수 없는 거울상관계이면 거울상이성질체이다. 예를 들면 구조 I과 구조 II는 서로 거울상이며 결합된 기의 방향이 서로 반대이어서 겹칠 수 없다.

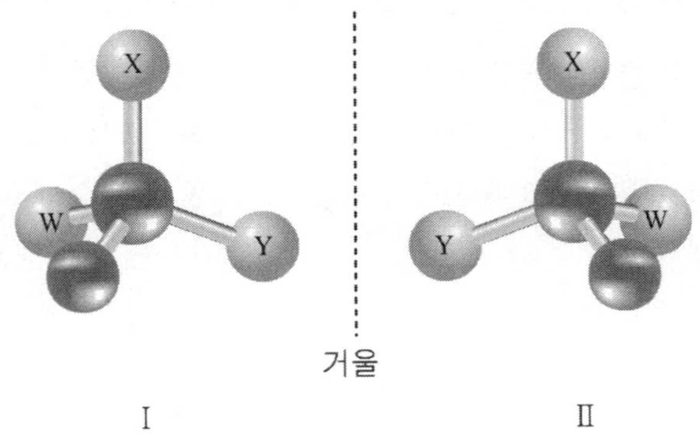

거울상이성질체의 필요충분조건은 분자의 비대칭성(disymmetry 또는 chirality)이다. 사면체 탄소화합물의 비대칭성은 한 탄소에 4개의 서로 다른 치환기가 결합되어 있을 때 생긴다. 이러한 탄소를 비대칭 탄소(asymmetric carbon)라고 한다. 이러한 분자의 거울상은 서로 쳐질 수 없으며 거울상 이성질체가 된다.

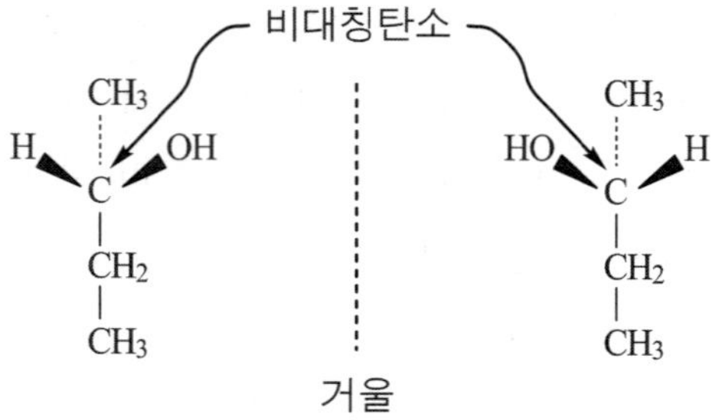

2-butanol의 거울상이성질체

2-부탄올(2-butanol)은 거울상이성질체의 한 예이며, 이들 이성질체는 편광면을 회전시키는데, 그 크기는 같지만 방향이 반대이다. 이와 같이 편광면을 회전시키는 성질을 광학활성(optical activity)을 가진다고 한다. 따라서 거울이성질체는 다른 물리적 성질은 모두 같으나 단지 편광면을 회전시키는 성질만이 다를 뿐이다. 화학적 성질에서는 다른 광학활성물질과 반응할 때에 그 반응 속도가 다르다. 이러한 성질은 생체내의 반응에서 매우 중요한 것이며 대개는 어느 한 거울이성질체만 생물학적으로 활성을 나타낸다.

기하이성질체(geometric isomer)인 시스-트란스이성질체는 서로 거울상이 아니므로 부분입체이성질체에 속한다. 예로서 1,2-디클로로에텐(1,2-dichloro ethene)의 시스형과 트란스형은 같은 원자의 순서를 갖지만 그의 공간 배열이 다르다.

cis-1, 2-dichloroethene

trans-1, 2-dichloroethene

5-1 편광

19세기 초기의 Biot는 여러 천연 유기화합물이 편광면을 회전함을 발견하였다. 빛은 전자기진동을 가지고 있으며, 그 진동은 빛의 진행 방향에 항상 수직이다. 다시 말해서 광원에서 나오는 빛은 모든 수직 방향으로 진동할 수 있다. 그러나 Nicol 프리즘 같은 적당한 장치를 통과하면 어느 한쪽 방향의 진동편을 가지는 빛만 통과하게 되는데, 이것을 평면편광(plane polarized light)이라고 하며 그의 진동면을 편광면이라고 한다.

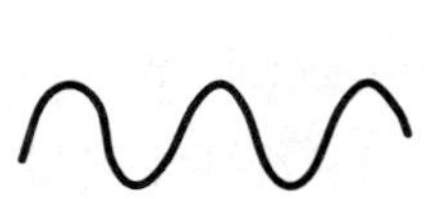

옆에서 본 빛의 파동

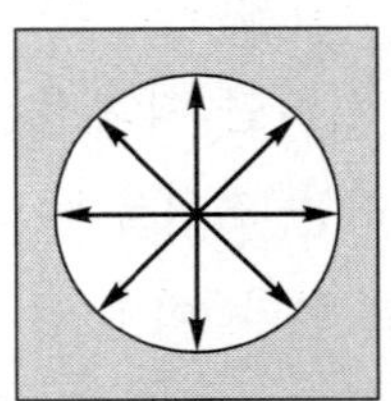

모든 방향으로 진동하는 빛

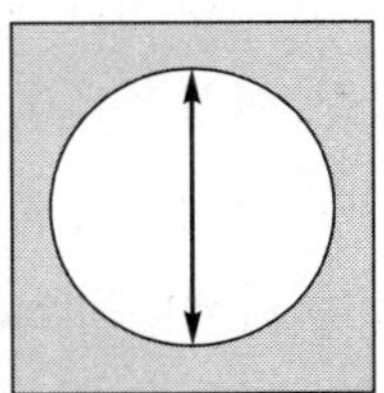

평면 편광

평면편광을 만들기 위한 광원은 보통 단색나트륨빛을 사용하며, 편광프리즘을 통과하여 편광이 되어 시료관을 통하고 분석 프리즘에 도달한다.

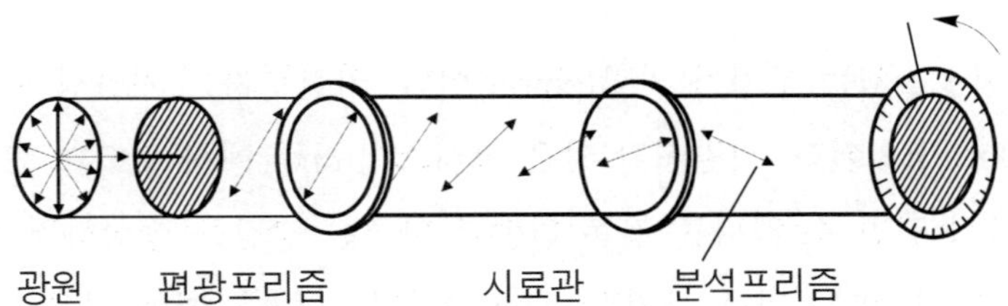

편광의 회전각도(α)는 시료의 양(농도), 시료관의 길이, 온도, 용매의 종류 그리고 빛의 파장에 따라 달라진다. 그러나 같은 조건에서 측정된 값은 물질에 따라 고유하다. 고유광회전도(specific rotation) $[\alpha]$는 다음과 같이 나타낸다.

$$[\alpha]_{\lambda}^{T} = \frac{100\alpha}{1 \times \mathrm{C}}$$

λ는 광원의 파장이며, T는 측정온도, C는 용액 100㎖속의 시료의 g수 그리고 α는 관찰된 광회전도이다. 예를 들어 $[\alpha]_{\mathrm{D}}^{52}$= +60° (C= 0.1, $CHCH_3$)이면 광원은 나트륨 D선(5893Å)을, 시료는 $CHCH_3$ 10㎖에 0.1g을 녹여서 100㎝의 시료관에 넣고 측정하였을 때에 오른쪽으로 60° 회전하였음을 의미한다.

이와 같이 편광면을 우측으로 회전시키는 것을 우회전성(dextrorotatory) 거울상이성질체라고 하며 (+)로 표시하고, 좌측으로 회전시키는 것을 좌회전성(levorotatory) 거울상이성질체라고 하며 (-)로 표시한다. 그러나 두 거울상 이성질체가 같은 양이 섞이면 좌회전성과 우회전성이 상쇄되어 편광면을 회전시키지 못하며 이러한 화합물을 라세미혼합물(racemic mixture) 또는 라세미체(racemate)라고 한다. 이와 같이 편광면을 회전시키지 못하는 성질을 광학적 비활성(optically inactive)라고 한다.

5-2 키랄성(chirality)

거울상이성질체는 분자가 키랄(chiral)이다. 키랄분자는 거울상에 겹칠 수 없는 분자로 정의된다. 키랄이란 말은 그리스어 cheir에서 왔으며 손을 의미한다. 따라서 겹칠 수 없다는 것은 왼손과 바른손 장갑을 상상하면 된다. 거울상과 겹칠 수 있는 것은 아키랄(achiral)이라고 한다. 앞에 나온 2-부타놀

(2-butanol)의 거울상은 서로 겹칠 수 없는 키랄분자가 되고 대칭 요소가 없는 비대칭(asymmetry) 분자이다. 그러나 트란스-1.2-디브로모시클로프로판(*trans*-1,2-dibromocyclopropane)의 두 거울상은 거로 겹쳐질 수 없는 키랄분자이지만 대칭축을 가지고 있어 비대칭(asymmetry)은 아니다. 이러한 분자를 반대대칭(dissymmetry)이라고 한다. 따라서 키랄은 단지 거울상과 겹칠 수 없다는 것을 뜻하며, 분자에 대칭요소가 없거나 대칭축만 가지고 있으면 거울상이성질체를 가질 수 있는 키랄분자이다.

시스-1,2-디브로모시클로프로판은 두 거울상이 겹칠 수 있기 때문에 아키랄이며, 트란스-1,2-디브로모시클로프로판의 두 거울상과 거울상의 관계는 없지만 입체이성질체의 관계가 있다. 따라서 이들은 부분입체이성질체가 된다.

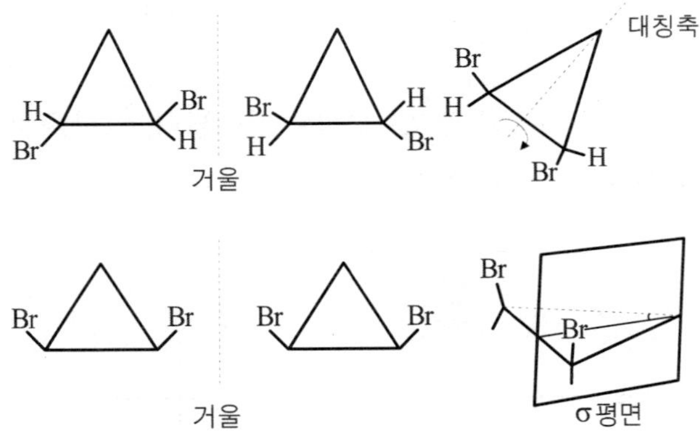

5-3 삼차원 구조의 도시

사면체의 삼차원 구조를 평면에 도시하기는 어렵다. 이러한 목적으로 사용되는 것이 투시식(perspective formula)과 투영식(projection formula)이 있다. 투시식에서 굵은 선은 지면에서 앞쪽으로 있는 것이고 점선은 지면의 뒤에 위치하는 것이다.

CH_3 H OH C CH_3 CO_2H C H HO CH_3 CH_3 H OH CH_3

Fischer 투영식은 간단하기 때문에 널리 사용된다. 중심탄소에서 좌우의 선은 지면의 앞쪽에, 아래와 위의 선은 지면의 뒤쪽에 있음을 나타낸다.

Cl / CH_3 C C_2H_5 / H $\equiv$ Cl / CH_3 — C_2H_5 / H

투시식   Fischer 투영식

Fischer 투영식에서 다음의 구조는 같은 것이 된다. 그러나 거울상이성질체는 다음과 같이 나타낼 수 있다.

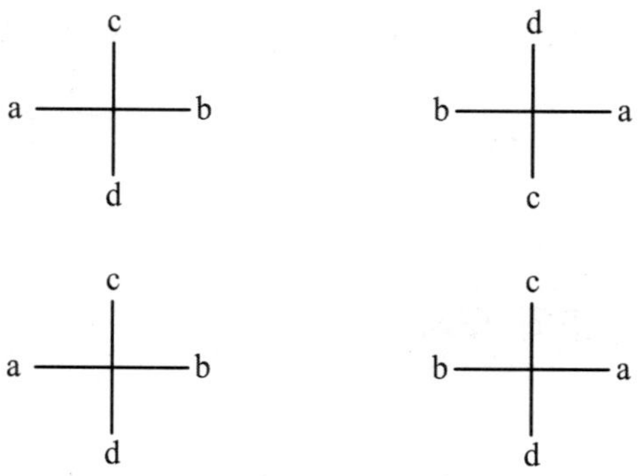

이것은 Fischer 투영식에서 치환기를 홀수번 교환하면 배열이 다르게 되지만 짝수번 교환하면 같은 배열의 분자가 됨을 뜻한다.

5-4 명명법

5-4-1 D- 및 L-족

글리세르알데히드(glyceraldehyde)를 거울상이성질체의 표준물질로 하여 명명한다. 즉 (+)-글리세르알데히드를 D-, (-)-글리세르알데히드를 L-로 임의로 절대배열(absolute configuration)을 정하고, 다른 화합물은 두 글리세르알데히드의 유도체로 생각하여 상대 배열(relative configuration)을 정한다. 그러나 D와 L은 그 이성질체가 우선성(+)이나 좌선성(-)을 나타내는 것은 아니다. (+)와 (-)는 편광면의 회전 방향을 표시하는 분자의 물리적 성질이며 실험에 의해서만 결정된다. 종전에는 (+)와 (-)대신 d와 l을 사용하기도 하였다.

OH가 오른쪽 → CHO / H—┼—OH / CH_2OH D-(+)-glycer aldehyde

CHO / HO—┼—H / CH_2OH L-(−)-glycer aldehyde ← OH가 왼쪽

CHO / H—┼—OH / CH_2OH → CO_2H / H—┼—OH / CH_2OH → COOH / H—┼—Cl / CH_2OH → CO_2H / H—┼—OH / CH_3 → COOH / H—┼—NH_2H / CH_3

COOH / HO—C—H / CH_3 L-(+)-lactic acid → $COO^{\ominus}Na^{\oplus}$ / HO—C—H / CH_3 L(−)-sodium lactate → $COOC_2H_5$ / HO—C—H / CH_3 L(−)-ethyl lactate

탄수화물(carbohydrate)은 $-CH_2OH$기 다음의 비대칭탄소를 기준하여 D-, L-부호를 붙인다.

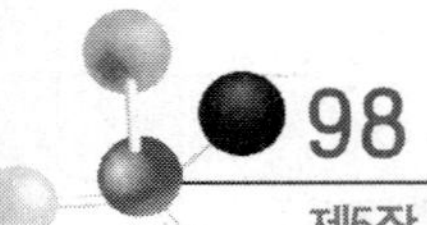


```
                    CHO                  CHO
                     |                    |
  CHO             H—C—OH             HO—C—H
   |                 |                    |
H—C—OH            H—C—OH              H—C—OH
   |                 |                    |
  CH2OH             CH2OH                CH2OH
   D                 D                    D

   CHO               CHO
    |                 |
 H—C—OH           HO—C—H                 CHO
    |                 |                    |
HO—C—H            HO—C—H              HO—C—H
    |                 |                    |
   CH2OH             CH2OH               CH2OH
    L                 L                    L
```

5-4-2 R-S계

D- 및 L-글리세르알데히드와 관련성을 결정하기 어려운 화합물에는 D- 및 L-계열을 정하기 어렵다. 2-브로모-2-클로로부탄이 그러한 예이다.

```
        Cl
        |
CH3 —  C  — Br
        |
       CH2CH3
```

2-bromo-2-chlorobutane

따라서 Cahn, Ingold 및 Prelog에 의하여 새로운 명명법이 제안되었으며 이것이 R-S계이다. 대체로 D-L계에서 D는 R-S계에서 R에 해당하고 L은 S가 되지만 규정과 정의는 전혀 다르다.

R과 S를 정하는 방법은 다음과 같다.

① 비대칭탄소에 연결된 원자에서 원자번호가 큰 것부터 순서를 정한다.

```
     CH3                 CH3
      |                   |
 Br—C—H              HC—C—I
      |                   |
      I                   Cl

 I > Br > C > H      I > Cl > O > C
 1    2   3   4      1    2   3   4
```

② 같은 원자번호이면 그 원소에 연결된 다음번 원소의 원자번호에 의해 결정된다. 이중결합과 3중결합은 같은 원소가 각각 두 번 또는 세 번 연결된 것으로 생각한다.

COOH
HO—C—H
CHO

CH_2CH_3
CH_2=CH—C—CH_3
C≡CH

—OH > —COOH > —CHO > —H. —C≡CH > —CH=CH_2 > —CH_2CH_3 > —CH_3
1 2 3 4 1 2 3 4

③ 가장 작은 번호를 관찰하는 사람에게서 가장 멀리 놓는다.

CH_3 (3)
(4) H ◀-------- 관측자
OH (1)
CH_3CH_2 (2)

CH_2CH_3
CH_2=CH—C—CH_3
C≡CH

C≡CH > —CH=CH_2 > —CH_2CH_3 > —CH_3
1 2 3 4

④ 나머지 세 개의 치환기의 번호가 관찰하는 사람을 중심으로 하여 큰 것에서 작은 것을 시계 방향으로 배열이 되면 R(라틴어, rectus 오른쪽)이고 그 반대 방향이면 S(라틴어, sinister 왼쪽)이다.

CH_3
HO—┼—H
CH_2CH_3
≡
CH_3
HO—○—H
CH_2
CH_3
≡
CH_3 (3)
(4) H ◀---- 관측
OH (1)
CH_3CH_2 (2)
시계방향 : R

CH_2OH, H, CHO, OH

(R)-Glycaraldehyde
≡D(+)-glyceraldehyde

CH_2OH, H, HO, CHO

(S)-Glycaraldehyde
≡L(−)-glyceraldehyde

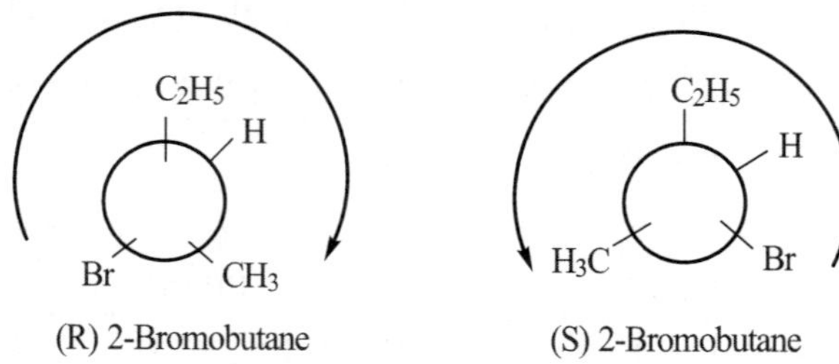

(R) 2-Bromobutane (S) 2-Bromobutane

라세미혼합물이면 앞에 RS를 붙인다. R-S계에서도 R과 S는 편광면의 좌선성과 우선성에 대하여 무관하다.

5-5 비대칭탄소가 2개인 화합물

비대칭탄소가 하나 있는 화합물에서 거울상이성질체의 수는 2개이었으나 비대칭탄소수가 늘어나면 그의 이성질체 수도 늘어난다. 각 비대칭탄소에 대하여 2개의 거울상이성질체가 있으므로 n개의 비대칭탄소에 대하여 2^n개의 거울이성질체가 생기게 된다. 예를 들어 2-브로모-3-클로로부탄은 비대칭탄소가 2개이고 거울상이성질체는 4개이다.

```
    CH3           CH3           CH3           CH2
    |             |             |             |
 H—C—Cl       Cl—C—H        H—C—Cl       Cl—C—H
    |             |             |             |
Br—C—H         H—C—Br       H—C—Br      Br—C—H
    |             |             |             |
    CH3           CH3           CH3           CH3
   (A)           (B)           (C)           (D)
```

이성질체 : CH_2 주위의 배열 Br > CH(Cl) > CH_3 > CH_3 ⟶ S
CH_2 주위의 배열 Cl > CH(Br) > CH_3 > CH_3 ⟶ S

화합물에서 A에서 C_2 주변의 배열은 Br>C-Cl>C-H>H 순서이므로 S이고 또 C_3 주변은 Cl>C-Br>C-H>H이며 역시 S이다. 따라서 이성질체 A는 (2S:3S)-2-브로모-3-클로로부탄이 된다. A와 B 그리고 C와 D는 서로 거울상이성질체이다. 그러나 A와 C 또는 D, B와 C 또는 D는 서로 거울상이성질체가 아니고 다만 공간배열만 다를 뿐이다. 따라서 부분입체이성질체가 된다. 앞으로 네 개의 입체이성질체의 엇먹는 구조에서 치환기가 적어도 2개가 같은 C와 D를 에리트로(erythro) 이성질체라고 하고 그렇지 않은 A와 B를 트레오(threo)이성질체라고 한다.

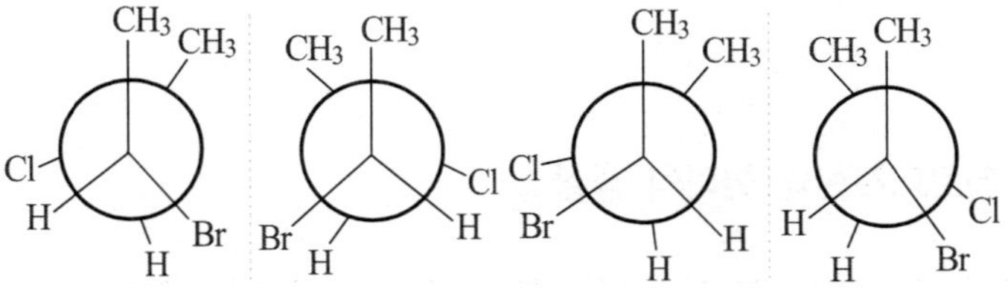

CH_3 CH_3 / Cl, H, H, Br — A
CH_3 CH_3 / Cl, Br, H, H — B
CH_3 CH_3 / Cl, Br, H, H — C
CH_3 CH_3 / H, H, Cl, Br — D

A Threo B　　C Erythro D

에리트로와 트레오는 당(sugar)의 에리트로스와 트레오스의 구조를 닮았다고 하여 사용되는 말이다.

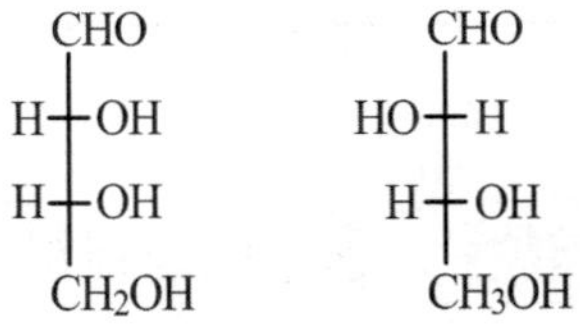

Erythrose	Threose
CHO	CHO
H—OH	HO—H
H—OH	H—OH
CH_2OH	CH_3OH

두 개의 비대칭탄소에 결합된 치환기가 모두 같으면 거울상이성질체가 2^n 개보다 적게 된다. 예로서 타르타르산(tartaric acid)의 거울상이성질체는 다음과 같이 된다.

이성질체 Ⅰ과 Ⅱ는 거울상이성질체이다. 그러나 Ⅲ과 Ⅳ는 대칭 중심을 가지는 분자이며 서로 포개어질 수 있기 때문에 아키랄분자이고 서로 동일하다.

다시 말하여 광학활성이 없다. 이러한 화합물을 메소(meso) 화합물이라 고하여 입체이성질체인 Ⅰ과 Ⅱ와 부분입체이성질체가 된다.

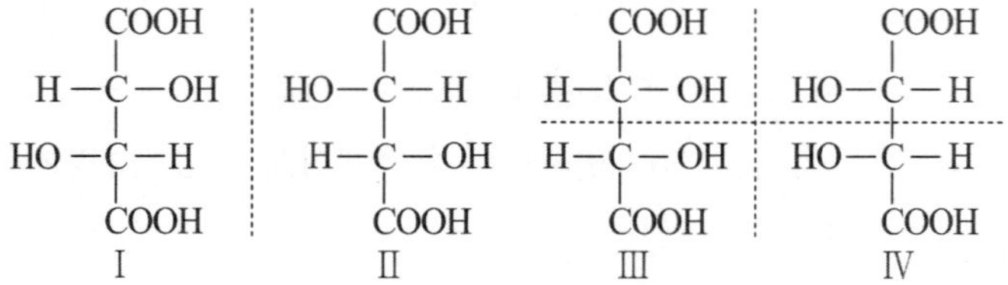

I L(+)-tartaric acid(2R : 3R)

II D(−)-tartaric acid(2S : 3S)

III IV *meso*-tartaric acid (2R : 3S)

표 5-1 타르타르산의 물리적 성질

	$[\alpha]^{D}_{20}$ (17.4, H_2O)	녹는점 (℃)	밀도	용해도(g/100g · H_2O)
D-	+12.7	171	1.7608	139(20℃)
L-	-12.7	171	1.7608	139(20℃)
라세미혼합물	0	206	1.788	20.6(20℃)
메소화합물	0	140	1.66	125(20℃)

5-6 비대칭탄소가 없는 거울상이성질체

다음 치환된 알렌은 비대칭탄소가 없는 화합물이지만 거울상 이 성질체를 만든다. 이때는 축 a-b가 키랄축이 되어 거울상이성질체가 되게 한다.

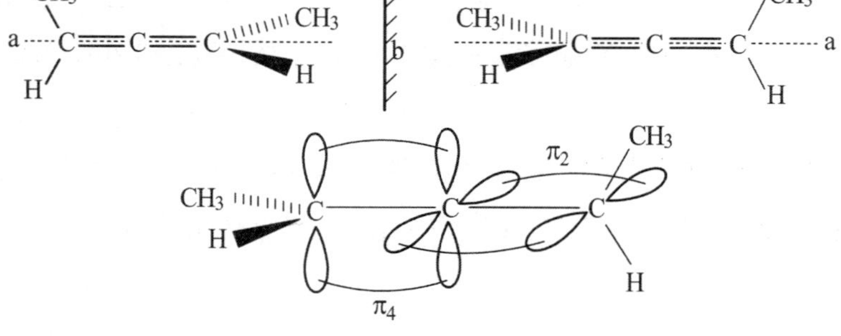

Allene

알렌의 두 이중결합은 서로 수직이며 회전이 되지 않는다. 이와 같이 오르토위치에 치환된 비페닐(biphenyl)도 치환체가 크면 입체장애(steric hinderance)에 의해 회전을 할 수 없으며 거울상을 가지게 된다.

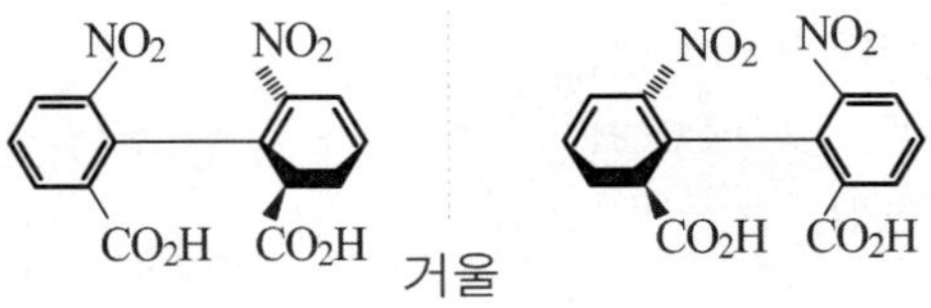

NO_2 NO_2 CO_2H CO_2H 거울 NO_2 NO_2 CO_2H CO_2H

다른 예로서 트란스-시클로옥텐은 이중결합을 포함하는 키랄면(chiral phane)을 가지는 거울상이성질체를 가진다.

$CH_2-CH_2-CH_2$ CH_2 H CH_2 C=C H CH_2 H H (R)-(−) H H (+)-(S)

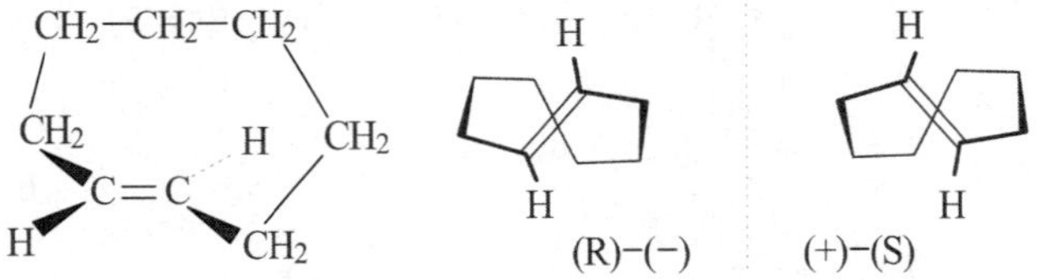

분자의 모양이 다음과 같이 나선형일 때도 거울상이성질체를 가진다.

R' R R' R

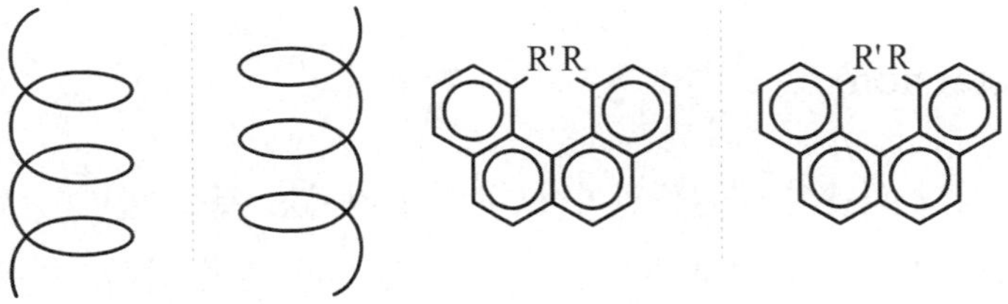

5-7 반응의 입체화학

5-7-1 입체특이성

입체적으로 다른 반응물이 입체적으로 서로 다른 생성물로 변하는 반응을 입체특이성(stereospecific) 반응이라고 한다.

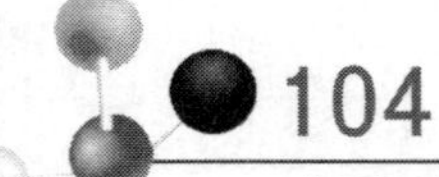

$CH_3CH=CHCH_3$ (cis) + RCOOH → meso compound

$CH_3CH=CHCH_3$ (trans) + RCOOH → recemic mixture

5-7-2 반전(inverson)

비대칭탄소에 연결된 결합이 끊어지고 반대편에서 결합이 다시 형성되는 것이며, 입체이성질체가 같아지기 위해서는 이러한 반응이 일어나야 한다.

$HO^{\ominus}$ + Et(H)(Me)C—Br → HO—C(Et)(H)(Me) + $Br^{\ominus}$

5-7-3 보존(retention)

반응 후에도 처음의 공간배열이 그대로 유지되는 것을 말한다. 비대칭탄소에 연결된 결합이 끊어지지 않는 반응과 끊어진 뒤에 다시 그 위치에 다시 결합이 형성되는 것이 있다.

Et(H)(M_θ)C—CH_2OH + HCl → Et(H)(M_θ)C—CH_2Cl

Et(H)(M_θ)C—OH + $SOCl_2$ → Et(H)(M_θ)C—Cl

5-7-4 라세미화(racemization)

비대칭탄소가 하나인 광학활성화합물이 라세미화합물을 만드는 것을 말하며 완전한 라세미화가 일어나면 광학적으로 비활성이 된다. 먼저 아키랄 중간체를 이룬 후에 다시 키랄분자로 변하는 반응 형태와 분자의 배열이 반전되어 일어나는 반응 형태가 있다.

5-8 분할

실험실에서 합성되는 유기화합물은 거의 라세미혼합물이다. 이 라세미혼합물에서 광학적 활성인 화합물로 얻어내는 것을 분할(resolution)이라고 한다. 거울상이성질체는 편광면을 서로 다른 방향으로 회전시키는 것 외에 모든 물리적 성질이 같으므로 물리적 성질을 이용한 분할은 어렵다. 따라서 다른 광학활성인 화합물과 반응 속도의 차이를 이용하게 된다.

분할의 방법은 기계적 분할, 부분입체이성질체의 염 생성, 부분입체이성질체의 유도체 생성, 효소에 의한 분할, 그리고 크로마토그라피(chromatography)에 의한 분할 방법이 있다.

L. Pasteur는 현미경으로 타르타르산의 나트륨 암모늄염의 결정을 손으로 분할하였다. 그러나 다른 거울상이성질체도 모두 그러한 기계적인 분할

을 할 수 없다.

$$\left.\begin{array}{l}(+)\text{R-COOH}\\(-)\text{R-COOH}\end{array}\right\}_{\text{Recemate}} + (+)\text{R}-\text{NH}_2 \longrightarrow \left.\begin{array}{l}(+)\text{RCOO}^-\ (-)\text{RNH}_3^+\\(-)\text{RCOO}^+\ (-)\text{RNH}_3^+\end{array}\right\}_{\text{부분입체이성질체의 염}} \ \text{분별 결정으로 분리}$$

분리된 거울상이 성질체

$$(+)\text{R-COOH}\downarrow + (-)\text{NRH}_3^+\ \text{Cl}^-_{(2q)} \xleftarrow{\text{HCl}} (+)\text{RCOO}^-(-)\text{R}-\text{NH}_3$$

$$(-)\text{R-COOH}\downarrow + (-)\text{RNH}_3^+\ \text{Cl}^-_{(2q)} \xleftarrow{\text{HCl}} (+)\text{RCOO}^-(-)\text{RNH}_3$$

일반적으로 가장 많이 사용되는 방법은 부분입체이성질체의 염을 이용하는 것이다. 이것은 두 거울상이성질체가 다른 광학활성인 물질과 염을 형성할 때에, 어떤 용매에서 결정을 형성하는 속도가 다름을 이용하거나 용해도 차이를 이용하게 된다. 분할하려는 물질이 산이면 광학활성인 염기로 염을 만들고, 염기를 분할하려면 광학활성인 산을 사용한다.

부분입체이성질체의 유도체를 이용하는 것은 알코올의 라세미혼합물을 분할하는데에 이용된다. 광학활성인 산과 에스테르(ester)를 만들어 분리하거나, 디카르복시산과 한 쪽만 에스테르를 만들어 앞에서와 같이 부분입체이성질체의 염을 분할하기도 한다.

$$\left.\begin{array}{l}(+)-(\text{R}^*)-\text{OH}\\(-)-(\text{R}^*)-\text{OH}\end{array}\right\} \xrightarrow[-2\text{H}_2\text{O}]{(+)-\text{R}^*-\text{COOH}} \underset{(+)}{(\text{R}^*)}-\text{O}-\overset{\text{O}}{\overset{\|}{\text{C}}}-\underset{(+)}{(\text{R}^*)} \xrightarrow[\text{H}_2\text{O}]{\text{NaOH}} (+)-(\text{R}^*)-\text{OH} + (+)-\text{R}^*-\text{COO}^{\ominus}\text{Na}^{\oplus}$$

및

$$\underset{(-)}{(\text{R}^*)}-\text{O}-\overset{\text{O}}{\overset{\|}{\text{C}}}-\underset{(+)}{(\text{R}^*)} \xrightarrow[\text{H}_2\text{O}]{\text{NaOH}} (-)-(\text{R}^*)-\text{OH}$$

$$\text{DL}-\text{R}^*-\text{OH}\ (\text{라세미체}) + \text{프탈산 무수물} \longrightarrow \text{프틸산의 DL-반에스테르}\ (\text{C}_6\text{H}_4(\text{COOR}^*)(\text{COOH})) \xrightarrow{+(-)-\text{brucine}} \begin{array}{l}(-)\\(-)\text{-brucine D 염 및}\\(-)\text{-brucine L 염 부분입체성질체}\end{array}$$

라세미체 프틸산의 DL-반에스테르

$$\xrightarrow{\text{가수분해}} \text{D}-\text{R}^*-\text{OH}$$

$$\xrightarrow{\text{가수분해}} \text{L}-\text{R}^*-\text{OH}$$

효소는 두 광학이성질체에서 어느 하나를 더 빨리 분해시키는 등 특이하게 작용한다. 예를 들면 (+)-타르타르산을 (-)-타르타르산보다 빨리 분해시키는 곰팡이 종류가 있다. 이를 이용하면 (-)-이성질체를 거의 순수하게 얻을 수 있다. 크로마토그라피법에서는 분리관의 충진물을 광학활성물질로 채우면 두이성질체와 상호작용의 차이가 생겨서 분할이 가능하다.

5-9 E-Z 이성질체

알켄에서는 흔히 시스와 트란스에 의해서 이성질체를 나타낸다. 이것은 치환기가 둘일 때에는 편리하지만 셋 이상이면 적용하기 어렵다. 따라서 더 큰 치환체가 같은 방향에 있으면 Z(독일어, zusammen)으로, 다른 방향이면 E(독일어, entgegen)을 사용한다. 보통 Z는 시스에 E는 트란스에 해당된다.

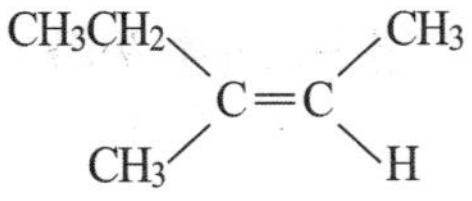

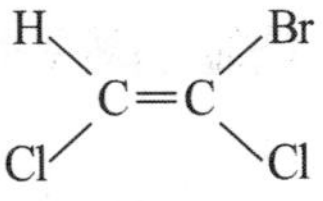

$$\begin{matrix} CH_3CH_2 & & CH_3 \\ & C=C & \\ CH_3 & & H \end{matrix}$$

(Z)-3-methyl-2-pentene
($CH_3CH_2— > CH_3$ $CH_3 > H$)

$$\begin{matrix} H & & Br \\ & C=C & \\ Cl & & Cl \end{matrix}$$

(E)-1-bromo-1, 2-dichloroethene
($Br > Cl$, $Cl > H$)

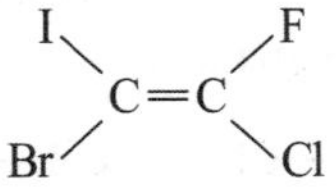

$$\begin{matrix} CH_3CH_2 & & H \\ & C=C & \\ CH_3 & & CH_3 \end{matrix}$$

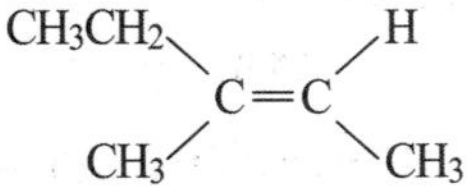

(E)-2-methyl-2-pentene

$$\begin{matrix} I & & F \\ & C=C & \\ Br & & Cl \end{matrix}$$

(E)-1-bromo-2-chloro-2-fluoro-1-iodoethene

문제 1. 유기화합물의 선광성을 시험하는 것은 어떤 이유에서인가?

풀이

유기화합물의 구조에 대하여 가원자나 원자단의 입체매치를 알 수 있는 한 수단이 된다. 시료가 기지(旣知)이고 순물질의 선광도가 알려져 있을 때 이것과 비교하여 시료의 순도나 농도를 구할 수 있다. 또 서당이 진화할 때 시간의 경과에 따른 선광도의 변화로부터 그의 반응속도를 구할 수 있다.

문제 2. 비대칭탄소원자란 무엇인가? 이런 탄소원자를 포함하는 화합물을 5종을 들어라.

풀이

비대칭탄소원자는 정4면체의 중심에서 각 정점을 향하여 있는 4개의 원자가 다른 원자 또는 원자단과 결합하여 있는 탄소원자이다.

화합물 5종 : 젖산, 주석산, 사과산, 2급 부틸알코올, 글루코스

문제 3. 다음 화합물에 대해 입체구조의 무영구조식을 써라.

풀이

$HOOCCH(CH_3)-CHBrCOOH$

```
      COOH               COOH                COOH                 COOH
       |                  |                   |                    |
  H — C — CH2      CH3 — C — H          H — C — CH3         CH3 — C — H
       |                  |                   |                    |
  H — C — Br        Br — C — H          Br — C — H            H — C — Br
       |                  |                   |                    |
      COOH               COOH                COOH                 COOH
      (I)                (II)                (III)                (IV)
```

(I)과 (II), 또 (III)과 (IV)는 각각 거울상이성질체(Antipode) 또는 좌우이성질체(Enantiomorph)라 하고, (I)(II)에 대하여 (III)(IV)는 실체와 거울상의 관계가 아니므로 부분입체이성질체(Diastercisomer)라 한다.

문제 4. 젖산의 화학구조식을 쓰고, 그 광학이성질체의 투영구조식과 선광성을 비교하라.

풀이

우성성의 주석산을 D-계열, 좌선성의 주석산을 L-계열이라 할 때 L(-)-젖산은 L-계열에 속하고, 선광성이 좌선성인 것을 표시한다. D(+)-젖산은 D-계열로 우선성이다.

```
       CH3                 CH3
        |                   |
  HO − C − H          H − C − OH
        |                   |
       COOH L(−)−젖산      COOH  D(+)−젖산
```

문제 5. 주석산에서 알려져 있는 입체이성질체의 구조식과 명칭을 써라.

풀이

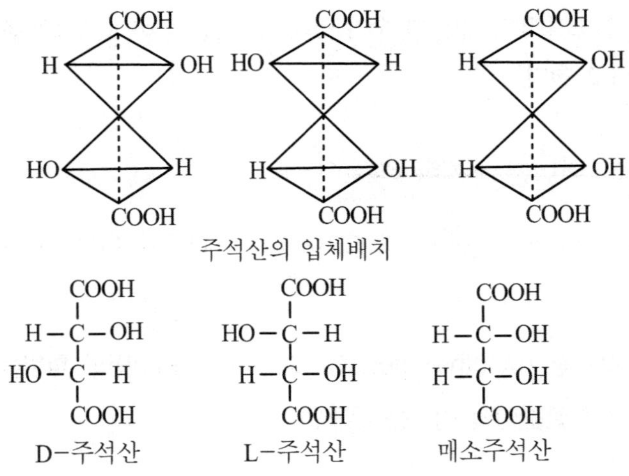

주석산의 입체배치

문제 6. 라세미체의 분리법을 열거하라.

풀이

1) 직접분리 : 주석산의 Na-NH_4염과 함께 용액에서 적당한 온도로 결정시키면 D와 L의 2종의 결정이 단순한 혼합물로 되어 석출(析出)한다. 그런후 이것을 분리한다.

2) 생화학적 방법 : 미생물을 라세미체를 포함하는 배약액에 증식시키면 어느 한 쪽 만을 빨리 분해한다.

3) 라세미체를 다른 광학적 활성물질과 화합시켜 화합시켜 그 화합물의 성질의 차(差)를 이용한다. 만일 라세미체가 염기이면 광학적 활성의 산(주석산, 젖산 등)과 염을 만들고, 라세미체가 산이면 광학적 활성의 염기(모르핀 등)와 염을 만든다. DL-A(라세미산)을 D-B(염기)로 중화하면 D-A・D-B과 L-A・D-B의 2종의 염혼합물이 생긴다. 이것은 광학이성질체가 아니므로 물지럭 성질이다르다. 분별 결정에 의해 나누어진 2종의 염을 광산(鑛酸)으로 분해한다.

문제 7. 비대칭합성(非對稱合成)에 대하여 써라.

풀이

자연계에서 얻어지는 비대칭탄소원자를 가진 화합물은 보통 D-계 또는 L-계의 것이다. 그러나 실험실에서 합성하는 경우에는 D-계와 L-계가 생성될 가능성이 같으므로, 결국 라세미체가 얻어진다. 하지만 어떤 특정의 조건에 서는 거울상이성질체의 한편을 보다 많이 합성할 수가 있다. 이 방법을 비대칭(非對稱, Asymmetric synthesis)이라고 한다.

$$\underset{\text{Pyruvic acid}}{CH_3COCOOH} \xrightarrow[\text{Al(Hg)}]{2H} \underset{\text{DL-Lactic acid}}{CH_3CH(OH)COOH}$$

$$CH_3CO\ COOC_{10}H_{19} \xrightarrow[\text{Al(Hg)}]{2H} CH_3CH(OH)COOC_{10}H_{19} \xrightarrow{KOH} \underset{\text{L-Lactic acid}}{CH_3CH(OH)COOH}$$

문제8. (+)-3-Methyl cyclothexanone에 Clemme -nsen법의 환원을 할 때 생성물이 광학적으로 불활성인 이유는 무엇인가?

풀이

환원에 의해 비대칭탄소원자가 없게 되어 분자의 비대칭을 잃기 때문이다.

```
                CH3                              CH3
                 |                                |
         CH2 — CH                         CH2 — CH
        /      *    \                   /            \
O = C              CH2  —H→      CH2                CH2
        \           /                   \            /
         CH2 — CH2                        CH2 — CH2
```

문제 9. Walden 전위에 대하여 설명하라.

풀이

비대칭탄소원자에 결합하고 있는 원자 또는 원자단의 1개를 다른 원자 또는 원자단으로 치환할 경우에 시약의 종류나 용매의 종류에 따라서 분자내의 배열이 변하여 선광성이 반대인 화합물이 생기는 일이 있다. 이 현상을 발견자의 이름을 따서 발덴 전위(Walden 's inversion)라 한다.

L(−)−chloro succinic acid ($Cl-C(COOH)(CH_2COOH)-H$) $\underset{PCl_5}{\overset{KOH}{\rightleftarrows}}$ D(+)−malic acid ($H-C(COOH)(CH_2COOH)-OH$)

L(−)−chloro succinic acid $\underset{SOCl_2\uparrow}{\overset{AgOH\downarrow}{}}$ L(−)−malic acid ($HO-C(COOH)(CH_2COOH)-H$)

D(+)−malic acid $\underset{AgOH\uparrow}{\overset{SOCl_2\downarrow}{}}$ D(+)−chloro succinic acid ($H-C(COOH)(CH_2COOH)-Cl$)

L(−)−malic acid $\underset{PCl_5}{\overset{KOH}{\rightleftarrows}}$ D(+)−chloro succinic acid

이 반전(反轉)이 일어날 때는 다음과 같은 과정을 거친다.

$$HO^- \;+\; (HOOC)(HOOCH_2C)(H)C-Cl \longrightarrow HO\cdots C(HOOC)(HOOCH_2C)(H)\cdots Cl \longrightarrow HO-C(COOH)(H)(CH_2COOH) \;+\; Cl^-$$

전이상태

문제 10. Maleic acid과 Fumaric acid에 대하여 기하이성을 설명하라.

풀이

양자는 불포화 dicarboxylic acid로 사과산의 가열탈수(加熱脫水)에 의해서 생성한다.

$$\underset{\text{fumaric acid}}{HOOCCH=CHCOOH} \xleftarrow{\text{저온}} \underset{\text{malic acid}}{CH_2COOH-CH(OH)COOH} \xrightarrow{\text{고온}} \underset{\text{maleic anhydride}}{(CH-CO)(CH-CO)>O}$$

환원하면 양자 모두 succinic acid 로 된다.

$$\left.\begin{array}{r}\text{Maleic acid}\\ \text{Fumaric acid}\end{array}\right\} \xrightarrow[\text{Na(Hg)}]{\text{2H}} \begin{array}{l}CH_2COOH\\ |\\ CH_2COOH\end{array}$$

succinic acid

강하게 가열하면 maleic acide은 2개의 carboxyl기가 가까운 위치에 있으므로 maleic anhydride로 된다.

$$\begin{array}{c}H - C - COOH\\ \|\\ H - C - COOH\end{array} \xrightarrow[\text{가열}]{-H_2O} \begin{array}{c}H - C - CO\\ \|\\ H - C - CO\end{array}\!\!>O$$

maleic anhydride

묽은 $KMnO_4$용액으로 산화하면 이중결합에 2개의 수산기가 들어가며(cis-부가), maleic acid에서는 메소 주석산이, fumaric acid에서는 DL-주석산(라세미산)이 생성한다.

$$\begin{array}{c}H - C - COOH\\ \|\\ H - C - COOH\end{array} \xrightarrow[KMnO_4]{O+H_2O} \begin{array}{c}COOH\\ |\\ H - C - OH\\ |\\ H - C - OH\\ |\\ COOH\end{array} \quad \text{메소주석산}$$

$$\begin{array}{c}H - C - COOH\\ \|\\ HOOC - C - H\end{array} \xrightarrow[KMnO_4]{O+H_2O} \begin{array}{c}COOH\\ |\\ H - C - OH\\ |\\ HO - C - H\\ |\\ COOH\end{array} + \begin{array}{c}COOH\\ |\\ OH - C - H\\ |\\ H - C - OH\\ |\\ COOH\end{array} \quad \begin{array}{c}\text{racemic}\\ \text{acid}\end{array}$$

이들의 반응은 maleic acid가 cis형으로, fumaric acid가 trans형 이라는 것을 나타낸다. 그밖에 쌍극자 모멘트를 측정하면 trans형은 2중결합의 중앙에 대칭의 중심이 있어서 모멘트는 영이고 cis형은 어느 정도 모멘트를 가진다. 또 원자 간의 거리를 측정하여 cis형과 trans형의 관경을 하는 일도 있다.

(주)Br_2의 2중결합에의 부가는 trans-부가이므로 frmaric acid에서는 메소형, maleinic acid에서는 라세미체의 dibromo saccinic acid가 생긴다. 분자모델을 써서 시험해 보라.

제6장 알코올과 에테르

6-1 알코올(alcohol)

탄화수소에 수소원자를 OH기로 치환시킨 것을 알코올(R-OH)이라 하고 OH기의 수에 따라 한 개인 것을 1가 알코올(monohydric alcohol), 두 개인 것을 2가 알코올(dihydric alcohol), 세 개인 것을 3가 알코올(trihydric alcohol), 그 밖의 여러 개인 것을 다가알코올(polyhydric alcohol)이라 부른다.

CH_3-OH C_2H_2-OH

1가 알코올

$$\begin{array}{cc} CH_2 - & CH_2 \\ | & | \\ OH & OH \end{array}$$

2가 알코올

$$\begin{array}{ccc} & H & \\ & | & \\ R- & C & -OH \\ & | & \\ & H & \end{array}$$

1급 알코올
(primary alcohol)

$$\begin{array}{ccc} & H & \\ & | & \\ R- & C & -OH \\ & | & \\ & R'' & \end{array}$$

2급 알코올
(secondary alcohol)

$$\begin{array}{ccc} & R & \\ & | & \\ R''- & C & -OH \\ & | & \\ & R''' & \end{array}$$

3급 알코올
(tertiary alcohol)

또, OH기가 붙어 있는 탄소의 종류에 따라서, 1급탄소에 OH가 붙은 것을 1급알코올, 2급탄소에 OH가 붙은 것을 2급알코올, 3급탄소에 OH가 붙은 것을 3급알코올이라 한다.

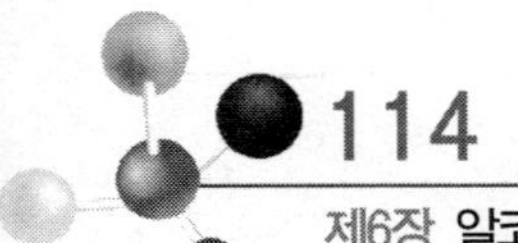

6-2 알코올의 명명법

알코올의 명명법은 관용명명법, IUPAC명명법, 그리고 카르비놀(carbinol) 명명법으로 나눌 수 있다.

6-2-1 관용 명명법

알킬기의 명칭 다음에 알코올을 붙여서 부른다.

CH_3-OH	methyl alcohol
CH_3CH_2-OH	ethyl alcohol
$CH_3CH_2CH_2-OH$	*n*-propyl alcohol
CH_3CHCH_3 | OH	isopropyl alcohol
$CH_3CH_2CH_2CH_2-OH$	*n*-butyl alcohol
$CH_3-CH-CH_2-OH$ | CH_3	isobutyl alcohol
CH_3 | CH_3-C-OH | CH_3	*tert*-butryl alcohol

6-2-2 IUPAC 명명법

탄화수소의 IUPAC명의 어미 -e을 -ol로 바꾸어서 부른다.

수산기의 수가 두 개이면 diol, 세 개이면 triol 등을 어미에 붙이고, 탄소에 번호를 붙일 필요가 있을 때는 수산기가 붙은 탄소의 번호가 가급적 적은 숫자가 되도록 번호를 붙인다.

CH_3-OH	methanol
CH_3CH_2-OH	ethanol
$CH_3CH_2CH_2-OH$	1−propanol
CH_3CHCH_3 | OH	2−propanol
$CH_3-CH-CH_2-OH$ | CH_3	2−methyl−1−propanol
CH_3 | CH_3-C-OH | CH_3	1, 1−dimethyl−ethanol
$CH_3-CH-CH_2-OH$ | CH_3	2 methyl−1−propanol
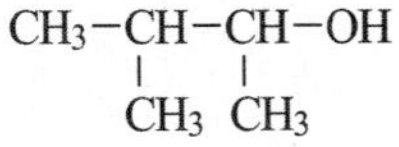 $CH_3-CH-CH-OH$ | | CH_3 CH_3	1, 2 dimethyl−1−propanol

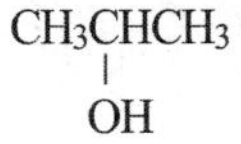

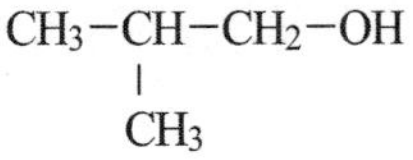

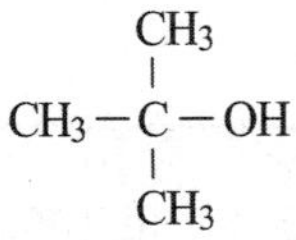

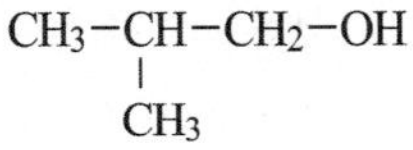

6-2-3 카르비놀(carbinol)명명법

메틸알코올을 카르비놀이라고 하고 다른 1가 알코올을 카르비놀의 유도체로서 명명하는 방법이다.

CH_3-OH	carbinol
CH_3CH_2-OH	methyl carbinol
$CH_3-CH-OH$ | CH_3	dimethyl carbinol
CH_3 | CH_3-C-OH | CH_3	trimethyl carbinol

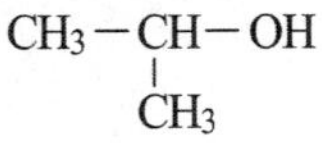

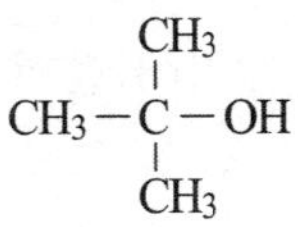

6-3 알코올의 물리적 성질

알코올은 중성이며 $C_1 \sim C_{11}$은 액체이고 C_{12} 이상의 것은 고체이다.

저급의 알코올은 물에 녹으나 탄소 수가 증가할수록 용해도가 낮아진다. 즉 OH기는 친수성이지만 alkyl기는 친유성이므로 이것이 커지면 물에 불용이 된다.

또 액상의 알코올은 특유한 냄새와 맛을 가지나 고체인 것은 탄화수소의 성질에 가까우므로 유기용매에 녹는다.

표 6-2 알코올의 물리적 성질

화학식	이름	m.p (℃)	b.p (℃)	용해도 (g/100g의 물, 20℃)
CH_3OH	methyl alcohol	-96	64.7	∞
C_2H_5OH	ethyl alcohol	-114.5	78.3	∞
C_3H_7OH	*n*-propyl alcohol	-126	97.4	∞
C_4H_9OH	*n*-butyl alcohol	-89	117.5	9
$C_5H_{11}OH$	*n*-amyl alcohol	-78.5	138	2.7
$C_6H_{13}OH$	*n*-hexyl alcohol	-51.6	156	0.6
$C_7H_{15}OH$	*n*-heptyl alcohol	-34.6	176	0.18
$C_8H_{19}OH$	*n*-octyl alcohol	-14	195	0.05
$C_9H_{19}OH$	*n*-nonyl alcohol	-5	213.5	-
$C_{10}H_{21}OH$	*n*-decyl alcohol	-7	232.9	-

6-4 알코올의 화학반응

알코올의 반응성은 제1급, 제2급, 제3급으로서 알코올의 종류에 따라 현저하게 다르다.

6-4-1 금속의 치환반응

OH기의 수소원자가 Na, K 등의 알칼리금속과 치환되어 반응하면 격렬하게 반응이 일어난다.

$$2CH_3OH + 2Na \rightarrow 2CH_3O\text{-}Na^+ + H_2\uparrow$$

이러한 알코올의 금속치환체의 것을 alcoholate 또는 alcoxide라 하고 CH_3ONa라면 sodium methylate 또는 sodium methoxide라 한다. 또 알칼리 토류 금속과는 소량의 I_2 나 $HgCl_2$를 촉매로 사용하고 가열하면 치환반응이 일어난다.

$$2CH_2OH \quad Mg \xrightarrow[\text{가열}]{I_2} Mg(OCH_3)_2 + H_2$$

$$6C_2H_5OH \quad 2Al \xrightarrow[\text{가열}]{\text{xylene 중 } I_2 \text{ or } HgCl_2} 2Al(OC_2H_5)_3 + 3H_2$$

6-4-2 Halogen의 치환반응

PCl_3, PCl_5, HX, $SOCl_2$ 등의 시약에 의하여 Halogen의 치환이 일어난다.

$$3CH_3OH + PCl_3 \rightarrow 3CH_3Cl + H_3PO_3$$

일반적으로 제3급 알코올이 halogen 치환을 일으키기 쉽다. 예를 들면, 반응력이 약한 진한 염산은 제1급, 제2급, 알코올과는 반응하지 않으나 제3급 알코올은 상온에서도 치환반응을 일으킨다. 그러나 HBr 또는 HI는 촉매 없이도 잘 반응하여 이때에는 일단 oxonium염이 형성되어 이것이 분해하는 것이라고 생각된다.

$$H_3C:\ddot{\underset{..}{O}}:H + H:\ddot{\underset{..}{Br}}: \rightleftharpoons [H_3C:\overset{H}{\underset{..}{\ddot{O}}}:H]^+ :\ddot{\underset{..}{Br}}:^- \rightleftharpoons CH_3I + H_2O$$

또, HBr 대신에 NaBr와 진한 황산을 가하고 가열하는 방법도 많이 사용하고 있다.

$$CH_3OH + NaBr + H_2SO_4 \rightarrow CH_3Br + NaHSO_4 + H_2O$$

6-4-3 에스테르화 반응

알코올은 유기산과 서서히 반응하면 에스테르를 형성하며 이때의 반응을 ester화(esterification)라 한다. ester화에 있어서 알코올의 반응 속도는 제1급>제2급>제3급 순서이다.

$$\underset{\text{alcohol}}{R-O^{18}-H} + \underset{\text{carboxylic acid}}{HO-\overset{\overset{\displaystyle O}{\|}}{C}-R'} \xrightarrow{H^+} \underset{\text{ester}}{R-O^{18}-\overset{\overset{\displaystyle O}{\|}}{C}-R'} + HOH$$

몇 가지 전형적인 에스테르 생성반응을 보면

$$\underset{\text{ethyl alcohol}}{CH_3CH_2OH} + \underset{\text{acetic acid}}{CH_3CO_2H} \xrightarrow{H^+} \underset{\text{ethyl acetate}}{CH_3\overset{\overset{\displaystyle O}{\|}}{C}OCH_2CH_3} + H_2O$$

$$\underset{\text{phenol}}{C_6H_5OH} + CH_3CO_2H \xrightarrow{H^+} \underset{\text{phenyl acetate}}{C_6H_5O\overset{\overset{\displaystyle O}{\|}}{C}CH_3} + H_2O$$

$$\underset{\text{methyl alcohol}}{CH_3OH} + \underset{\text{benzoic acid}}{C_6H_5\overset{\overset{\displaystyle O}{\|}}{C}-OH} \xrightarrow{H^+} \underset{\text{methyl benzoate}}{C_6H_5\overset{\overset{\displaystyle O}{\|}}{C}OCH_3} + H_2O$$

또 알코올은 무기산과도 ester를 생성한다.

예를 들면 다이나마이트의 폭발 성분인 niteroglycerine은 글리세롤과 질산의 에스테르화 반응으로 제조된다.

$$\underset{\text{glycerol}}{\begin{matrix} CH_2OH \\ | \\ CHOH \\ | \\ CH_2OH \end{matrix}} + \underset{\text{nitric acid}}{3HONO_2} \longrightarrow \underset{\substack{\text{glyceryl trinitrate} \\ \text{(nitroglycerine)}}}{\begin{matrix} CH_2ONO_2 \\ | \\ CHONO_2 \\ | \\ CH_2ONO_2 \end{matrix}} + 3H_2O$$

이와 비슷한 반응으로 생화학에서 대단히 중요한 인산염 에스테르(phosphate ester)는 알코올과 인산과의 에스테르화 반응으로 제조된다.

$$\mathrm{HO-\overset{\overset{\displaystyle O}{\|}}{\underset{\underset{\displaystyle OH}{|}}{P}}-OH} \; + \; \mathrm{R-OH} \; \underset{}{\overset{H^+}{\rightleftharpoons}} \; \mathrm{HO-\overset{\overset{\displaystyle O}{\|}}{\underset{\underset{\displaystyle OH}{|}}{P}}-OR} \; + \; H_2O$$

phosphoric acid　　alcohol　　phosphate ester

6-4-4 산화반응

저급 알코올이 용이하게 산화되어 다음과 같이 된다.

1급 알코올 $\xrightarrow{[O]}$ aldehyde

2급 알코올 $\xrightarrow{[O]}$ ketone

3급 알코올 $\xrightarrow{[O]}$ 산화되지 않음

$$CH_3CH_2OH \xrightarrow[\text{환원동}]{-2H} CH_3CHO \xrightarrow[KMnO_4]{[O]} CH_3COOH$$

ethyl alcohol　　acetaldehyde　　acetic acid

$$CH_3CH(OH)CH_3 \xrightarrow[KMnO_4]{-2H} CH_3COOH_3$$

iso-propyl alcohol　　acetone

6-4-5 탈수반응

알코올류는 반응 조건에 따라 탈수를 일으켜 ethene를 생성한다. 이것은 알코올의 종류에 따라서 다소 다르지만 일반적으로 많은 양의 진한 황산을 가하여 고온으로 가열하거나 적당한 촉매를 사용하여 고온처리하면 주로 ethylene계가 생성된다.

알코올에서 알켄을 생성하는 반응속도는 3급>2급>1급 순서이다.

$$CH_3CH_2CH(OH)CH_3 \xrightarrow{200℃} CH_2CH=CHCH_3 + CH_3CH_2CH=CH_2$$

2-butene(주생성물) 1-butene(부생성물)

$$\underset{\text{ethanol}}{CH_3CH_2OH} \xrightarrow[-H_2O]{H_2SO_4} \underset{\text{ethylene}}{CH_2=CH_2}$$

$$CH_3-C(CH_3)(H)-CH(OH)-CH_2-CH_3 \xrightarrow[-H_2O]{H_2SO_4} CH_3-C(CH_3)=CH-CH_2-CH_3$$

2-methyl-3-pentanol → 2-methyl-2-pentene

6-5 알코올의 제법

6-5-1 haloalkane의 가수분해

$$RX + KOH \rightarrow ROH + KX$$

이때, 부산물인 alkene은 AgOH로 침전시킨다. haloalkane의 가수분해 순서는 3급>2급>1급 순서이다.

6-5-2 aldehyde와 ketone의 환원

알데히드에서는 1급 알코올이, 케톤에서는 2급 알코올이 생성된다

$$\underset{\text{aldehyde}}{R-CHO} \xrightarrow{[H]} \underset{\text{1급 alcohol}}{R-CH_2OH}$$

$$\underset{\text{지방산}}{R-C(=O)-OH} \xrightarrow{[H]} \underset{\text{1급 alcohol}}{R-CH_2-OH}$$

$$\underset{\text{ketone}}{R-C(=O)-R'} \xrightarrow{[H]} \underset{\text{2급 alcohol}}{R-CH(OH)-R'}$$

6-5-3 ester의 가수분해

동식물체 내에서는 비교적 많은 양의 알코올이 유기산과 결합된 ester형태로 존재하며 유지나 wax가 그 대표적인 것이다.

$$RCOOR' + H_2O \rightarrow RCOOH + R'OH$$

예를 들면

$$C_{11}H_{23}COOC_{16}H_{33} + H_2O \leftrightarrows C_{11}H_{23}COOH + C_{16}H_{33}OH$$

lauric acid cetyl alcohol

6-5-4 ester의 환원

금속 Na를 160℃로 가열 용융하여 지방산 에스테르를 금속 Na와 알코올로 환원시킨다. wax에서 고급알코올을 만드는데 응용된다.

$$RCOOR' \xrightarrow{Na+C_2H_5OH} RCH_2OH + ROH$$

Bouveault-Blane법에 의하면 금속 Na를 160℃로 가열 용융하고, 여기에 ester를 5~6배의 무수 ethanol을 녹인 용액에 급속히 주입하여 환원시키면 1급 알코올이 된다.

$$C_{13}H_{27}COOCH_3 \xrightarrow{\text{용융}Na + C_2H_5OH} C_{14}H_{29}OH + CH_3OH$$

methyl myritate 1-tetradecanol

6-5-5 Alkene의 가수분해

alkene을 진한 황산에 흡수시켜 가수분해한다.

$$RCH = CH_2 + H_2O \xrightarrow{conc \cdot H_2SO_4} R-\underset{\underset{OH}{|}}{CH}-CH_3$$

alkene　　　　2급 알코올(sec, alcohol)

$$R-\underset{\underset{R'}{|}}{C} = CH_2 + H_2O \xrightarrow{conc \cdot H_2SO_4} R-\overset{\overset{R'}{|}}{\underset{\underset{OH}{|}}{CH}}-CH_3$$

alkene　　　　3급 알코올(tetr, alcohol)

6-5-6 Grignard시약의 이용

Grignard 시약을 반응시키면 formaldehyde에서는 1급알코올이 만들어지고 aldehyde에서는 2급 알코올, ketone에서는 3급 알코올이 만들어진다.

$$HCHO + RMgX \longrightarrow RCH_2-OMgX \xrightarrow{HX} R \cdot CH_2OH + RMg_2X_2$$

formaldehyde　　　　1급 알코올

$$R \cdot CHO + R'MgX \longrightarrow R-\underset{\underset{R'}{|}}{CH}-OMgX \xrightarrow{HX} R-\underset{\underset{R'}{|}}{CH}-OH + MgX_2$$

aldehyde　　　　2급 알코올

$$R-\underset{\underset{R'}{|}}{C}=O \quad R'MgX \longrightarrow R-\overset{\overset{R''}{|}}{\underset{\underset{R'}{|}}{CH}}-OMgX \longrightarrow R-\overset{\overset{R''}{|}}{\underset{\underset{R'}{|}}{CH}}-OH + MgX_2$$

ketone　　　　3급 알코올

6-6 중요한 알코올

6-6-1 목정(methyl alcohol, methanol CH_3OH, b.p. 64.7℃)

가장 간단한 알코올로서 무색의 특이한 냄새를 가지며 물과 잘 혼합한다. 옛날에는 초산, 아세톤과 같이 목재 건류로 얻어졌기 때문에 목정(wood alcohol)으로 알려지고 있다. 오늘날에는 다음과 같은 고압 반응으로 합성되고 있다.

$$CO + 2H_2 \xrightarrow{275\sim400℃,\ 210\sim280atm} CH_3OH$$

유독한 알코올을 마시면 복통, 구토, 근육 이완, 혼수 등이 나타나고 특히 시신경과 시세포수축 때문에 실명하게 되며 심한 경우에는 사망하게 된다. 그러나 훌륭한 용제로서 또는 유기합성의 원료로서 용도가 매우 넓다.

특히 formaldehyde의 제조에 다량 소비된다.

$$CH_3OH \xrightarrow{\text{탈수소}} \underset{\text{formaldehyde}}{HCHO}$$

6-6-2 주정(ethyl alcohol, ethanol, CH_3CH_2OH, b.p 78.3℃)

전분질을 당화효소나 산으로 분해하여 포도당으로 하고 여기에 효모를 가하여 발효시켜 제조한다.

$$(C_6H_{12}O_6)_n \xrightarrow{\text{당화효소 또는 산}} \underset{\text{glucose}}{C_6H_{12}O_6} \xrightarrow{\text{발 효}} \underset{\text{ethanol}}{2C_2H_5OH} + 2CO_2\uparrow$$

여기서 얻어진 주정을 증류하면 95.8% 정도의 공비점혼합물(azeotropic mixture)까지 농축된다. 그 이상은 증류에 의한 농축이 불가능하므로 생석회 등을 넣어서 수분을 흡착 제거한다. ethanol은 오늘날에는 석유 성분에서도 합성되지만 우리나라에서는 식용으로 부적합하다는 판정이 내려져 있다.

6-6-3 아밀알코올(amyl alcohol, $C_5H_{11}OH$)

아밀알코올에는 여덟 개의 이성체가 있는데, 이 중에서 다음 3가지는 푸

제유(fusel oil) 속에 공존한다.

$CH_3CH_2CH_2CH_2CH_2OH$	b.p. 137℃, n-amyl alcohol(pentanol)
$CH_3-CH(CH_3)-CH_2-CH_2-OH$	b.p. 131℃, isoamyl alcohol (3-methyl butanol)
$CH_3-CH_2-CH(CH_3)-CH_2-OH$	b.p. 128℃, active amyl alcohol (2-methyl butanol)

6-7 다가 알코올

일반적으로 한 분자 내에 OH기가 2개 이상 되는 것을 다가 알코올(polyhydric or polyhydoxy alcohol)이라 하며 OH기가 증가하면 현저히 비점이 상승하며 흡수성과 수용성이 커지는 것이 보통이다

1) 에틸렌 글리콜(ethylene glycol, 1,2-ethanediol)

$$\begin{array}{l} CH_2-OH \\ | \\ CH_2-OH \end{array}$$

가장 간단한 2가 알코올은 단순히 glycol이라고 한다. 무색의 점질과 흡습성이 있는 액체로서 다소 감미가 있다.

$$CH_2=CH_2 \xrightarrow{KMnO_4} \begin{array}{cc} CH_2 - & CH_2 \\ | & | \\ OH & OH \end{array}$$

$$CH_2=CH_2 \xrightarrow{HOCl} \begin{array}{cc} CH_2 - & CH_2 \\ | & | \\ OH & OH \end{array}$$

이것은 용매, 화장품원료, 자동차 부동액으로 이용된다.

2) 글리세린(glycerin, glycerol, 1,2,3-propanetriol)

$$\begin{array}{l} CH_2-OH \\ | \\ CH-OH \\ | \\ CH_2-OH \end{array}$$

가장 간단한 3가 알코올로서 흡습성이 강한 점성이 있는 불휘발성 액체이다. 감미가 있고 물에 잘 녹는다.

glycerin은 비교적 무해하므로 그대로 의약과 화장품에 사용되고 그밖에 담배의 습조제, 합성수지 및 화약의 제조 원료로 사용되고 있다.

glycerin에 진한 질산을 작용시키면 니트로그리세린(nitroglycerin)이 되는데 노벨상의 창시자인 노벨(Alfred Nobel)은 이것을 원료로 하여 다이나마이트(dynamite)를 발명하였다.

$$\begin{array}{l} CH_2OH \\ | \\ CHOH \\ | \\ CH_2OH \end{array} + 3HNO_3 \xrightarrow{H_2SO_4} \begin{array}{l} CH_2-ONO_2 \\ | \\ CH-ONO_2 \\ | \\ CH_2-ONO_2 \\ \text{nitroglycerin} \end{array} + 3H_2O$$

nitroglycerin은 매우 불안정한 물질로서 약간의 충격으로도 폭발한다. 천연의 동식물성유지는 모두 glycerin과 여러 가지 지방산과의 에스테르이다. 비누 제조 시에 부산물로서 다량 얻어진다. glycerin의 에스테르를 glyceride라 한다. 유지는 지방산의 glyceride이다.

$$\begin{array}{l} CH_2-OCOR \\ | \\ CH-OCOR \\ | \\ CH_2-OCOR \end{array} + 3NaOH \xrightarrow{\text{가수분해}} \begin{array}{l} CH_2OH \\ | \\ CHOH \\ | \\ CH_2HO \\ \text{glycerin} \end{array} + 3RCOONa$$

오늘날에는 석유화학에서도 propene에서 glycerin이 합성된다.

$$\underset{\text{propene}}{CH_2{=}CH{-}CH_3} \xrightarrow[80\%]{Cl_2,\ 400\sim500^\circ C} \underset{\text{allyl chloride}}{CH_2{=}CH{-}CH_2Cl} \xrightarrow{NaOH} \underset{\text{allyl chcohol}}{CH_2{=}CH{-}CH_2OH}$$

$$\xrightarrow{HO^{+}Cl^{-}} CH_2Cl{-}CHOH{-}CH_2OH \xrightarrow{NaOH} CH_2OH{-}CHOH{-}CH_2OH$$

6-8 Ether

알코올에는 물의 수소 원자 하나를 치환한 것이라고 본다면 에테르는 물의 수소 원자 두 개를 alkyl(R)기 또는 aryl(Ar)기로 치환한 것이라고 볼 수 있다.

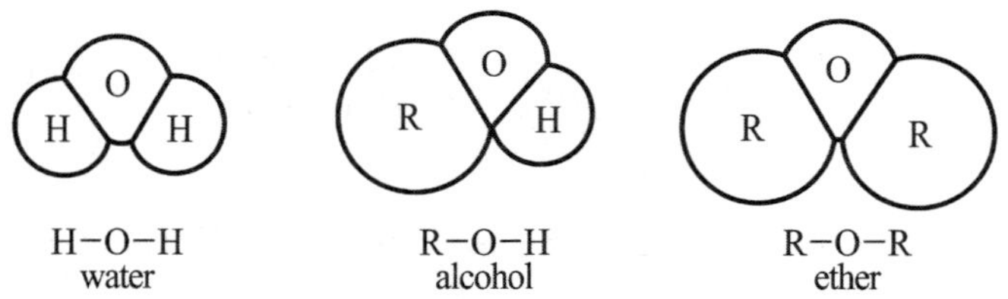

그림 6-1 물, 알코올, 에테르의 구조

6-8-1 에테르의 명명법

ether의 일반식은 R–O–R′의 형식으로 나타낸다. 이때 두 alkyl기인 R–R′가 동일한 종류의 원자단인 것을 단순 에테르(simple ether), 다른 것을 혼합에테르(mixed ether)라고 한다. 에테르는 흔히 관용명으로 부르며 원자단의 이름 다음에 에테르를 붙여서 부르고 IUPAC 법에 서는 알콕시 메탄(alkoxy methane)으로 명명한다.

$CH_3-O-CH_2CH_3$	$CH_3CH_2-O-CH_2CH_3$	$C_6H_5-O-CH_3$
methyl ethyl ether (methoxyethane)	diethyl ether 또는 ether(ethoxyethane)	anisole methyl phenyl ehter (methoxybenzene)
혼합에테르	단순에테르	혼합에테르

표 6-3 에테르의 종류와 비점

화학식	관용명	b.p.(℃)
CH_3-OCH_3	dimethyl ether	-24.9
$C_2H_5-O-C_2H_5$	diethyl ehter(ether)	34.9
$CH_3-O-C_2H_5$	methyl ethyl ehter	7.9
CH_2–O–CH_2 (고리)	ethylene oxide	10.8
CH_2-CH_2–O–CH_2-CH_2 (고리)	tetrahydrofuran	65
O(CH_2-CH_2)$_2$O (고리)	dioxane	101

6-8-2 에테르의 성질

ether는 물에 조금 녹으며 많은 유기화합물의 좋은 용매가 되어 식물이나 그 밖의 다른 물질로부터 유기 생성물을 추출하는데 사용된다. 또 ether는 비교적 안정한 화합물로서 묽은 산, 알칼리, 금속나트륨과 반응하지 않으므로 이 성질을 이용하여 이성체인 알코올과 구별한다.

$$CH_3-O-CH_2CH_2CH_3 + HI \longrightarrow CH_3I + CH_3CH_2CH_2OH$$

methyl *n*-prppyl ether → methyl iodide, *n*-propy alcohol

또 과잉의 HI에 의해서

$$CH_3-O-CH_2CH_2CH_3 + 2HI \longrightarrow CH_3I + CH_3CH_2CH_2I + H_2O$$

방향족 에테르는 같은 형의 반응에 의하여 쉽게 phenol로 된다.

$$C_6H_5-O\ CH_2CH_3 + HBr \longrightarrow C_6H_5-OH + CH_3CH_2Br$$

또, ether는 진한 염산 또는 진한 황산에 용해된다. 이것은 산의 수소이온 H^+가 에테르의 산소원자에 부가하여 일종의 착염을 만들기 때문이다.

$(C_2H_5)_2O + H^+Cl- \rightarrow (C_2H_5)_2 + Cl-$ oxonium염
$NH_3 + H^+Cl\ominus- \rightarrow NH_4Cl\ominus$ ammonium염

이렇게 보면 에테르는 넓은 의미에서 염기라고 볼 수 있다.

6-8-3 중요한 에테르

1) diethyl ether(ethoxyethane b.p. 34.6℃ 비중 0.736(0℃))

보통 ether라고 하며 인화성이고 휘발성이 강한 무색의 액체로서 물에는 잘 녹지 않으나 지용성 성분의 용매로 실험실에 널리 사용하고 의약용으로는 마취제에 쓰인다.

$$CH_3CH_2OH + HOSO_3H \xrightarrow{0℃} CH_3CH_2OSO_3H$$

$$CH_3CH_2OSO_3H + HOCH_2CH_3 \xrightarrow{140℃} CH_3CH_2-O-CH_2CH_3$$

2) 산화에틸렌(ethylene oxide, epoxy ethane, b.p 125℃)

일종의 고리모양의 에테르(cyclic ether)로 다음의 방법으로 합성된다.

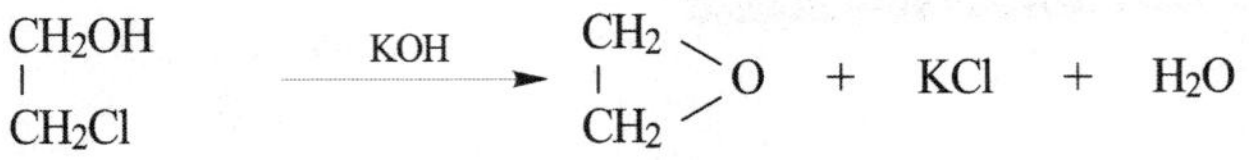

$$\begin{matrix} CH_2OH \\ | \\ CH_2Cl \end{matrix} \xrightarrow{KOH} \begin{matrix} CH_2 \\ | \\ CH_2 \end{matrix}\!\!>O + KCl + H_2O$$

ethylene chlorohydrin → ethylene oxide

반응성이 매우 풍부하여 화학약품의 합성에 널리 사용되며, 니스나 래커의 용제로 많이 쓰인다.

3) 디페닐 에테르(dipenyl ether)

Dow법에 의한 페놀의 공업적 생산 중에 부산물로 얻어지는 물질이다. 이것은 높은 비등점을 가지며 열전도의 매개체로서 사용되는 비교적 불활성인 액체이다. 자연에 존재하는 방향족화합물 중 에테르 결합을 하고 있는 대표적인 예로서 정향의 성분인 오이게놀(eugenol)과 대회향유의 성분인 아네톨(anethole)이 있다.

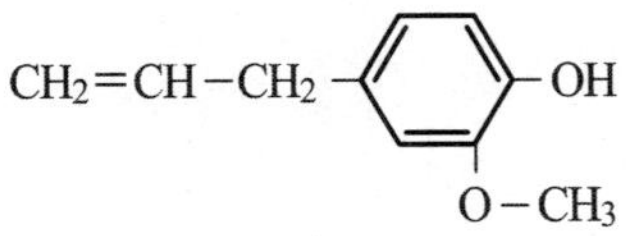

$CH_2{=}CH{-}CH_2{-}C_6H_3(OH)(O{-}CH_3)$

eugenol

$CH_3{-}CH{=}CH{-}C_6H_4{-}O{-}CH_3$

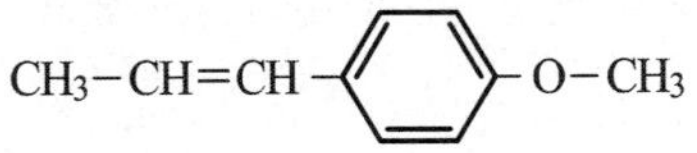

anethole

문제 1. 1급, 2급, 3급 알코올에 대해 특징으로 하는 구조를 지적하고, 각각이 산화를 받을 때에 일어나는 변화를 설명하라.

풀이

- 알코올의 구조

1분자 중의 수산기의 수에 의해서 1가(一價), 2가(二價), 3가(三價)……다가(多價) 알코올이라 부른다. 또 수산기가 결합하고 있는 탄소원자의 종류에 따라 1급, 2급 및 3급 알코올로 분류된다.

R — CH_2OH (1급 알코올) R, R' > CHOH (2급 알코올) R, R', R''' — COH (3급 알코올)

각각 산화를 받을 때에 일어나는 변화

a) 산화

$$R{-}CH_2OH \underset{\text{환원}}{\overset{\text{산화}}{\rightleftharpoons}} R{-}CHO \underset{\text{환원}}{\overset{\text{산화}}{\rightleftharpoons}} R{-}COOH$$

1급 알코올 → aldehyde → carboxylic acid

$$\begin{matrix}R\\R'\end{matrix} > CHOH \underset{\text{환원}}{\overset{\text{산화}}{\rightleftharpoons}} \begin{matrix}R\\R'\end{matrix} > C=O$$

2급 알코올 → ketone

3급 알코올은 산화제에 대하여 강하게 저항하지만, 산화되면 탄소수가 적은 케톤이나 산이 된다.

문제 2. $C_4H_{10}O$로 된 분자식을 가진 알코올은 몇 종류가 있는가? 그들의 화학 구조식과 명칭 및 산화생성물을 들어라.

풀이 I II III IV

$$CH_3CH_2CH_2CH_2OH \longrightarrow CH_3CH_2CH_2CHO \longrightarrow CH_3CHOHCOOH$$

I butylaldehyde n-lactic acid

$$CH_3\overset{CH_3}{\overset{|}{C}}HCH_2OH \longrightarrow CH_3\overset{CH_3}{\overset{|}{C}}HCHO \longrightarrow CH_3\overset{OH}{\overset{|}{C}}HCOOH$$

II isobutylaldehyde lactic acid

$$CH_3CH_2\overset{CH_3}{\overset{|}{C}}HOH \longrightarrow CH_3CH_2\overset{CH_3}{\overset{|}{C}}O$$

III methyl ethyl ketone

$$CH_3\underset{CH_3}{\underset{|}{\overset{CH_3}{\overset{|}{C}}}}OH \longrightarrow \underset{CH_3}{\underset{|}{\overset{CH_3}{\overset{|}{C}}}}O + 2H_2O + CO_2$$

IV acetone

알코올의 명칭

일 반 명	만 국 명	Kolbe 명명법
I n-butylalcohol	1-butanol	n-propyl carblnol
II iso-butylalcobol	2-methyl-l-propanol	iso-propyl carbinol
III sec-butylalcohol	2-butanol	methyl ethyl carbinol
IV test-butylalcohol	2-methyl-2Propanol	trimethyl carbinol

문제 3. 어느 알코올의 1.84g을 금속 Na로 처리할 때 448cc(표준상태)의 수소를 발생하였다. 이 알코올의 분자량을 구하라.

풀이

$2ROH + 2Na \rightarrow 2RONa + H_2$

알코올의 분자량을 M이라 하면

$2M : 1.84 = 22,400 : 448$ $M=46$

문제 4. 아밀알코올 $C_5H_{11}OH$의 이성체를 들고, 그들의 수산기의 종류 및 광학적 성질에 따라 분류하라.

풀이

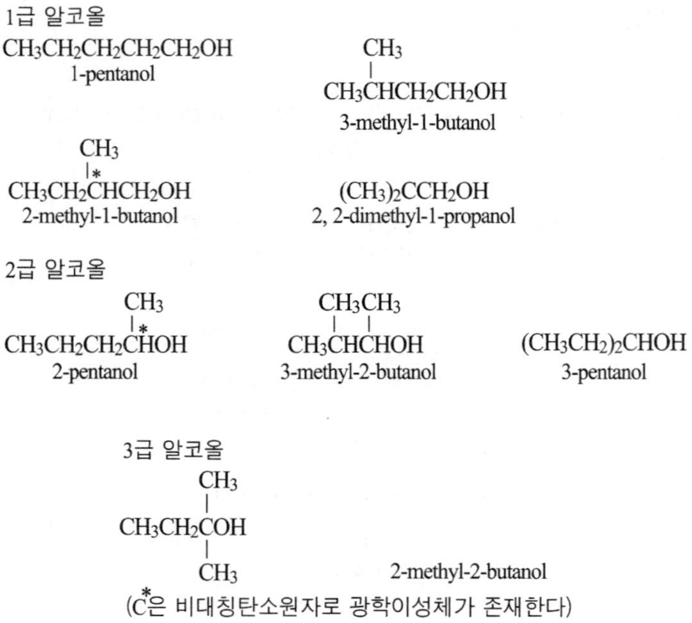

문제 5. 1가, 2가, 및 3가 알코올의 일례를 들고 그의 구조식과 공업적 제법을 써라.

풀이

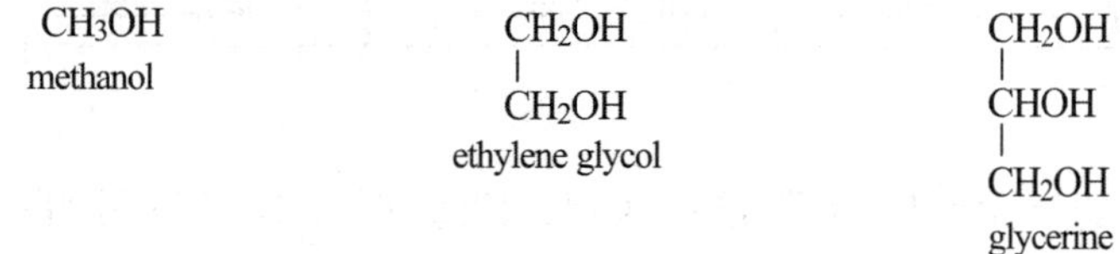

- 메탄올(Methanol)

(a) 목재건류(木材乾溜), 목재를 건류할 때에 얻어진 목초액(木酢液)을 석회로 중화하여 초산(酢酸)을 Ca염으로 바꾸고 증류하면 메탄올만이 나온다.

(b) 수성가스(Water gas, CO와 H_2의 혼합가스)를 Cu, Zn 등의 산화물을 촉매로 하고 고압(150~200기압), 고온(300~600℃)으로 반응시킨다.

$$CO + 2H_2 \rightarrow CH_3OH$$

- 에틸렌 글리코올(Ethylene glycol)

(a) 석유분해가스의 에틸렌을 Ag를 촉매로 산화하여 산화에틸렌으로 하고, 이것을 가수분해한다.

$$\begin{matrix} CH_2 \\ \| \\ CH_2 \end{matrix} \xrightarrow[\text{Ag, 고압, 고온}]{O} \begin{matrix} CH_2 \\ | \\ CH_2 \end{matrix} \rangle O \xrightarrow[\text{dil} \cdot HCl]{H_2O} \begin{matrix} CH_2OH \\ | \\ CH_2OH \end{matrix}$$

(b) 에틸렌에 차아염소산 HOCl (H_2O+Cl_2)을 부가시키고 이것을 가수분해한다.

$$\begin{matrix} CH_2 \\ \| \\ CH_2 \end{matrix} \xrightarrow{HOCl} \begin{matrix} CH_2OH \\ | \\ CH_2Cl \end{matrix} \xrightarrow[Na_2CO_3]{H_2O} \begin{matrix} CH_2OH \\ | \\ CH_2OH \end{matrix}$$

ethylene chlorohydrin

- 글리세린(glycerine)

(a) 유지의 가수분해

지방은 고급지방산의 glycerine ester이다. 상온에서 고체인 것을 지방(Fat)이라 하고, 액체의 것을 지방유(Fatty oil)라 한다. 알칼리로 비누화하면, glycerine과 비누로 된다.

(예) 지방 ……… 우지(牛脂), 돈지(豚脂), 야자유

지방유 …… 대두유(大豆油), 채종유(菜種油), 낙화생유, 어유(魚油)

왁스(Wax)는 고급지방산과 고급 1가 알코올의 에스테르이다. 알칼리로 비누화하면 고급 1가 알코올과 고급지방산 비누를 얻는다.

(예) RCOOR' + KOH → RCOOK + R'OH

(b) 석유분해 가스의 프로필렌을 원료로 한다.

$$CH_2 = CH - CH_3 \xrightarrow[500^\circ]{Cl_2} CH_2 = CH - CH_2Cl \xrightarrow{H_2O} CH_3 = CH - CH_2OH$$

$$\xrightarrow{HOCl} \begin{matrix} CH_2 - & CH - & CH_2 \\ | & | & | \\ OH & OH & OH \end{matrix} \xrightarrow[150^\circ]{NaHCO_3\text{용액}} \begin{matrix} CH_2 - & CH - & CH_2 \\ | & | & | \\ OH & OH & OH \end{matrix}$$

문제 6. 발효법에 의해 전분에서 알코올을 제조하는 공정에 관계하는 효소명을 써라.

풀이

$$(CH_6H_{10}O_5)n \xrightarrow[\text{diastase (맥아)}]{H_2O} C_{12}H_{22}O_{11} \xrightarrow[\text{maltase (효모)}]{H_2O} C_6H_{12}O_5$$

starch　　maltose　　glucose

$$\xrightarrow[\text{zymase (효모)}]{} C_2H_6OH + CO_2$$

문제 7. 알코올 발효에 있어서 부행하는 물질명을 듣고 그의 생성을 설명하라.

풀이

부생물질(副生物質)은 푸젤유(fusel oil), 글리세린, 아세트알데히드, 호박산, 젖산 등이다. 이 가운데 푸젤유, 호박산, 젖산은 원료나 효모에 들어 있는 단백질이 발효하여 생긴 것이고 글리세린, 아세트알데히드는 전분이 발효하여 된 것이다.

문제 8. 푸젤유(Fusel oil)에 대하여 기술하라.

풀이

알코올 발효의 부산물로 원료 전분이나 효모(yeast)에 들어있는 단백질이 분해하여 생긴 아미노산에서 생성한 것이다. 에틸알코올보다도 비점이 높은 알코올의 혼합물이다. 성분은 이소아밀알코올 및 활성 아밀알코올(80~90%), 이소부틸알코올(10~50%), n-프로필알코올 및 이소프로필알코올(약 7%) 등이다.

문제 9. 에틸알코올의 검출법을 써라.

풀이

알코올을 옥소(沃素), KOH와 가열하면, 요오드포름의 황색 결정이 침전한다. 이것을 요오드포름반응(lodoform reaction)이라 한다. 또 에틸알코올의 함유량이 적을 EO는 침전이 생기지 않으므로 요오드포름의 특이취(特異臭)로 알 수 있다.

$$CH_3CH_2OH + I_2 + 2KOH \rightarrow CH_3CHO + 2KI + 2H_2O$$

$$CH_3CHO + 3I_2 + 3KOH \rightarrow CI_3CHO + 3KI + 3H_2O$$

$$CI_3CHO + KOH \rightarrow CHI_3 + HCOOK$$

문제 10. 무수(無水) 에틸알코올의 공업적 및 실험실적 제법을 써라.

풀이

발효에 의해 얻어진 알코올액(약 15% 이상)을 증류하여도 알코올은 물과 공비혼합물(共沸混合物)(b.p. 78.13℃, 알코올 95.6%, 물 4.4%)을 만드므로 이 이상으로는 무수로 되지 않는다. 그래서 약 96%의 알코올에 벤젠을 가하여 분류(分溜)하면 64.9℃로 물-벤젠-알코올의 공비혼합물(조성 7.4 : 74.1 : 18.5)가 유출한다. 물이 없게 되면 68.3℃로 벤젠-알코올의 공비혼합물(67.6 : 32.4)이 유출하고 최후에 순수 에틸알코올(b.p. 78.3℃)이 나온다.

실험실에서는 약 96%의 알코올에 C매를 가하여 환류자비(還流煮沸)한 후 증류하면 약 99.5%의 알코올을 얻는다. 여기서 99% 이상의 알코올을 무수알코올(Absolute alcohol)이라 한다.

완전히 물을 제거하는 데는 다시 Na 또는 Ca를 가하고 증류한다.

제 7 장

할로겐 화합물

할로겐화합물은 지방족 화합물 한 분자에 할로겐 원자가 1개 이상 치환된 것을 RX로 표시하고 이것을 할로겐화 알킬(alkyl halide)이라 하고 2개 이상의 할로겐 원자가 치환한 것을 폴리할로겐화물(poly-haloalkane)이라 한다.

할로겐화 알킬의 반응성은 또한 알킬기의 성질에도 관계된다. 즉 제1, 제2 혹은 제3의 할로겐화물에 따라서 그 생성 반응에 차이가 있다. 일반적으로 유기합성에 가장 흔하게 쓰이는 할로겐화 알킬은 염화물과 브롬화물인데 이들 할로겐화물은 가격도 비싸지 않으며 반응성도 적당하기 때문에 많이 쓰인다.

7-1 할로겐화 알킬의 종류 및 물리적 성질

할로겐화 알킬은 할로겐이 붙은 탄소의 종류에 따라서 1급, 2급 및 3급 할로겐화 알킬로 구분된다.

$$\begin{array}{ccc} \begin{array}{c} H \\ | \\ R-C-X \\ | \\ H \end{array} & \begin{array}{c} R \\ | \\ R-C-X \\ | \\ H \end{array} & \begin{array}{c} R \\ | \\ R-C-X \\ | \\ R \end{array} \end{array}$$

1급 할로겐화 알킬 (*prim*·alkyl halide)	2급 할로겐화 알킬 (*sec*·alkyl halide)	3급 할로겐화 알킬 (*tetr*·alkyl halide)

할로겐화 알킬에는 RF, RCl, RBr, RI가 있으며 이들의 반응성은 RI>RBr>RCl>RF와 같이 할로겐 원소의 크기가 클수록 그 반응성도 크다.

또한, 알킬기의 크기에 따라서 할로겐화알킬의 반응성이 다르며 할로겐화 메틸(methyl halide)은 할로겐화 에틸(ethyl halide)이나 이보다 큰 할로겐화 알킬의 것보다 반응성이 강하다.

$$CH_2X > C_2H_5 > n\text{-}C_3H_7X > n\text{-}C_4H_9X$$

이들은 물에 녹지 않고 탄화수소, 에테르, 알코올 등의 유기용매에 잘 녹으며 이들의 순수 물질은 모두 무색이지만 요오드 화합물만이 불안정하며 햇빛에서는 분해되어 요오드를 유리하고 차차 적갈색으로 변한다. 또 저분자량의 halide들은 대개 달콤한 냄새와 맛을 지니고 있다.

표 7-1 할로겐화 알킬의 물리적 성질과 명명의 예

관용명	IUPAC명	분자식	m.p.(℃)	b.p.(℃)
methyl chloride	chloromethane	CH_3Cl	-97	-24
methylene chloride	dichloromethane	CH_2Cl_2	-96.7	40~41
chloroform	trichloromethane	$CHCl_3$	-63.5	61.2
carbon tetrachloride	tetrachloromethane	CCl_4	-22.6	76.8
methyl bromide	bromomethane	CH_3Br	-93	4.6
methylene bromide	dibromomethane	CH_2Br_2	-52.8	99
bromoform	tribormomethane	$CHBr_3$	8~9	150.5
carbon tetrabromide	tetrabromomethane	CBr_4	90.1	189.5
methyl iodide	iodomethane	CH_3I	-64.4	42.5
methylene iodide	diiodomethane	CH_2I_2	5.7	180(분해)
iodoform	triiodomethane	CHI_3	119	승화
carbon tetraiodide	tetraiodomethane	CI_4	분해	

7-2 제법

7-2-1 치환반응

$$CH_3CH_2CH_2CH_3 + Cl_2 \rightarrow CH_3CH_2CH_2CH_2Cl \text{ 또는 } CH_2CHClCH_2CH_3$$

이 반응은 여러 가지 많은 치환체가 부생하므로 순수한 것은 얻기 힘들다.

7-2-2 부가반응

$$CH_2=CH+HCl \xrightarrow{AlCl_3} CH_3CH_2Cl$$

$$CH_3CH=CH_2+HBr \xrightarrow{AlCl_3} \underset{\text{2-bromo propane}}{CH_3CHBrCH_3}$$

7-2-3 알코올과 산에서 탈수

$$ROH + HX \xrightarrow{\text{탈수제}} RX + H_2O$$

$$CH_3CH_2CH_2CH_2OH + HBr \xrightarrow{H_2SO_4} \underset{(95\%)}{CH_3CH_2CH_2CH_2Br} + H_2O$$

$$CH_3CH_2CH_2CH_2OH + HCl \xrightarrow{ZnCl_2} \underset{(65\%)}{CH_3CH_2CH_2CH_2Cl} + H_2O$$

이 방법의 반응성은 HI>HBr>HCl의 순서이고 HCl의 경우에는 탈수제가 존재하지 않으면 반응이 일어나지 않는다. 그러나 3급 알코올에서는 탈수제가 없어도 쉽게 좋은 비율로 3급 할로겐화 알킬을 얻을 수 있다.

$$CH_3-\overset{\displaystyle CH_3}{\underset{\displaystyle CH_3}{C}}-OH + HCl \longrightarrow CH_3-\overset{\displaystyle CH_3}{\underset{\displaystyle \underset{(85\%)}{CH_3}}{C}}-Cl + H_2O$$

7-2-4 알코올과 할로겐화의 인의 반응

$C_2H_5OH + PCl \rightarrow C_3H_5Cl + POCl + HCl$

$3CH_3OH + PCl_3 \rightarrow 3CH_3Cl + P(COH)_3$

또 염화티오닐(thionyl chloride, $SOCl_2$)도 작용시켜 만드는데 이 반응에서는 부산물인 HCl, SO_2가 기체이므로 생성물은 분리시키기도 쉽다.

$$ROH + SOCl_2 \rightarrow RCl + HCl\uparrow + SO_2\uparrow$$

7-3 반응

7-3-1 그리냐르 반응(grignard reaction)

무수 에테르 중에서 할로겐화 알킬 RX에 금속 Mg를 반응시키면 RMgX(alkyl magnesium halide)를 형성한다. 이 시약은 프랑스의 화학자 Grignard(1871~1935)의 이름에 따라 그리냐르 시약이라고 한다.

$$RX + Mg \xrightarrow{\text{ether}} RMgX$$

예를 들면

$$C_2H_5Br + Mg \xrightarrow{\text{ether}} \underset{\text{ethyl magnesium chloride}}{C_2H_5MgBr}$$

7-3-2 결합반응(condensation)

부르쯔(wurtz)의 반응을 거쳐 알칸을 만들고,

$$\underset{\text{haloalkane}}{2RX} + 2Na \longrightarrow \underset{\text{alkane}}{R-R} + 2NaX$$

또한, 그리냐르 시약과 작용시켜,

$$RX + R'MgX \longrightarrow \underset{\text{alkane}}{R-R'} + MgX_2$$

7-3-3 여러 금속화합물과의 반응

$$C_2H_5Br + KCN \longrightarrow \underset{\text{ethyl cyanide}}{C_2H_5CN}$$

$$C_2H_5Br + NaSH \longrightarrow \underset{\text{ethyl mercaptan}}{C_2H_5SH} + NaBr$$

$$C_2H_5Br + CH_2ONa \longrightarrow \underset{\text{ethyl methyl ether}}{C_2H_5OCH} + NaBr$$

$$C_2H_5I + NaC{\equiv}C-R \longrightarrow \underset{\text{alkyne}}{C_2H_5C{\equiv}C-R} + NaI$$

7-4 폴리할로겐화물

탄화수소에 2개 이상의 할로겐 원자가 치환된 것에는 용제와 추출제로서 유용한 것이 많다. 이들은 물에 녹지 않으며 특이한 냄새가 있는 무거운 액체로서 일반적으로 유독하다. 화학적 성질은 할로겐화 알킬과 비슷하다.

디할로알칸(dihaloalkane)에서 동일한 탄소에 할로겐원자가 붙어있을 때는 젬 디할로알칸(gem-dihaloalkane), 인접한 두 탄소에 붙어 있을 때는 빅 디할로알칸(vic-dihaloalkane) 등으로 구별된다.

```
   |   |                  X
 - C - C -                |
   |   |            - C - C - X
   X   X                  |
                          X
```

vic-dihaloalkane　　　*gem*-dihaloalkane

여기서 *gem*은 라틴어 gemimus(twin, double), *vic*은 vicinus(neighboring)에서 유래되었다.

7-4-1 클로로포름(chloroform, trichloromethane, $CHCl_3$, b.p. 61℃)

무색의 액체이며 주정이나 아세톤(acetone)을 표백분과 증류시켜서 제조하거나, 또는 CCl_4를 부분적으로 환원시켜서 공업적으로 제조한다.

$$\underset{\text{ethanol}}{2CH_3CH_2OH} + 2CaOCl_2 \longrightarrow \underset{\text{acetaldehyde}}{2CH_3CHO} + 2CaCl_2 + 2H_2O$$

$$2CH_3CHO + 6CaOCl \longrightarrow \underset{\text{chloral}}{2CCl_3CHO} + 3Ca(OH)_2 + 3CaCl_2$$

$$2CCl_3CHO + \underset{(NaOH)}{Ca(OH)_2} \longrightarrow \underset{\text{chloroform}}{2CHCl_3} + (HCOO)_2Ca$$

이것을 일광에 쪼이면 포스겐(phosgen)이 되는데 포스겐은 제1차대전까지 독가스로 사용되었다.

$$2CHCl_3 + 3O \longrightarrow \underset{\text{phosgen}}{2COCl_2} + Cl_2 + H_2O$$

$$COCl + H_2O \longrightarrow 2HCl + CO_2$$

클로로포름은 전신마취제로 사용되기도 하며, 지방 · 수지 · 고무류의 용제로서 용도가 매우 넓다.

7-4-2 요오드포름(iodoform, CHI_3, m.p. 119℃)

$$CH_3CH_2OH + 10I + H_2O \rightarrow CHI_3 + CO_2 + 7HI$$

방부제 · 소독제로 쓰이며, 에틸알코올이나 아세톤과 같이 $CH_3COCH_3CH(OH)-$를 가진 화합물을 검출하는데 사용된다.

7-4-3 사염화 탄소(carbon tetrachloride, tetrachloromethane, CCl4, b.p. -30℃)

$$C + S_2 + 3Cl_2 \rightarrow CCl_4 + S_2Cl_2$$

소독제로 사용되며, 우수한 용제 및 훈연제로 쓰인다. C_2H_5Cl은 국부마취제로 C_2H_5Br은 전신 마취제로 사용된다.

7-4-4 디클로로플루오로메탄(dichlorofluoromethane, CCl_2F_2, b.p. -30℃)

무독, 무미, 비인화성이고 금속에 대해서 부식성이 없으며 연무질(aerosol)의 용제로 사용되기도 한다. 또한, freon-12 상품명으로 냉매로도 이용된다.

$$3CCl_4 + 2SbF_3 \xrightarrow{SbF_5} 3CCl_2F_2 + 2SbCl_3$$

$$CCl_4 + 2HF_3 \xrightarrow{SbF_3} CCl_2F_2 + 2HCl$$

7-4-5 클로로피크린(chloropicrin)

클로랄(chloral) 또는 트리클로로메탄(trichloromethane)을 HNO_3로 처리하여 만들거나 피크린산(picric acid)에 표백분을 작용시켜 만들며, 최루탄가스·훈연제로 사용된다.

$$CCl_3CHO + HNO_3 \longrightarrow \underset{\text{chloropicrin}}{CCl_3NO_2} + HCOOH$$

7장 연습문제

문제 1. 할로겐 알킬에서 얻어진 화합물의 명칭(일반명)과 그의 생성법을 써라.

풀이

$RX+H_20 \rightarrow HX+R-OH$ (alcohol)

$RX+R'ONa \rightarrow NaX+R-O-R'$ (ether)

$RX+R'COONa \rightarrow NaX+R'COO-R$ (ester)

$RX+AgNO_3 \rightarrow AgX+F-NO_2$ (nitro화합물)

$RX+NH_3 \rightarrow HX+R-NH_2$ (amine)

$RX+KCN \rightarrow KX+R-CN$ (nitrile)

$RX+AgCN \rightarrow AgX+R-NC$ (isonitrile)

에테르

$RX+Mg \rightarrow R-MgX$ (Grignard시약)

$2RX+2Zn \rightarrow ZnX_2+R-Zn-R$ (dialkyl아연)

$2RX+2Na \rightarrow 2NaX+R-R$ (탄화수소, Wurtz반응)

$AlCl_5$

$RX+C_6H_6 \rightarrow HX+R-C_6H_5$ (탄화수소, Friedel-Crafts반응)

이와 같이 할로겐 알킬의 할로겐은 반응성이 풍부하므로 여러 가지 합성반응에 이용된다.

문제 2. C_2H_5I에 다음 물질을 작용시킬 때의 반응을 써라.

(a) KOH 수용액
(b) KOH 알코올용액
(c) KCN
(d) 금속 Na
(e) KOH

풀이

(a) $C_2H_5I + KOH \rightarrow C_2H_5OH + KI$ (alcohol)

(b) $C_2H_5I + KOH \rightarrow CH_2 = CH_2 + KI + H_2O$ (ethylene)

(c) $C_2H_5I + KCN \rightarrow C_2H_5CN + KI$ (ethyl cyanide)

(d) $2C_2H_5I + 2Na \rightarrow C_2H_5-C_2H_5 + 2NaI$ (butane)

(e) $C_2H_5I + KSH \rightarrow C_3H_5SH + KI$ (ethyl mercaptane)

문제 3. 분자식 C_4H_9Br의 화합물에는 어떤 이성체가 있는가? 구조식과 명칭을 써라.

풀이

$CH_3CH_3CH_2CH_2Br$ 1-bromobutane(n-bytyl bromide)

$CH_3CH_2CH(Br)CH_3$ 2-bromobutane(sec-bytyl bromide)

$(CH_3)_2>CHCH_2Br$ 1-bromo-2-methylpropane(iso-buty bromide)

$CH_3-C(CH_3)_2-Br$ 2-bromo-2-methylpropane(tert-bytyl bromide)

문제 4. 클로로포름과 요오드포름의 제법을 써라.

풀이

에틸알코올을 표백분과 증류시키면 복잡한 변화 후에 클로로포름을 생성한다. 표백분은 젖은 소석회에 Cl_2를 흡수시켜 만든 것이다. 그 가운데에는 약 1/3의 $Ca(OH)_2$와 분해하여 생긴 유리의 Cl_2가 있다.

$$C_2H_5OH \xrightarrow{Cl_2} C_3CHO \xrightarrow{Cl_2} CCl_3CHO \xrightarrow{Ca(OH)_2} CHCl_3 + (HCOO)_2Ca$$

또는 아세톤과 표백분에서도 마찬가지로 제조할 수 있다.

$$CH_3COCH_3 \xrightarrow{Cl_2} CCl_3COCH_3 \xrightarrow{Ca(OH)_2} CHCl_3 + (CH_3COO)_2Ca$$

에틸알코올에 I_2와 알칼리를 가하여 가열하면 요오드포름을 생성한다.

$$CH_3CH_2OH + 4I_2 + 6KOH \longrightarrow 5KI + 5H_2O + CHI_3 + HCOOK$$

문제 5. 사염화탄소의 제조법을 써라.

풀이

비등(沸騰)하고 있는 이황화탄소에 염소를 통한다. 생성된 사염화탄소(b.p.77℃)와 염화황산(b.p. 136℃)은 증류에 의해 분리한다. 사염화탄소는 좋은 소화제(消火劑)이다.

$CS_2+3Cl_2 \rightarrow CCl_4+S_2Cl_2$

문제 6. 다음의 할로겐 화합물을 가수분해할 때에 생긴 주요생성물의 명칭과 화학식을 써라.

CH_3CH_2Cl CH_3CHC_{l2} CH_3CC_{l3}

풀이

$CH_3CH_2Cl + KOH \rightarrow CH_3CH_2OH + KCl$ (alcohol)

$CH_3CHCl_2 + 2KOH \rightarrow CH_3CHO + 2KCl + H_2O$ (acetaldehyde)

$CH_3CCl_3 + 3KOH \rightarrow CH_3COOH + 3KCl + H_2O$ (초산)

문제7. 파라핀(paraffin)류의 할로겐 치환이 일광이나 촉매에 의해 현저하게 촉진되는 것은 어째서인가?

풀이

$$CH_4 + Cl_2 \xrightarrow{hv} Cl_3Cl + HCl$$

우선 빛에 의해서 염소분자가 다음에 나타낸 바와 같이 유리기(원자상염소, 原子狀鹽素)를 만든다(1). 이것이 메탄을 공격하여 메틸기를 만든다(2). 메틸기는 염소분자와 작용하여 염화메틸을 만듦과 동시에 염소의 유리기를 만든다(3). 이 (2)와 (3)의 반응은 반복된다.

$Cl_2 + hv \rightarrow 2Cl\cdot$ (1)

$CH_4 + Cl\cdot \rightarrow CH_3\cdot + HCl$ (2)

$CH_3\cdot + Cl_2 \rightarrow CHCl + Cl$ (3)

이와 같이 유리기에 의해서 진행된 반응을 라디칼반응(Radical reaction)이라 한다. 촉매에 의한 염소화를 $AlCl_3$에 대해서 나타내면 우선 촉매에 의해서 $Cl+$가 생기고,

이것이 상수분자(相手分子)의 전자밀도가 높은 곳을 향하여 공격한다.

$$AlCl_3 + Cl_4 \longrightarrow [AlCl_4] - Cl^+$$

$$CH_3 - \underset{H}{\overset{H}{C}}{}^{(-)} - H^{(+)} + Cl^+ \longrightarrow CH_3 - \underset{H}{\overset{H}{C}} - Cl + H^+$$

$$AlCl_4 - 4H^+ \longrightarrow AlCl_3 + HCl$$

이와 같이 이온에 의해서 진행된 반응을 이온반응(Ionic reaction)이라 한다.

문제 8. 아세틸렌에서 1,2-디브로모프로판을 유도하는 과정을 써라.

풀이

$$CH \equiv CH \xrightarrow[HgSO_4]{H_2O} CH_3CHO \xrightarrow{O} CH_3COOH \xrightarrow{Ca(OH)_2} (CH_3COO)_2Ca$$

$$\xrightarrow{\text{건류}} CH_3COCH_3 \xrightarrow{H_2} CH_3\underset{OH}{C}HCH_3 \xrightarrow[H_2SO_4]{-H_2O} CH_3CH = CH_3 \xrightarrow{Br_2}$$

$$CH_3CHBrCH_2Br$$

문제 9. Allyl bromide에서 출발하여 다음 물질의 합성법을 써라.

(a) 4-methyl-1-pentene (b) 1,2,3-tribromopropane

(c) 1,2-dibromopropane (d) 2,3-Dibromo-1-propene

풀이

(a) $(CH_3)_2CHMgB_1 + BrCH_2CH = CH_2 \longrightarrow (CH_3)_2CHCH_2CH = CH_2 + MgBr_2$

(b) $CH_2 = CHCH_2Br + Br_2 \longrightarrow CH_2Br\text{-}CHBr\text{-}CH_2Br$

(c) $CH_2 = CHCH_2Br + HBr \longrightarrow CH_3\text{-}CHBr\text{-}CH_2Br$

(d) $CH_2Br\text{-}CHBr\text{-}CH_2Br + KOH \xrightarrow{\text{알코올}} CH_2Br\text{-}CBr = CH_2 + KBr + H_2O$

문제 10. 브롬화 이소프로필과 적당한 화합물과의 작용으로 다음 화합물을 만드는 방법을 써라.

(a) 이소프로필에테르 (b) 초산이소프로필

(c) 프로필렌 (d) 이소프로필알코올

(e) 이소낙산

풀이 (a) $(CH_3)_2CHBr + (CH_3)_2CHONa \rightarrow (CH_3)_2CH\text{-}O\text{-}CH(CH_3)_2 + NaBr$

(b) $(CH_3)_2CHBr + CH_3COONa \rightarrow CH_3COOCH(CH_3)_2 + NaBr$

(c) $(CH_3)_2CHBr$ + KOH(알코올성) $\rightarrow CH_2{=}CHCH_3 + H_2O + KBr$

(d) $(CH_3)_2CHBr + KOH \rightarrow (CH_3)_2CHOH + KBr$

(e) $(CH_3)_2\ CHBr \xrightarrow{KCN} (CH)CHCN \xrightarrow{\text{가수분해}} (CH_3)_2CHCOOH$

제8장

알데히드 케톤

알데히드(aldehyde)와 케톤(ketone)은 작용기로서 카르보닐기(>C=O)를 가지고 있으므로, 카르보닐화합물이라고 하며 알데히드나 케톤의 특유한 성질은 이 카르보닐기에 의한 것이라 볼 수 있다.

카르보닐기 탄소에 결합된 두 원자단 중에서 한 개가 수소 원자이거나 두 개가 수소원자이면 이 화합물은 알데히드(RCHO)이다.

$$\underset{\text{formaldehyde}}{H-\overset{\overset{\displaystyle O}{\|}}{C}-H} \qquad \underset{\text{aliphatic aldehyde}}{R-\overset{\overset{\displaystyle O}{\|}}{C}-H} \qquad \underset{\text{aromatic aldehyde}}{Ar-\overset{\overset{\displaystyle O}{\|}}{C}-H}$$

카르보닐기 탄소에 결합된 두 개의 원자단이 alkyl기 혹은 aryl기인 화합물은 케톤(RCO)이다.

$$\underset{\text{aliphatic ketone}}{R-\overset{\overset{\displaystyle O}{\|}}{C}-R} \qquad \underset{\text{aromatic ketone}}{Ar-\overset{\overset{\displaystyle O}{\|}}{C}-Ar} \qquad \underset{\text{mixed ketone}}{R-\overset{\overset{\displaystyle O}{\|}}{C}-Ar}$$

8-1 명명법

알데히드는 그것을 산화함으로써 생성되는 산의 이름에 밀접한 관계를 가진 관용명으로 불린다.

표 8-1 몇 가지 알데히드의 물리적 성질

명칭	화학식	b.p.(℃)	m.p.(℃)	비중
formaldehyde	$H-C(=O)-H$	-21	-92	0.815
acetaldehyde	$CH_2-C(=O)-H$	21	-121	0.801
propionaldehyde	$CH_3CH_2C(=O)-H$	48.8	-81	0.807
n-butyraldehyde	$CH_3CH_2CH_2C(=O)\ H$	75.7	-99	0.817
isobytyraldehyde	$CH_3CH(CH_3)C(=O)\ H$	61	-65.9	0.794
benzaldehyde	$C_6H_5-C(=O)-H$	179.5	-59	1.046

IUPAC법에 의한 명명은 알코올 명명에 있어서 -ol 대신 -al(aldehyde의 경우) 또는 -one(ketone의 경우)를 붙여서 부른다.

간단한 케톤은 관용명으로 불린다. 이들은 카르보닐기에 붙은 탄화수소의 이름에서 유도된 것이며, 어떤 경우는 특수한 명칭이 사용된다.

$CH_3C(=O)CH_3$
acetore(dimethyl ketone)

$CH_3C(=O)CH_2CH_2$
methyl ethyl ketone

$CH_3CH_2C(=O)CH_2CH_3$
diethyl ketone

$C_6H_5-C(=O)-CH_3$
acetophenone
(methyl phenyl ketone)

$C_6H_5-C(=O)-C_6H_5$
benzophenone
(diphenyl ketone)

표 8-2 알데히드와 케톤의 명명의 예

화학식	IUPAC명	관용명
CH_3CHO	ethanal	acetaldehyde
CH_3CHCHO | CH_3	2-methyl propanal	isobytylaldehyde
γ β α 4 3 2 1 $CH_3CHCHCHO$ | | Br Br	2,3-dibromobutanal	α, β-dibromobutyl aldehyde
O ‖ $CH_2CCH_2CH_3$	butanone	methyl ethyl ketone
O 1 2‖3 4 5 $CH_3CCH_2CH_2CH_3$	2-pentanone	methyl propyl ketone
O 1 2‖3 4 5 $CH_3CCH_2CHCH_3$ | CH_3	4-methyl-2-pentanone	methyl isobytyl ketone

포름알데히드를 제외한 알데히드는 모두 무색의 액체 또는 고체를 이루며, 특이한 냄새를 가지고 있다. 대체로 분자량이 클수록 향기로운 냄새를 가지고, 비점이 상승한다.

8-2 알데히드와 케톤의 제법

8-2-1 알코올의 산화작용

제1급 알코올을 산화시키면 aldehyde가 되고, 제2급 알코올이 산화되면 ketone이 된다.

$$R-CH_2H \xrightarrow[K_2Cr_2O_7 \text{ 또는 } KMnO_4]{[O]} R-CH=O$$

제1급 알코올

$$\begin{matrix}R\\R'\end{matrix}\!\!>CHOH \xrightarrow[K_2Cr_2O_7 \text{ 또는 } CrO_3]{[O]} \begin{matrix}R\\R'\end{matrix}\!\!>C=O$$

제2급 알코올

8-2-2 *gem*-dihaloalkane의 가수분해

같은 탄소 2개의 halogen이 결합하고 있는 탄화수소를 알칼리로서 가수분해하면 aldehyde 또는 ketone으로 된다.

$$R-\underset{Cl}{\overset{Cl}{C}}-H + 2NaOH \xrightarrow{-H_2O} RCHO + 2NaCl$$

aldehyde

$$R-\underset{Cl}{\overset{Cl}{C}}-R' + 2NaOH \xrightarrow{-H_2O} R-\overset{O}{\overset{\|}{C}}-R' + 2NaCl$$

ketone

8-2-3 그리냐르 시약에 의한 방법

그리냐르(grignard) 시약에 개미산 에스테르를 작용시킨다.

$$HC\begin{matrix}\nearrow O \\ \searrow OC_2H_5\end{matrix} + RMgX \longrightarrow H-\underset{OC_2H_5}{\overset{OMgX}{C}}-R$$

ethylformate

$$\xrightarrow{+H_2O} RCHO + C_2H_5OH + Mg\begin{matrix}\nearrow X \\ \searrow OH\end{matrix}$$

aldehyde ethanol

니트릴(nitrile)에 그리냐르 시약을 작용시키면 케톤이 되는데, 이때 그리냐르 시약이 너무 많으면 생성된 케톤과 작용하게 되므로 주의해야 한다.

$$RC\equiv N + R'MgX \longrightarrow R-\underset{N\quad MgX}{\underset{\|}{C}}-R'$$

nitrile Grignard 시약

8-3 화학반응

8-3-1 산화 반응

알데히드는 $KMnO_4$나 $K_2Cr_2O_7$ 등의 산화제로서 산화시키면 카르복실산(carboxylic acid)이 된다.

즉 Tollen시약과의 알데히드 산화는 금속성을 생성하고 Fehling 용액 혹은 Benedict 용액은 산화 제1구리의 붉은색 침전을 생성한다. 케톤은 부분적으로 산화된 탄소 원자에 붙은 수소 원자가 없기 때문에 좀 더 강력한 조건에서만 산화될 수 있다.

그러므로 케톤은 위의 시약으로 산화되지 않으며 알데히드와 케톤을 식별하는 방법으로 이용된다.

$$\underset{\text{ethylformate}}{HC(=O)OC_2H_5} + RMgX \longrightarrow H-\overset{OMgX}{\underset{OC_2H_5}{C}}-R$$

$$\xrightarrow{+H_2O} \underset{\text{aldehyde}}{RCHO} + \underset{\text{ethanol}}{C_2H_5OH} + Mg\begin{smallmatrix}X\\OH\end{smallmatrix}$$

8-3-2 환원반응

Ni, Pt촉매에 의한 수소로 환원하면 다음과 같은 반응이 생성되며 $LiAlH_4$는 알데히드나 케톤을 환원시키는 시약 중의 하나이다.

즉 알데히드는 1차 알코올을 케톤은 2차 알코올을 생성한다.

$RCHO + H_2 \rightarrow RCH_2OH$

$R_2CO + H_2 \rightarrow R_2CHOH$

8-3-3 HCN의 부가

aldehyde나 ketone에 시안화수소(HCN)을 작용시키면 cyanhydrin을 생성한다. 이러한 형태의 화합물은 hydroxy acid, 아미노산, 당의 제조에 이용된다.

$$>C{=}O + H^{+}CN^{-} \longrightarrow \;>C(OH)(CN)$$

cyanohydrin

$$CH_3\overset{\overset{O}{\|}}{C}-H + HCN \longrightarrow CH_3\underset{\underset{H}{|}}{\overset{\overset{OH}{|}}{C}}-CN \xrightarrow[H^{+}]{H_2O} CH_3CHOHCOOH$$

cyanohydrin　　　latic acid

시안화 암모늄(NH_4CN)을 사용하면 가수분해 생성물로서 α-아미노산이 생성된다. 이 과정을 strecker반응이라 하는데 이는 α-아미노산합성에 유용한 반응이다.

$$CH_3\overset{\overset{O}{\|}}{C}-H + NH_4CN + H_2O \longrightarrow CH_3\underset{\underset{NH_2}{|}}{C}HCOOH$$

aceraldehyde　　　alanine

$$(CH_3)_2CHO + HCN \longrightarrow CH_3-\underset{\underset{CH_3}{|}}{\overset{\overset{OH}{|}}{C}}-CN$$

실제로 이들을 반응시킬 때는 미리 중아황산소오다($NaHSO_3$)의 부가물을 만들어 이것을 NaCN용액으로 처리하고 있다.

$$CH_3CH(OH)SO_3Na + NACN \rightarrow CH_4CH(OH)CN + Na_2SO_3$$

cyanohydrin은 묽은 산에 의하여 용이하게 가수분해를 받아 hydroxy carbon 산이 되므로 이 반응은 응용이 넓다.

8-3-4 암모니아 유도체와 반응

카르보닐 화합물은 hydroxyl amine, phenyl hydrazine 및 semicarbazide와 쉽게 축합하고 이때 물을 생성한다.

carbonyl 시약은 모두 일염산염으로 쓰인다.

$$\begin{matrix} R \\ R' \end{matrix}\!\!>C=O + \underset{\text{hydroxylamine}}{H_2NOH} \longrightarrow \underset{\text{oxime}}{\begin{matrix} R \\ R' \end{matrix}\!\!>C=N-OH} + H_2O$$

$$\begin{matrix} R \\ R' \end{matrix}\!\!>C=O + \underset{\text{phenyl hydrazine}}{H_2N-NHC_6H_5} \longrightarrow \underset{\text{phenyl hydrazone}}{\begin{matrix} R \\ R' \end{matrix}\!\!>C=N-NHC_6H_5} + H_2O$$

$$\begin{matrix} R \\ R' \end{matrix}\!\!>C=O + \underset{\text{semicarbazide}}{H_2N-NHCONH_2} \longrightarrow \underset{\text{semicarbazone}}{\begin{matrix} R \\ R' \end{matrix}\!\!>C=N-NHCONH_2} + H_2O$$

이 시약은 aldehyde와 ketone의 carbonyl기와 쉽게 축합하여 독특한 융점을 갖는 결정성의 고체를 생성하므로 carbonyl 화합물이 분리확인에 잘 쓰인다. 또 식품의 향기 성분에 함유된 저분자량의 알데히드나 케톤의 분석에 이용된다.

8-3-5 Grignard 시약과의 반응

일반적으로 aldehyde는 grignard 시약에 따라 제2급 알코올을 생성한다.

$$\underset{\text{hydroxylamine}}{RCH=O + R'-MgX} \xrightarrow{\text{ether 중}} \underset{\text{oxime}}{R\,CH\!\begin{matrix} \diagup R' \\ \diagdown OMgX \end{matrix}} \xrightarrow[\text{산}]{\text{가수분해}} \begin{matrix} R' \\ R \end{matrix}\!\!>CHOH$$

예를 들면

$$CH_3CHO + C_2H_5MgBr \longrightarrow CH_3CH\begin{cases} C_2H_5 \\ OMgBr \end{cases} \longrightarrow \underset{\text{2-butanol}}{CH_3CH(OH)C_2H_5}$$

다만 formaldehyde만은 제1급 알코올을 생성한다.

$$CH_2 = O \xrightarrow{R'MgX} CH_2\begin{cases} R' \\ OMgX \end{cases} \xrightarrow{H_2O} R'CH_2OH$$

그러나 ketone은 제3급 알코올을 생성한다.

$$\begin{matrix} R \\ R' \end{matrix}\!\!>C = O + R'' - MgX \longrightarrow \begin{matrix} R \\ R' \end{matrix}\!\!>C<\!\!\begin{matrix} R'' \\ OMgX \end{matrix} \longrightarrow \begin{matrix} R \\ R' \end{matrix}\!\!>C<\!\!\begin{matrix} R'' \\ OH \end{matrix}$$

8-3-6 알돌 축합반응

aldehyde와 ketone은 알칼리의 존재하에서 자기부과(self-addition) 반응을 하여 2분자가 축합하여 aldol을 생성한다.

아세트알데히드의 경우를 보면 다음과 같다.

$$\underset{\text{acetaldehyde}}{2CH_3\overset{O}{\overset{\|}{C}}H} \longrightarrow \underset{\beta\text{-hydroxybutanol}}{CH_3\underset{OH}{\underset{|}{C}}HCH_2\overset{O}{\overset{\|}{C}}H}$$

이것은 고급 carbonyl 화합물일수록 일어나기 쉽다.

다만, α위치에 수소원자가 존재하지 않은 HCHO, $(CH_3)_3CCHO$와 같은 알데히드는 이 축합을 일으키지 않는다.

aldol은 가열하면 쉽게 α, β 불포화 aldehyde를 생성한다.

$$RCH_3CHO + R\overset{\alpha}{C}H_2CHO \longrightarrow R-CH_2\underset{OH}{\overset{\beta}{C}H}-\underset{R}{\overset{\alpha}{C}}HCHO \xrightarrow[\text{탈수}]{\text{가열}} RCH_2\overset{\beta}{C}H\ \ \overset{\alpha}{C}CHO$$

8-3-7 알코올의 첨가

소량의 산 및 염기의 촉매작용으로 알코올은 알데히드와 케톤에 첨가되면 히드록시기와 알콕시기가 동일탄소에 결합된 헤미아세탈(hemiacetal)을 형성하며

$$\underset{\text{acetaldehyde}}{CH_3\overset{O}{\overset{\|}{C}}-H} + CH_3OH \xrightarrow{HCl} \underset{\text{hemiacetal}}{CH_3-\underset{OCH_3}{\overset{H}{C}}-OH}$$

알데히드와 케톤을 산 존재하에 과량의 알코올로 처리하면 아세탈(acetal)이 형성된다. 이 아세탈은 동일탄소에 두 개의 알콕시기를 가지고 있는 화합물이다.

$$CH_3-\underset{OCH_3}{\overset{H}{C}}-OH + CH_3OH \xrightarrow{HCl} \underset{\text{acetal}}{CH_3\underset{OCH_3}{\overset{OCH_3}{C}}-H} + H_2O$$

아세탈구조는 많은 중요한 생물학적 화합물에서 발견된다.

즉 glucose, ribose, fructose 등과 같은 몇 가지 당은 자연에 고리형 헤미아세탈로 존재한다.

8-4 중요한 알데히드와 케톤

8-4-1 Formaldehyde(HCHO, b.p. 21℃)

가장 간단한 aldehyde로서 자극성의 냄새가 있는 무색의 기체이며

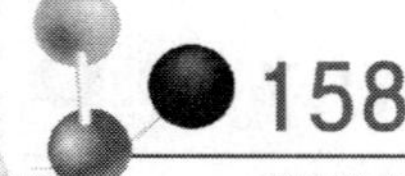

methanol을 산화시켜 만든다. formalin은 formaldehyde의 약 40% 수용액이며 formaldehyde는 수용액 중에서 다음과 같은 수화물로서 존재한다.

$$HCHO + H_2O \longrightarrow CH_2(OH)_2$$

dihydroxy methane

또 각종 중합, 축합반응을 일으키며 formaldehyde는 α탄소가 없으므로 Cannizaro 반응을 일으킨다. 포름알데히드에 NH_3를 작용시키면 hexamethylenetetramine($(CH_2)_6N_4$)이란 결정성 화합물을 얻는다.

이뇨제나 폭약제조에 이용되고, 이것을 urotropone이라고도 한다.

$$6HCHO + 4NH_3 \longrightarrow (CH_2)_6N_4 + 6H_2O$$

hexamethylene tertramine
(urotropine)

포르말린은 살균소독제로 이용하고 또한 단백질을 응고시켜서 물에 녹지 않는 물질로 만드므로 시체 등을 부패하지 않게 보존하는데 쓰이며 여러 가지 생물 및 조직들의 표본 보존제로 이용된다.

8-4-2 Acetaldehyde(CH_3CHO, b.p. 20.8℃)

알코올발효 또는 탄수화물대사 과정에서 중간물질로 만들어지는 생물학적으로 중요한 물질로서 자극성 냄새가 강한 휘발성 액체로서 물, ether, 알코올에 잘 녹는다.

아세트알데히드도 포름알데히드와 같이 중합반응을 하며, 황산 존재하의 상온에서는 삼중체인 파라알데히드(paraldehyde)를 만들고, 저온(0℃)에서는 사중체인 메타알데히드(metaldehyde)를 만든다.

```
        CH3                                 CH3
        |                                   |
        CH                                  CH
      /    \                              /    \
     O      O                   CH3-CH   O      O   CH-CH3
     |      |                        \  O        O  /
CH3-CH      CH-CH3                       \  CH  /
      \    /                                |
        O                                   CH3

    paraldehyde                         metaldehyde
```

paraldehyde　　　　metaldehyde

아세트알데히드는 식초산 및 butanol의 합성원료로 사용된다.

8-4-3 Acrolein

글리세린(glycerine)을 탈수제($KHSO_4$, P_2O_5)와 함께 가열하여 만든다.

$$\begin{matrix} CH_2OH \\ | \\ CHOH \\ | \\ CH_2OH \end{matrix} \xrightarrow{-2H_2O} \begin{matrix} CH_2 \\ \| \\ C \\ \| \\ CHOH \end{matrix} \longrightarrow \begin{matrix} CH_2 \\ \| \\ CH \\ | \\ CHO \end{matrix}$$

glycerine　　　　acrolein

자극성이 심한 액체로 중합되기 쉬우며, 알데히드와 알켄(alkene)의 성질을 가지고 있다.

동물성 유지를 태울 때 자극성 냄새가 나는 것은 아크롤레인에 의한 것이다.

8-4-4 Acetone(CH_3COCH_3, b.p. 56.3℃)

특이한 냄새가 있는 무색의 인화성, 폭발성이 매우 높다. 용제로서 사용되며 여러 가지 합성약품의 원료로서 그 용도가 넓다. acetone의 공업적 제법은 다음과 같다.

$$\text{starch} \xrightarrow{\text{acetone-butanol발효}} \text{aceton}$$

$$2CH_3COOH \xrightarrow[400\sim500℃]{Mno} CH_3COOH_3 + CO_2 + H_2O$$

$$2CH \quad CH \xrightarrow[500℃]{Fe_2O_3\ +\ Zno} CH_3CHOHCH_3 \xrightarrow[400\sim600℃]{Ag,\ Cu} CH_3COCH_3 + H_2O$$

문제 1. aldehyde와 ketone의 성질에 대해서 공통점 및 상이점을 쓰고, 각각의 증명법을 기술하라.

풀이

- 공통점

(1) 부가 : >C=O의 이중결합은 다른 불포화 화합물에서 보는 바와 같이 부가반응을 한다.

a) H_2 Pt나 Ni를 촉매로 하여 수소로 환원하면 알코올로 된다.

$$RCHO + 2H \longrightarrow RCH_2OH \quad (1급\ 알코올)$$

$$\begin{matrix} R \\ R' \end{matrix}\!\!>C \quad O + 2H \longrightarrow \begin{matrix} R \\ R' \end{matrix}\!\!>CHOH \quad (2급\ 알코올)$$

b) $NaHSO_3$ 산성아황산나트륨의 진한 수용액에 의해 결정성의 부가물이 침전한다. 이 부가물은 nfr은 산 또는 묽은 알칼리와 가온하면 용이하게 aldehyde 나 ketone을 재생하므로 aldehyde나 ketone의 분리나 정제에 응용된다.

$$\begin{matrix} CH_3 \\ H \end{matrix}\!\!>C = O + NaHSO_3 \longrightarrow CHCH\!<\!\begin{matrix} SO_3Na \\ OH \end{matrix}$$

$$2CH_3CH\!<\!\begin{matrix} SO_3Na \\ OH \end{matrix} + H_2SO_4 \longrightarrow 2CH_3CHO \quad 2SO_4 \quad Na_2SO_4 \quad 2H_2O$$

$$\begin{matrix} CH_3 \\ CH_3 \end{matrix}\!\!>C = O + NaHSO_3 \longrightarrow \begin{matrix} CH_3 \\ CH_3 \end{matrix}\!\!>C\!<\!\begin{matrix} SO_3Na \\ OH \end{matrix}$$

$$2\begin{matrix} CH_3 \\ CH_3 \end{matrix}\!\!>C\!<\!\begin{matrix} SO_3Na \\ OH \end{matrix} + Na_2CO_3 \longrightarrow 2\begin{matrix} CH_3 \\ CH_3 \end{matrix}\!\!>C = O + CO_2 + 2Na_2SO_3 + H_2O$$

c) HCN 이 부가물을 시안히드린(Cyanhydrin)이라 하며, 가수분해에 의해 α-옥시산으로 된다.

$$\begin{matrix} CH_3 \\ H \end{matrix}\!\!>C = O + HCN \longrightarrow CH_3CH\!<\!\begin{matrix} CN \\ OH \end{matrix} \quad \text{acetaldehyde cyanhydrin}$$

$$\begin{matrix} CH_3 \\ CH_3 \end{matrix}\!\!>C = O + HCN \longrightarrow \begin{matrix} CH_3 \\ CH_3 \end{matrix}\!\!>C\!<\!\begin{matrix} CN \\ OH \end{matrix}$$

d) NH_3 aldehyde는 ether 용액에서 암모니아와 반응하여 결정성의 알데히드 암모니아(Aldehyde-ammonia)를 생성한다. 이것은 산에 의해서 aldehyde을 유리한다.

$$CH_3CHO + NH_3 \underset{\text{산}}{\rightleftarrows} CH_3CH\begin{matrix} / NH_2 \\ \backslash OH \end{matrix}$$

ketone은 복잡한 염기를 생성하며, 결정을 만들지 않는다.

e) Grignard 시약과의 반응

탄화수소의 생성, 2급, 3급 알코올의 생성, 알데히드의 생성, 케톤의 생성, 1급 알코올, 티오알코올(티올, 메르캅탄), 카르복실산의 생성 O_2, S, CO_2를 작용시키고 묽은 산으로 가수분해한다.

(2) 치환 PCl5에 의해서 >C=O의 산소는 염소로 치환되어 디클로로 화합물을 생성한다.

$$CHCHO + PCl_5 \longrightarrow CH_3CHCl_2 + POCl_3$$

$$\begin{matrix} CH_3 \\ CH_3 \end{matrix}\rangle C = O + PCl_5 \longrightarrow \begin{matrix} CH_3 \\ CH_3 \end{matrix}\rangle CCl_2 + POCl_3$$

(3) 축합 동종 또는 이종의 분자가 간단한 물질, 예를 들면 H_2O, HCl 등을 이탈하여 결합하는 것을 축합(Condensation)이라 한다.

a) carbonyl 시약과의 축합 hydroxylamine, hydrazine, semicarbazide과 축합하여 각각 oxime, hydrazone, semicarbazone, semicarbazone을 생성한다. 이것에 의해서 aldehyde나 ketone을 분리, 또는 확인할 수 있다.

- 옥심(Oxime)의 생성

$$CH_3CHO + NH_2OH \longrightarrow \underset{\text{aldoxime}}{CH_3CH = NOH} + H_2O$$

$$\begin{matrix} CH_3 \\ CH_3 \end{matrix}\rangle C = O + NH_2OH \longrightarrow \underset{\text{ketoxime}}{\begin{matrix} CH_3 \\ CH_3 \end{matrix}\rangle C = NOH} + H_2O$$

• 히드라존(hydrazone)의 생성

$$CH_3CHO + H_2N-NH_2 \longrightarrow CH_3CH = N-NH_2 + H_2O$$

$$\begin{matrix}CH_3\\CH_3\end{matrix}\!\!>\!C = O + H_2N-NH_2 \longrightarrow \begin{matrix}CH_3\\CH_3\end{matrix}\!\!>\!C = N-NH_2 + H_2O$$

Phenylhydrazie에 의해서는 페닐히드라존(Phenylhydrazone)을 생성한다.

$$>C = O + H_2N-NHC_6H_5 \longrightarrow >C = N-NHC_6H_5 + H_2O$$

• 세미카르바존(Semicarbazone)의 생성

$$CH_3CHO + H_2NNHCONH_2 \longrightarrow CH_3HC = NNHCONH_2 + H_2O$$

$$\begin{matrix}CH_3\\CH_3\end{matrix}\!\!>\!C = O + H_2NNHCONH_2 \longrightarrow \begin{matrix}CH_3\\CH_3\end{matrix}\!\!>\!C = NNHCONH_2 + H_2O$$

(4) 알돌축합 aldehyde는 알칼리(NaOH, Na_2CO_3)의 존재에서 알데히드 알코올, 즉 알돌(Aldol)을 생성한다. ketone도 같은 방법으로 케톨(Ketol)을 생성한다.

$$\underset{\underset{O}{\|}}{CH_3CH} + CH_3CHO \longrightarrow \underset{\underset{OH}{|}}{CH_3CH}CH_2CHO \quad \text{aldol}$$

$$\begin{matrix}CH_3\\CH_3\end{matrix}\!\!>\!C = O + CH_3COOH_3 \longrightarrow \begin{matrix}CH_3\\CH_3\end{matrix}\!\!>\!\underset{\underset{OH}{|}}{C}CH_2COCH_3 \quad \text{ketol}$$

• 차이점

(1) 산화 : aldehyde는 산화를 받기 쉽고, 따라서 환원성을 가지지만, ketone에는 이런 성질이 없다. 케톤을 강력한 산화제로 산화할 때는 carbonyl이 있는 곳에서 탄소의 결합이 끊기어 탄소 수가 적은 카르복실산으로 된다.

$$RCHO \xrightarrow{O} RCOOH$$

$$RCH_2COCH_2R \xrightarrow{O} RCH_2COOH + RCOOH$$

aldehde는 환원성을 가지기 때문에 암모니아성 질산은의 용액을 환원하여 은경(銀鏡)을 만들고, 페멜링용액(황산동, 주석산, 칼륨, 나트륨, NaOH의 혼합액)을 환원하여 산화제 1등의 적색(赤色)으로 바꾼다.

a) Schiff의 반응 이들의 반응은 aldehyde에 특유하고, ketone에는 인정되지 않으므로 aldehyde의 검출에 이용된다.

b) 은경반응

$RCHO+2AgOH+NH_3+H_2O \rightarrow RCOONH_4+2Ag+2H_2O$

c) Fehling 용액의 환원

$RCHO+2Cu(OH)_2+NaOH \rightarrow RCOONa+Cu_2O+3H_2O$

(2) 중합 저급 aldehyde는 산에 의해서 용이하게 여러 분자가 중합한다.

$$3HCHO \xrightarrow{H_2SO_4} (HCHO)_3 \quad \text{trioxymethylene}$$

$$3CH_2CHO \xrightarrow{H_2SO_4} (CH_3CHO)_3 \quad \text{para aldehyde}$$

문제 2. formaldehyde의 제법과 그의 용도를 써라.

풀이

methyl alcohol의 증기와 공기의 혼합기체를 가열한 촉매(등, 은 등)로 산화한다.

$$CH_3OH + O \xrightarrow[250^{\circ}]{Ag(Cu)} HCHO + H_2O$$

- 용도 : 살균소독용, 의약품 hexamethylentetramine, 합성수지의 원료로서, phenol과 축중합에 의해 베이클라이트(Bakelite)*phenol resin)를 요소와는 요소수지를 만든다.

문제 3. C_3H_6O의 분자식을 가진 2종류의 카르복실 화합물에 대해 어떻게 구별되는가?

풀이

(1) 산화 : aldehyde는 산화를 받기 쉽고, 따라서 환원성을 가지지만, ketone에는 이런 성질이 없다. 케톤을 강력한 산화제로 산화할 때는 carbonyl이 있는 곳에서 탄소의 결합이 끊기어 탄소 수가 적은 카르복실산으로 된다.

$$RCHO \xrightarrow{O} RCOOH$$

$$RCH_2COCH_2R \xrightarrow{O} RCH_2COOH + RCOOH$$

aldehde는 환원성을 가지기 때문에 암모니아성 질산은의 용액을 환원하여 은경(銀鏡)을 만들고, 페멜링용액(황산동, 주석산, 칼륨, 나트륨, NaOH의 혼합액)을 환원하여 산화제 1등의 적색(赤色)으로 바꾼다.

a) Schiff의 반응 이들의 반응은 aldehyde에 특유하고, ketone에는 인정되지 않으므로 aldehyde의 검출에 이용된다.

b) 은경반응

$RCHO+2AgOH+NH_3+H_2O \rightarrow RCOONH_4+2Ag+2H_2O$

c) Fehling 용액의 환원

$CHO+2Cu(OH)_2+NaOH \rightarrow RCOONa+Cu_2O+3H_2O$

(2) 중합 저급 aldehyde는 산에 의해서 용이하게 여러 분자가 중합한다.

$$3HCHO \xrightarrow{H_2SO_4} (HCHO)_3 \quad \text{trioxymethylene}$$

$$3CH_3CHO \xrightarrow{H_2SO_4} (CH_3CHO)_3 \quad \text{para aldehyde}$$

문제4. aldehyde와 ketone에 다음의 화학조작을 할 때 만일 반응이 일어난다면 그 반응 생성물의 일반 구조식과 명칭을 써라

a) Nichrao로 수소를 작용시킨다.
b) KCN의 존재하에 청산을 작용시킨다.
c) Grignardtldir을 작용시키고, 다음에 가수분해한다.
d) phenylhydrazine를 가하고 가온한다.
e) 암모니아성 질산은을 가한다.
f) PCl6를 작용시킨다.
g) hydroxylamine을 작용시킨다.
h) Fehling 용액을 가하고 가열한다.

풀이

Aldehyde	Ketone
(a) RCH_3OH 1급 알코올	$\begin{matrix}R\\R'\end{matrix}>CHOH$ 2급 알코올
(b) $\begin{matrix}R\\H\end{matrix}>C<\begin{matrix}OH\\CN\end{matrix}$ 알데히드 시안히드린	$\begin{matrix}R\\R'\end{matrix}>C<\begin{matrix}OH\\CN\end{matrix}$ 케톤 시안히드린

(c) $R'CHO + RMgX \longrightarrow R'-\underset{\displaystyle R}{\underset{|}{C}}H-OMgX \xrightarrow{H_2O} R'\ \underset{\displaystyle R}{\underset{|}{C}}H\ OH$ 2급알코올

$\begin{matrix}R'\\R''\end{matrix}>C=O + RMgX \longrightarrow \begin{matrix}R'\\R''\end{matrix}>\underset{\displaystyle R}{\underset{|}{C}}-OMgX \xrightarrow{H_2O} \begin{matrix}R'\\R''\end{matrix}>\underset{\displaystyle R}{\underset{|}{C}}-OH$ 3급알코올

(d) $\begin{matrix}R\\H\end{matrix}\ C\ \ N\ NHC_3H_5$ phenyl hydrazone	$\begin{matrix}R\\R'\end{matrix}\ C\ \ N\ NHC_3H_5$ phenyl hydrazone
(e) 은경반응(본문 참조)	반응하지 않음
(f) $\begin{matrix}R\\H\end{matrix}>C<\begin{matrix}Cl\\Cl\end{matrix}$ dichloride	$\begin{matrix}R\\R'\end{matrix}>C<\begin{matrix}Cl\\Cl\end{matrix}$ dichloride
(g) $\begin{matrix}R\\H\end{matrix}>C=NOH$ aldoxime	$\begin{matrix}R\\R'\end{matrix}>C=NOH$ ketoxime
(h) Fehling 용액을 환원(본문 참조)	환원하지 않음

문제 5. acetylene에서 acetaldehyde를 거쳐 n-butylalcohol을 공업적으로 제조하는 방법을 써라.

풀이

$$CH = CH \xrightarrow[H_2SO_4]{H_2O} CH_3CHO \xrightarrow[NaOH]{\text{알돌축합}} \underset{\displaystyle OH}{CH_3\underset{|}{C}HCH_2CHO} \xrightarrow[\text{가열}]{-H_2O}$$

$$\underset{\text{crotonaldehyde}}{CH_3CH = CHCHO} \xrightarrow[Ni]{H_2} CH_3CH_2CH_2CH_2OH$$

문제 6. acetone의 공업적 제법 및 중요한 용도를 써라.

풀이

(a) 초산 Ca의 건류(乾溜)

$$CH \equiv CH \longrightarrow CH_3CHO \longrightarrow CH_3COOH \xrightarrow{Ca(OH)_2}$$
$$(CH_3COO)_2Ca \xrightarrow{\text{건류}} CH_3COCH_3$$

(b) 전분이나 당류의 acetone-butanol 발효

(c) 목제건류(木梯乾溜)에 의해 얻은 목초액에서 얻는다.(문제 3참조)

(d) isopropyl alcohol의 산화

$$\text{석유} \xrightarrow{\text{cracking}} \underset{\text{propylene}}{CH_3CH = CH_2} \xrightarrow{H_2O} \underset{\text{isopropylalcohol}}{CH_3\underset{|}{\overset{}{C}}HCH_3 \atop \quad OH} \xrightarrow{\text{산화}} \underset{\text{acetone}}{CH_3\underset{||}{C}CH_3 \atop \quad O}$$

- 용도 : 용매, 합성수지(metaacryl 산 수지), 섬유공업, 의약품 (클로로포름, Iodoform, sulfonal 등)의 원료.

문제 7. acetaldehyde에서 다음의 화합물을 합성하는 경로를 표시하고, 또한 생성물의 특성을 1개씩 써라.

(a) 젖산 (b) alanine

풀이

(a)

$$CH_3CHO \xrightarrow{HCN} \underset{\displaystyle OH}{CH_3\underset{|}{C}HCN} \xrightarrow{H_2O} \underset{\displaystyle OH}{CH_3\underset{|}{C}HCOOH}$$

(b)

$$CH_3CHO + HCN + NH_3 \longrightarrow \underset{\displaystyle NH_2}{CH_3\underset{|}{C}HCN} \xrightarrow{H_2O} \underset{\displaystyle NH_2}{CH_3\underset{|}{C}HCOOH}$$

문제 8. $C_5H_{11}OH$로 된 alcohol을 산화하여 ketone을 얻었다. 또 이 alcohol의 탈수생성물인 불포화 탄화수소를 산화하여 ketone과 산의 혼합물을 얻었다. 이 알콜의 명칭 및 구조식을 쓰고, 그 이유를 써라.

풀이

산화하여 ketone을 얻으므로 이 알코올의 -OH는 2급이다.

$$\begin{matrix} CH_3 \\ CH_3 \end{matrix} \rangle CHCHCH_3 (OH) \xrightarrow{-2H} \begin{matrix} CH_3 \\ CH_3 \end{matrix} \rangle CHCCH_3 (=O)$$

$$\downarrow -H_2O$$

$$\begin{matrix} CH_3 \\ CH_3 \end{matrix} \rangle C = CHCH_3 \xrightarrow{O_2} \begin{matrix} CH_3 \\ CH_3 \end{matrix} \rangle C = O + CH_3COOH$$

문제 9. acrolein의 화학구조식을 쓰고 그의 성질을 기술하라.

풀이

arylalcohol을 Ag_2O로 산화하든가, glycerine을 탄수제 P_2O_5와 가열하면 생기는 자극취가 있는 액체이다.

$$\underset{\text{arylalcohol}}{CH_2 = CHCH_2OH} \longrightarrow \underset{\text{acrolein}}{CH_2 = CHCHO} + H_2O$$

$$\underset{\text{glycerine}}{C_3H_5(OH)_3} \longrightarrow CH_2 = CHCHO + 2H_2O$$

acrolein은 aldehyderl를 가지므로 환원성, 부가반응, carbonyltldir과의 결합 등을 나타낸다. 또 불포화화합물로서 할로겐이나 할로겐화 수소를 용이하게 부가한다.

$CH_2=CHCHO+Br_3 \rightarrow CH_2Br-CHBr-CHO$

중합하기 쉽고 저장하는 동안 고체로 된다.

문제 10. 탄화수소 C_6H_{12}를 dzone 분해하여 분자식 C_3H_6O의 2종의 carbonyl화합물을 얻었다. 그 중 하나만이 Fehling 용액을 환원한다. 이 탄화수소의 구조식을 써라.

풀이

문제 3 참조

carbonyl화합물은 propione aldehyde와 acetone이다.

구조식 : $CH_3CH_2CH=C(CH_3)_2$

제9장

카르복실산과 그 유도체

카르복실산(carboxylic acid)은 분자 중에 $-\overset{O}{\overset{\|}{C}}-OH$ (carboxyl기)를 가진 화합물로서 유기산이라고도 한다.

카르복실(carboxyl)이란 말은 카르보닐(carbonyl, >C= O)기와 히드록실(hydroxyl, -OH)기로 구성되어 있다는 뜻이며, 일반적으로 그 수용액은 약한 액체를 띠고 있다.

카르복실산에는 한 분자 내에 카르복실기가 한 개 있는 1염기산(monocarboxylic acid)과 두 개 있는 2염기산(dicarboxylic acid), 3염기산 등으로 구별하기도 하고 지방족에 카르복실기가 붙은 지방족 카르복실산(aliphatic carboxylic acid)과 방향족에 카르복실기가 붙은 방향족 카르복실산(aromatic carboxylic acid)으로 구별하기도 한다.

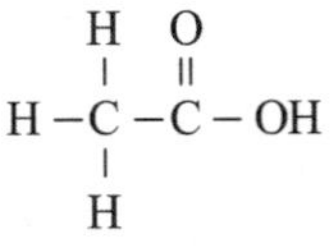

$$H-\underset{H}{\overset{H}{\underset{|}{\overset{|}{C}}}}-\overset{O}{\overset{\|}{C}}-OH$$

acetic acid
(aliphatic acid)

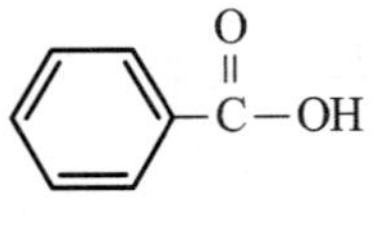

$$C_6H_5-\overset{O}{\overset{\|}{C}}-OH$$

benzoic acid
(aromatic acid)

$$R-COOH$$

monocarboxylic acid

$$HOOC-(CH_2)_n-COOH$$

dicarboxylic acid

지방족 카르복실산은 때로는 지방산으로 불리며 그것은 이러한 산들이 천연지방에서 쉽게 얻어지기 때문이다.

카르복실산은 자연에 널리 존재하는데 특히 감귤류 중의 시트르산(citric acid), 과일 및 채소 속의 옥살산(oxalic acid), 식초 속의 아세트산(acetic acid), 단백질 중의 아미노산, 지질 중의 지방산(fatty acid) 등은 우리 주변에서 가장 흔히 볼 수 있는 것이다.

카르복실산 유도체는 카르복실기의 히드록시 대신 다른기나 원자가 치환된 화합물이다.

산 할로겐 화합물, 산 무수물, 에스테르, 아미드 및 카르복실산염은 히드록시기 대신 할로겐원자, 아실옥시기, 알콕시기, 아미노기와 산소이온이 결합된 것이다.

9-1 명명법

카르복실산은 분자 내에 1개 이상의 카르복실기(-COOH)을 갖는 유기화합물로 정의한다.

카르복실산은 자연에 독립된 산으로 혹은 산 유도체로 널리 존재하므로 인간이 일찍 알게 된 유기화합물이다. 이들 카르복실산은 관용명으로 더 알려져 있으며 흔히 산을 만들어낸 원료를 표시하는 라틴어 또는 그리스에서 유래되기도 하였다.

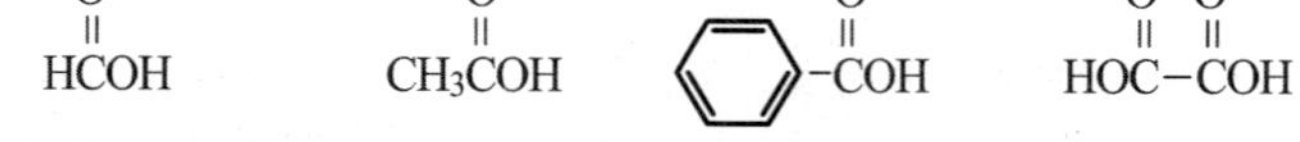

$H\overset{O}{\overset{\|\|}{C}}OH$	$CH_3\overset{O}{\overset{\|\|}{C}}OH$	$C_6H_5-\overset{O}{\overset{\|\|}{C}}OH$	$HO\overset{O}{\overset{\|\|}{C}}-\overset{O}{\overset{\|\|}{C}}OH$
formic acid	acetic acid	benzoic acid	oxalic acid

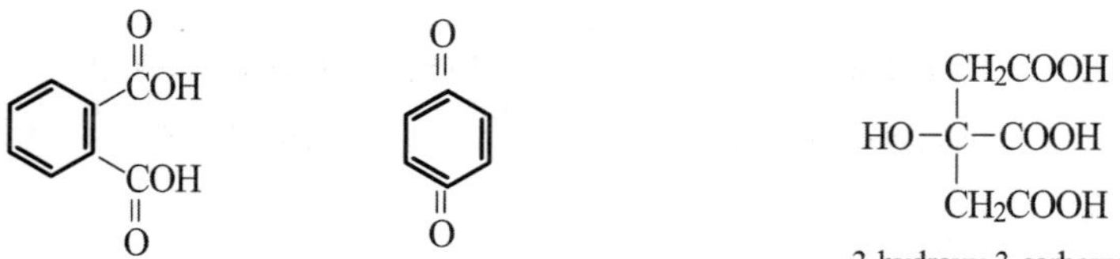

$C_6H_4(\overset{O}{\overset{\|\|}{C}}OH)_2$	$C_6H_4(\overset{O}{\overset{\|\|}{C}}OH)_2$	$HO-C(CH_2COOH)_2-COOH$
phthalic acid	terephthalic acid	3-hydroxy-3-carboxy pentanedioic acid (citric acid)

IUPAC법은 탄화수소의 어미를 -e를 -oic로 바꾸어 부른다. 카르복실기는

그 구조가 알데히드기와 비슷하기 때문에 탄소사슬 끝에 붙게 되어 있다. 사슬 중에 치환된 부분이 있을 때는 그 위치를 α, β, γ……로 표시하는 방법과 탄소번호 (이 때는 카르복실 탄소가 1번이 됨)로 표시하는 방법이 있다.

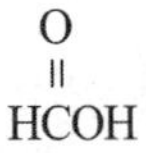

HCOOH (HCOH, C=O)	CH_3COH (C=O)	CH_3CH_2COH (C=O)	$CH_3CH_2CH_2COH$ (C=O)
methanoic acid (formic acid)	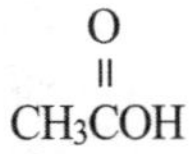 ethanoic acid (acetic aicd)	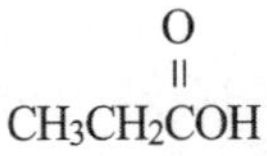 propanoic aicd (propionic acid)	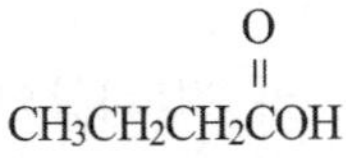 butanoic acid (bytyric aicd)

디-산(di-acid), 삼-산(tri-acid) 등은 같은 수의 탄소를 포함하는 탄화수소의 이름 끝에 -dioic acid, -trioic acid 등을 붙인다. 많은 이들 화합물에 대해서 관용명이 쓰여진다. 몇가지 예를 들어 본다. 괄호 안은 관용명이다.

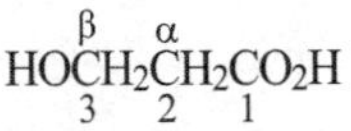

$HO\overset{\beta}{C}H_2\overset{\alpha}{C}H_2CO_2H$ (3 2 1)	HOC–COH (C=O, C=O)	$HOCCH_2COH$ (C=O, C=O)
3-hydroxypropanoic aicd (β-hydroxypropionic acid)	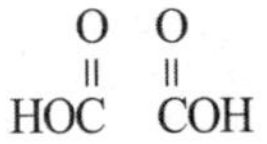 ethanedioic acid (oxalic acid)	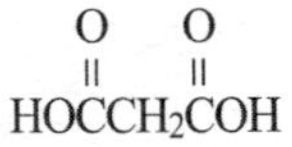 1, 3-propanedioic acid (malonic acid)
$HOC(CH_2)_2COH$ (C=O, C=O)	$HOOC(CH_2)_3COOH$	$HOC(CH_2)_4COH$ (C=O, C=O)
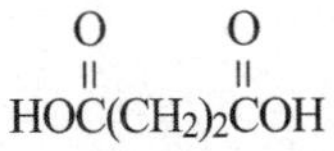 1, 4-butanedioic acid (succinic acid)	1, 5-pentanedioic acid (glutaric acid)	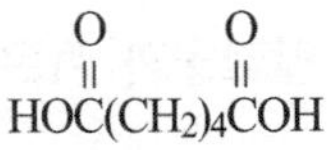 1, 6-hexanedinic acid (adpic acid)

카르복실산에서 히드록시기를 제거한 잔유기를 아실기(acyl group)라 하는데 관용명은 해당산의 영어명에서 "ic acid"를 떼고 "yl"를 붙여서 명명하고 IUPAC명은 "oic acid" 대신 "oyl"를 붙여서 명명한다.

다음 예 중 괄호안은 IUPAC명이다.

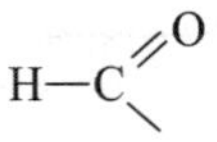

H–C(=O)–	CH_3C(=O)–
formyl group (methanoyl group)	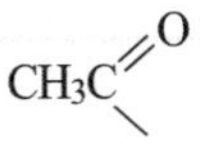 acetyl group (ethanoyl group)
CH_3CH_2–C(=O)–	C_6H_5–C(=O)–
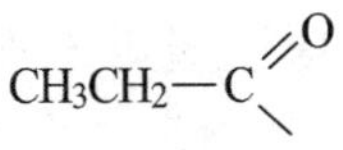 propionyl group (propanoyl group)	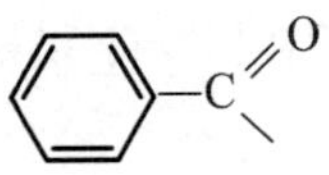 benzoyl group

9-2 물리적 성질

카르복실산은 알코올처럼 히드록시기를 가지고 있으므로 수소결합이 가능하다. 카르복시산의 O-H결합은 알코올보다 더 편극화되어 있고 따라서 알코올보다 더 강한 수소결합을 한다. 카르복실산은 고체 액체 및 기체 상태에서도 어느 정도 고리모양의 이합체(dimer)로 존재한다.

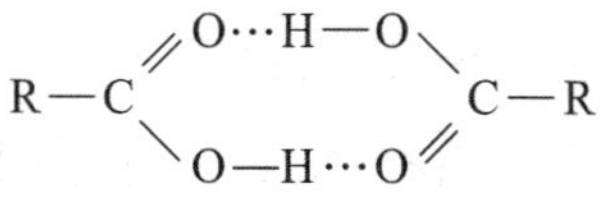

$$R-C\begin{matrix}\diagup\!\!\!\!\diagup O\cdots H-O \diagdown \\ \diagdown O-H\cdots O \diagup\!\!\!\!\diagup\end{matrix}C-R$$

그러므로 카르복실산의 끓는점은 분자량이 비슷한 알코올의 끓는점보다 높다.

표 9-1 알코올과 카르복실산의 끓는점 비교

구조	명칭	분자량	끓는점(℃)
HCOOH CH_3CH_2OH	formic acid ethanol	46 46	100 78
CH_3CH_2COOH $CH_3CH_2CH_2CH_2OH$	propionic acid 1-butanol	74 74	141 110
 C_6H_5-COOH	benzoic acid	122	250
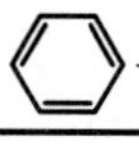 $C_6H_5-CH_2CH_2OH$	2-pheylethanol	122	220

탄소수가 2~5개 정도인 카르복실산은 자극성 냄새를 가진 액체이고 물에 대한 용해도는 탄소 수가 비슷한 알코올과 거의 같다. 탄소 수가 6개 이상이면 물에 거의 녹지 않는다. 몇 가지 산에 대한 물리적 성질을 표 9-2에 나타내었다.

표 9-2 몇 가지 산의 물리적 성질

명칭	구조	끓는점.(℃)	녹는점.(℃)	용해도 g/100g의 H²O, 25℃
formic acid	$HCOOH$	101	8	
acetic acid	CH_3COOH	118	17	
propionic acid	CH_3CH_2COOH	141	-22	잘 용해됨
n-butyric acid	CH_3CH_2COOH	164	-8	
caproic acid	$CH_3(CH_2)_4COOH$	202	-1.5	0.4
capric acid	$CH_3(CH_2)_8COOH$	268	31	
palmitic acid	$CH_3(CH_2)_{14}COOH$	356	64	거의 불용성
stearic acid	$CH_3(CH_2)_{16}COOH$	383	69	
benzoic acid	C_6H_5COOH	249	122	약 0.4
oxalic acid	$(COOH)_2$	-	189	약 15

9-3 카르복실산의 산성도

카르복실산은 수용액 중에서 다음과 같이 해리하여 산성을 나타내고 염기성이 강한 물질에 양성자를 제공할 수 있다.

$$R-\underset{\underset{O}{\|}}{C}-O-H \rightleftharpoons R-\underset{\underset{O}{\|}}{C}-O^{\ominus}+H^{\oplus}$$

carboxylicd acid　　　carboxylate anoion

또는

$$R-\underset{\underset{O}{\|}}{C}-O-H+H_2O \rightleftharpoons R-\underset{\underset{O}{\|}}{C}-O^{\ominus}+H_3O^{\oplus}$$

이 반응식의 이온화상수(K_a)는 산의 강도를 나타내는 척도이며 다음과 같이 표현된다.

$$K_a = \frac{[RCOO^{\ominus}][H_3O^{\oplus}]}{[RCOOH]}$$

H_3O 이온의 농도가 능가할수록 Ka값이 증가하고 산성도는 증가한다. 아세트산의 K_a값은 1.8×10^{-5}이고 몇가지 카르복실산의 이온화상수는 표 9-3과 같다.

카르복실산이 이온화하면 카르복실산음이온(carboxylate anion)이 생기고 공명구조로 인해 전자의 비편재화(delocalization)가 일어난다.

표 9-3 몇 가지 카르복실산의 이온화상수

명칭	구조	Ka
acetic acid	CH_3COOH	1.8×10^{-5}
propionic acid	CH_3CH_2COOH	1.4×10^{-5}
n-butyric acid	CH_3CH_2COOH	1.6×10^{-5}
formic acid	$HCOOH$	2.1×10^{-5}
chloroacetic acid	$ClCH_2COOH$	1.5×10^{-5}
dichloroacetic acid	$Cl_2CHCOOH$	5.0×10^{-5}
trichloroacetic acid	Cl_3CCOOH	2.0×10^{-5}
2-chlorobutyric acid	$CH_3CH_2CHClCOOH$	1.4×10^{-5}
3-chlorobutyric acid	$CH_3CHClCH_2COOH$	8.9×10^{-5}
benzoic acid	C_6H_5COOH	6.6×10^{-5}
o-chlorobenzoic acid	o-ClC_6H_4COOH	12.5×10^{-4}
m-chlorobenzoic acid	m-ClC_6H_4COOH	1.6×10^{-4}
p-chlorobenzoic acid	p-ClC_6H_4COOH	1.0×10^{-4}
p-nitrobenzoic acid	p-$NO_2C_6H_4COOH$	4.0×10^{-4}
phenol	C_6H_5OH	1.0×10^{-10}
ethanol	CH_3CH_2OH	about 10^{-20}

$$R-\overset{\overset{O}{\|}}{C}-O-H \rightleftharpoons \left\{ R-\overset{\overset{O}{\|}}{C}-O^{\ominus} \longleftrightarrow R-\underset{\underset{O^{\ominus}}{|}}{C}=O \right\} + H^{\oplus}$$

전자의 비편재화는 카르복실산음이온을 공명에너지에 의해 안정화시키기 때문에 카르복실산은 알코올보다 강산이다.

카르복실산에 결합된 치환기도 카르복실산음이온의 안정도에 영향을 준다. 할로겐이나 니트로기와 같은 전자를 끄는 치환기는 음이온의 안정화에 기여하고 따라서 산성도를 증가시킨다. 예를 들면, 탄소-염소결합은 염소가 탄소보다 전기음성도가 크기 때문에 극성결합이다. 카르복실산에 염소가 치환되면 이온화되어 생성된 카르복실산음이온은 염소로 인해 부분적인 양전하를 띄는 α-탄소에 의해 안정화된다.

$$\overset{\delta\ominus}{Cl}-\overset{\delta\oplus}{CH_2}-COOH \rightleftharpoons \overset{\delta\ominus}{Cl}-\overset{\delta\oplus}{CH_2}-COO^{\ominus}+H^{\oplus}$$

카르복실산 산성도에 대한 치환기효과를 유발효과(inductive effect)라 한다. 이 효과는 치환기의 전기음성도 크기, 치환기와 카르복실기의 거리 및 알킬기의 크기에 따라 달라진다.

표 9-4 카르복실산의 산성도에 대한 치환기의 효과

치환기 효과	Acid	$Ka \times 10^5$
알킬그룹의 증가	H-COOH	17
	CH_3-COOH	1.75
	CH_3-CH_2-COOH	1.3
전자를 당기는 치환기 증가	CH_3-COOH	1.75
	$ClCH_2$-COOH	136
	Cl_2CH-COOH	5530
	Cl_3C-COOH	23200
전기음성도 증가	I-CH_2-COOH	67
	Br-CH_2-COOH	125
	Cl-CH_2-COOC	136
	F-CH_2-COOH	260
카르복실기와 치환기의 거리	$CH_3-CH_2-\underset{Cl}{CH}-COOH$	139
	$CH_3-\underset{Cl}{CH}-CH_2-COOH$	8.9
	$Cl-CH_2-CH_2-CH_2-COOH$	2.96

9-4 제법

9-4-1 1급알코올의 산화

$$R-CH_2OH + H_2Cr_2O_7 \rightarrow R-COOH$$

1급 알코올을 크롬산으로 산화하면 카르복실산이 생성된다.

9-4-2 알데히드의 산화

$$R-CHO \xrightarrow{[O]} RCOOH$$

알데히드도 쉽게 산화되어 카르복실산이 된다. 알데히드는 실온에서 대기 중에 존재하는 산소에 의해 점차 산화되어 카르복실산으로 변한다.

9-4-3 방향족 화합물의 곁사슬 산화

$$C_6H_5-R \xrightarrow[\text{가열}]{KMnO_4} C_6H_5-COOH$$

알킬기가 치환된 방향족화합물을 산화제($KMnO_4$)로 처리하면 벤조산을 얻을 수 있다.

$$C_6H_5-CH_2CH_3 \xrightarrow{KMnO_4} C_6H_5-COOH$$

$$CH_3-C_6H_4-CH_3 \xrightarrow{KMnO_4} HOOC-C_6H_4-COOH$$

$$O_2N-C_6H_4-CH_3 \xrightarrow{KMnO_4} O_2N-C_6H_4-COOH$$

9-4-4 Grignard 합성법

$$R-MgBr \xrightarrow{CO_2} R-\underset{\underset{O}{\|}}{C}-OMgBr \xrightarrow{H_3O^{\oplus}} R-COOH$$

카르보닐화합물에 Grignard 시약의 첨가에 대해서는 앞서 기술한 바 있다. Grignard 시약과 이산화탄소와의 반응도 동일한 메커니즘으로 진행되며 중간 생성물인 카르복실산의 브로모마그네슘염이 생긴다. 이 중간체를 묽은 산으로 처리하면 쉽게 가수분해되어 카르복실산이 얻어진다.

$$O=C=O + R-MgBr \longrightarrow O=\underset{\underset{R}{|}}{C}-\underset{\underset{MgBr}{|}}{O} \text{ 또는 } R-\underset{\underset{O}{\|}}{C}-OMgBr$$

bromomagnesium carboxylate

이 반응은 할로겐화알킬이나 할로겐화아릴에서 탄소수가 하나 더 증가된 카르복실산 합성에 이용할 수 있다.

$$CH_3\underset{\underset{CH_3}{|}}{C}H-Br \xrightarrow[ether]{Mg} CH_3-\underset{\underset{CH_3}{|}}{C}H-MgBr \xrightarrow[2\ H_3O^{\oplus}]{1\ CO_2} CH_3\underset{\underset{CH_3}{|}}{C}H-COOH$$

9-4-5 니트릴의 가수분해

$$R-CN + H_2O \xrightarrow[\text{가열}]{H^{\oplus}} R-COOH + NH_4^{\oplus}$$

니트릴을 산수용액에서 가수분해하면 카르복실산이 된다. 일반적으로 할로겐화알킬은 NaCN 또는 KCN과 반응시키면 S_N2 반응이 일어나 니트릴이 된다. 그러므로 이 반응을 이용하면 할로겐화알킬에서 탄소수가 하나 증가한 카르복실산을 얻을 수 있다.

$$C_6H_5-CH_2Cl \xrightarrow{HaCN} C_6H_5-CH_2-CN \xrightarrow{H_2O^{\oplus}} C_6H_5-CH_2COOH$$

9-5 카르복실산의 반응

9-5-1 에스테르화 반응(esterification)

$$C_6H_5-COOH + CH_3CH_2OH \overset{H^{\oplus}}{\rightleftharpoons} C_6H_5-COOCH_2CH_3 + H_2O$$

ethylbenzoate

산의 존재하에 카르복실산과 알코올에 작용하면 에스테르를 생성한다. 에스테르의 명명법은 산의 끝 -ic을 -ate로 바꾸어 만든다. 이때 알코올로부터 유도된 알킬기나 아릴기의 이름을 앞에 붙인다.

9-5-2 염의 생성

$$R-COOH + NaOH \longrightarrow R-COO^{\ominus} Na^{\oplus} + H_2O$$

sodium carboxylate

카르복실산은 수산화물이온과 같은 염기와 반응하여 카르복실산염과 물을 생성한다. 카르복실산염은 공업적으로 이용되고 있다. 염색공업에 아세트산나트륨(sodium acetate)이 사용되고 벤조산나트륨(sodium benzoate)은 식품보존제이다.

9-5-3 환원반응

$$R\text{-}COOH + LiAlH_4 \rightarrow R\text{-}CH_2OH$$

카르복실산을 수소화알루미늄리튬으로 환원하면 해당하는 1급 알코올이 된다. 수소화붕소나트륨($NaBH_4$)이나 수소첨가로서 이 반응을 완결하기는 어렵다.

9-5-4 할로겐 치환반응

$$R-\overset{\alpha}{C}H_2-COOH + X_2 \xrightarrow{P} R-\underset{\displaystyle X}{\underset{|}{CH}}-COOH + HX$$

소량의 인 존재하에서 할로겐과 카르복실산을 반응시키면 α-할로겐 카르복실산이 얻어 진다. 이 반응을 Hell-Volhard-Zelinsky반응이라 한다.

9-5-5 산할로겐화물 생성

$$R-\underset{\underset{\displaystyle O}{\|}}{C}-OH \xrightarrow[\text{또는 } PCl_3]{SOCl_2} R-\underset{\underset{\displaystyle O}{\|}}{C}-Cl$$

카르복실산은 염화티오닐($SOCl_2$), 오염화인 및 삼염화인과 반응하여 산할로겐화물을 만든다.

9-6 디카르복실산(dicarboxylic acid)

디카르복실산은 분자내에 작용기로 카르복실기를 2개 가지고 있는 2염기산이다. 지방족 디카르복실산은 대체로 관용명이 널리 알려져 있다. IUPAC 명명법에서는 접미어로 -dioic acid를 붙여 부른다. 디카르복실산은 실온에서 고체이며 합성중간체 또는 공업적으로 유용한 물질이다. 간단한 디카르복실산의 물리적인 성질은 표 9-6과 같다.

표 9-6 몇 가지 디카르복실산의 물리적 성질

명 칭	구 조	녹는점(℃)	녹는점(℃)	pK3 25
oxalic acid	HOOC-COOH	190	-	1.46
malonic acid	HOOC-CH_2-COOH	135	-	2.80
succinic acid	HOOC-$(CH_2)_2$-COOH	187	235	4.17
glutaric acid	HOOC-$(CH_2)_3$-COOH	98	303	-
adipic acid	HOOC-$(CH_2)_4$-COOH	152	340	-
pimelic acid	HOOC-$(CH_2)_5$-COOH	105	-	-
maleic acid	HOOC-CH=CH-COOH(*cis*)	131	-	-
fumaric acid	HOOC-CH=CH-COOH(trnas)	287	-	-

9-6-1 옥살산(IUPAC명 : ethanedioic acid)

옥살산은 자연계 식물(대황)에 들어 있다. 옥살산은 독성이 매우 강하다. 특히 공업적으로는 세척제 혹은 환원제로 이용되고 있다.

9-6-2 말론산(IUPAC명 : propacedioic acid)

말론산은 디에틸에스테르 형태가 유기합성에 이용된다. 산을 가열하면 탈탄산(decarbocylation)이 일어난다.

$$HOOC-CH_2-COOH \xrightarrow{\Delta} CH_3COOH + CO_2$$

9-6-3 숙신산(IUPAC명 : butanedioic acid)

숙신산은 16세기에 호박을 가열하여 증류물 중에서 얻어낸 것이 처음이다. 숙신산은 화석에서 천연적으로 생성되며 락카, 염료, 사진공업에 이용된다.

9-6-4 글루타르산(IUPAC명 : pentanedioic acid)

글루타르산은 사탕무 뿌리에 함유되어 있다.

9-6-5 아디프산 (IUPAC명 : hexanedioic acid)

아디프산은 사탕무 즙에 들어 있다. 공업적으로는 시클로헥산올을 진한 질산으로 산화시켜 얻고 있다. 공업적인 용도로는 나일론 및 그 밖의 고분자물질의 재료로 많이 사용된다.

9-6-6 푸말산(*trans* - butenedioic acid)과 말레인산(*cis* - butenedioic acid)

푸말산은 식물 및 동물의 호흡에 필요한 성분이고 말레인산은 약간 독성이 있다.

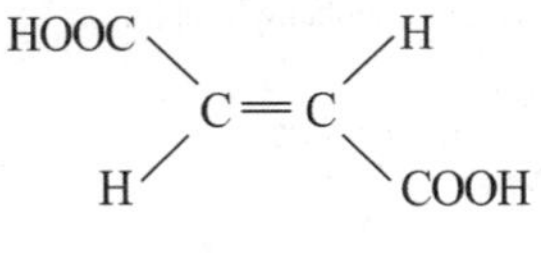

HOOC\ /H C=C H/ \COOH

fumaric acid
(*trans*-butenedioic acid)

HOOC\ /COOH C=C H/ \H

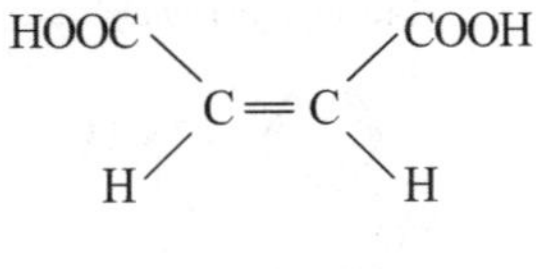

maleic acid
(*cis*-butenedioic acid)

9-6-7 프탈산(IUPAC명 : 1,2-benzen dicarboxylic acid)

프탈산은 o-크실렌을 산화하여 얻는다.

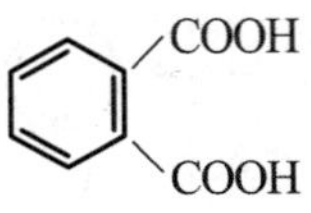

COOH
COOH

9-7 산 할로겐화물(acid halide)

산 할로겐화물은 카르복실기에 결합된 히드록시기 대신 할로겐이 치환된 산유도체로 일반식을 RCOX로 표시한다. RCO-를 아실기(acyl group)라 부르기 때문에 산 할로겐화물을 할로겐화아실(acyl halide)라고도 한다. 그 중 염화아실(acyl chloride)은 주로 합성 중간체로 사용되며 반응성이 큰 화합물이기 때문에 습기를 피해 저장해야 한다.

9-7-1 명명법

염화아실의 명명은 해당되는 카르복실산을 기본으로 한다. 카르복실산의 어미 "-ic acid"를 "-yl chloride"로 바꾸어 명명한다.

CH_3CH_2COOH — propanoic acid, propionic acid

$CH_3CH_2C(=O)-Cl$ — propanoyl chloride, propionyl chloride

$CH_3CH(CH_3)CH_2CH_2COOH$ — 4-methyl pentanoic acid

$CH_3CH(CH_3)CH_2CH_2C(=O)-Cl$ — 4-methyl pentanoyl chloride

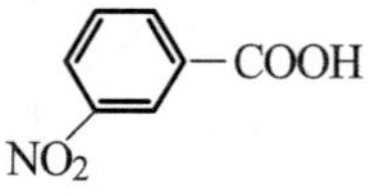

m-$NO_2C_6H_4-COOH$ — *m*-nitrobenzcic acid

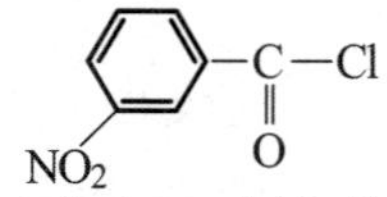

m-$NO_2C_6H_4-C(=O)-Cl$ — *m*-nitrobenzoyl chloride

9-7-2 제법

카르복실산에서 염화아실을 합성하는 방법은 앞절에 이미 기술하였다. 주로 사용되는 시약은 $SOCl_2$, PCl_3, PCl_5 등이다.

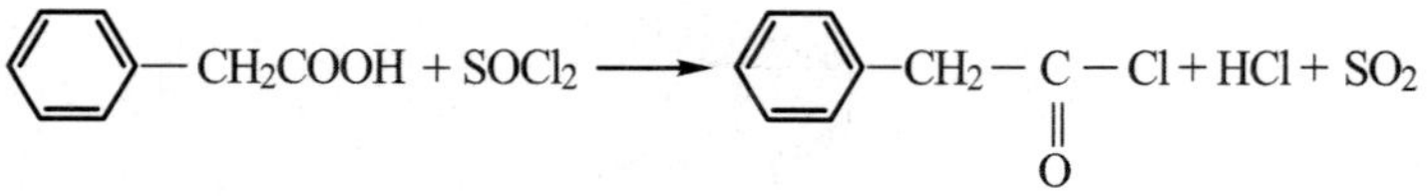

$$C_6H_5-CH_2COOH + SOCl_2 \longrightarrow C_6H_5-CH_2-C(=O)-Cl + HCl + SO_2$$

9-8 산무수물(acid anhydride)

카르복실산 두 분자가 물을 잃어버리고 생성되는 화합물이 카르복실산무수물이다.

$$R-\underset{\underset{O}{\|}}{C}-OH \quad H-O-\underset{\underset{O}{\|}}{C}-R \rightleftharpoons R-\underset{\underset{O}{\|}}{C}-O-\underset{\underset{O}{\|}}{C}-R + H_2O$$

9-8-1 명명법

산무수물은 해당되는 산의 이름에 무수물이라는 말을 붙여 명명한다. 결합된 두 아실기가 서로 다를 경우에는 그중에서 간단한 아실기부터 명명한다.

$$CH_3\underset{\underset{O}{\|}}{C}-O-\underset{\underset{O}{\|}}{C}CH_3$$ acetic anhydride

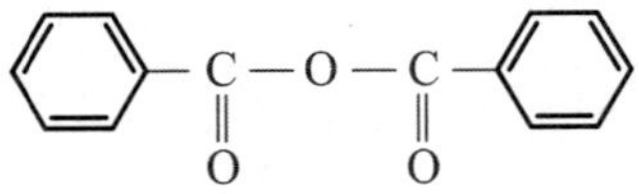

$$C_6H_5-\underset{\underset{O}{\|}}{C}-O-\underset{\underset{O}{\|}}{C}-C_6H_5$$ benzoic anhydride

$$CH_3CH_2-\underset{\underset{O}{\|}}{C}-O-\underset{\underset{O}{\|}}{C}-CH_3$$ acetic propionic anhydride

9-8-2 제법

산무수물은 다음 반응식과 같이 할로겐화아실과 카르복실산염을 반응시켜 얻는다.

$$R-\underset{\underset{O}{\|}}{C}-Cl + R'-\underset{\underset{O}{\|}}{C}-O^{\ominus}Na^{\oplus} \longrightarrow R-\underset{\underset{O}{\|}}{C}-O-\underset{\underset{O}{\|}}{C}-R' + NaCl$$

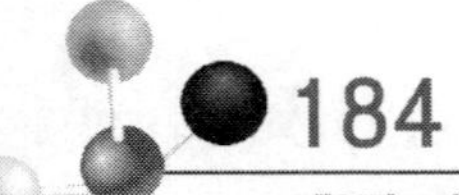

위 반응식을 이용하여 단순한 무수물(R과 R′가 동일)과 혼합된 무수물(R과 R′가 다름)을 각각 합성할 수 있다. 공업적으로 가장 중요한 산무수물은 아세트산무수물(acetic acid anhydride)이며 다음과 같은 방법으로 케텐을 중간체로 하여 대량 생산하고 있다.

$$CH_3\underset{\underset{O}{\|}}{C}CH_3 \xrightarrow{750℃} \underset{+CH_4}{CH_2{=}C{=}O} \xrightarrow{CH_3COOH} CH_3\underset{\underset{O}{\|}}{C}-O-\underset{\underset{O}{\|}}{C}-CH_3$$

디카르복실산을 가열하면 물이 빠지면서 고리형 산무수물이 생성된다.

9-9 에스테르(ester)

카르복실산에 알코올을 작용시켜 에스테르화 반응을 일으키면 에스테르를 얻을 수 있다. 산 또는 알코올 중에서 하나를 과량 사용해서 에스테르가 많이 생성되는 쪽으로 평형을 이동시킬 수 있다. 또한, 반응을 완결시키기 위해서 생성되는 물을 빨리 제거하는 것이 바람직하다.

9-9-1 명명법

에스테르는 염과 비슷한 방법으로 명명한다. 알코올에서 온 알킬기 또는 아릴기를 먼저 부르고 산의 어미 “-ic”를 “-ate”로 바꾸어 뒤에 부른다.

$$\underbrace{H-\underset{\underset{O}{\|}}{C}}_{\text{formic acid}}\underbrace{-O-CH_3}_{\text{methyl alcohol}} \quad \text{methyl formate}$$

$$\underbrace{CH_3CH_2\underset{\underset{O}{\|}}{C}}_{\text{propionic acid}}\underbrace{-O-\overset{CH_3}{\underset{CH_3}{C}}-CH_3}_{t\text{-butyl alcohol}} \quad t\text{-butyl propionate}$$

$$\underbrace{C_6H_5-\overset{\displaystyle O}{\overset{\|}{C}}}_{\text{benzoic acid}}-\underbrace{O-CH_2CH_2CH_3}_{n\text{-propyl alcohol}} \quad n\text{-propyl benzoate}$$

$$\underbrace{CH_3\overset{\displaystyle O}{\overset{\|}{C}}}_{\text{acetic acid}}-\underbrace{O-CH_2-C_6H_5}_{\text{benzyl alcohol}} \quad \text{benzyl acetate}$$

9-9-2 에스테르의 성질

에스테르는 우리 생활 주변에 넓게 펴져 있는 중요한 화합물 중의 하나이다. 분자량이 작은 에스테르는 천연과일의 특유한 냄새를 내는 성분이다. 과일의 향긋한 냄새는 여러 가지 화합물의 복잡한 혼합물이지만, 단일 에스테르가 향기 성분으로 존재하는 경우가 많다. 몇 가지 에스테르의 특징을 다음 표에 실었다.

구조	명칭	향기
$H\overset{O}{\overset{\|}{C}}-OCH_2CH_3$	ethyl formate	람주
$CH_3\overset{O}{\overset{\|}{C}}-O-CH_2CH_2CH_2CH_2CH_3$	*n*-pentyl acetate	바나나
$CH_3\overset{O}{\overset{\|}{C}}-O-CH_2CH_2CH_2CH_2CH_2CH_2CH_2CH_3$	*n*-octyl acetate	오렌지
$CH_3CH_2CH_2\overset{O}{\overset{\|}{C}}-O-CH_2CH_3$	ethyl valerate	파인애플

유지(fat and oil)나 왁스(wax)는 분자량이 큰 에스테르로 물리, 화학적인 성질에 대해서는 다음 장에서 기술하기로 한다.

분자량이 작은 에스테르는 물에 불용인 액체로 유기화합물의 좋은 용매로 광범위하게 사용되고 있다. 포름산에틸은 피혁의 표면 처리제인 니트로셀룰로오스(nitrocellulose)의 좋은 용매이고 아세트산에틸은 래커 및 메니큐어를 제거하는 데에 사용된다.

9-9-3 제법

에스테르 합성법으로 강산 존재하에서 카르복실산과 알코올을 반응시키는 에스테르화 반응을 앞장에서 기술한바 있다.

$$R-\overset{\overset{\displaystyle O}{\|}}{C}-OH + R'-OH \underset{}{\overset{H^{\oplus}}{\rightleftharpoons}} R-\overset{\overset{\displaystyle O}{\|}}{C}-O-R' + H_2O$$

에스테르합성에 있어서 에스테르반응 다음으로 중요한 반응은 염화아실과 알코올을 반응시켜 얻는 방법이다.

$$CH_3\underset{\underset{\displaystyle O}{\|}}{C}-OH \qquad\qquad CH_3\underset{\underset{\displaystyle O}{\|}}{C}-NH_2$$

acetic acid　　　　acetamide

염화아실과 알코올의 반응은 피리딘(pyridine) 용매 중에서 진행시키는 경우가 많다. 피리딘은 좋은 용매일 뿐만 아니라 온화한 염기로 작용하고 반응 중에 생성되는 염화수소와 계속 반응하여 산에 의한 부반응을 방지한다.

$$R-\underset{\underset{\displaystyle O}{\|}}{C}-Cl + R'-OH \xrightarrow{\text{pyridine}} R-\underset{\underset{\displaystyle O}{\|}}{C}-O-R' + HCl$$

$$HCl \xrightarrow{\text{피리딘}} C_5H_5N^{\oplus}-H\ Cl^{\ominus}$$

피리딘 염산염

세 번째 에스테르합성법은 산무수물과 알코올의 반응이다. 이 반응 역시 친핵성치환반응의 일종이다.

$$CH_3\underset{\underset{\displaystyle O}{\|}}{C}-O-\underset{\underset{\displaystyle O}{\|}}{C}CH_3 + R-OH \longrightarrow CH_3\underset{\underset{\displaystyle O}{\|}}{C}-OR + CH_3COOH$$

9-10 카르복실산 아미드(carboxylic acid amide)

아미드(amide)는 카르복실산이 암모니아 또는 아민과 반응하여 물분자를 잃고 생기는 산유도체이다. 아미노기의 질소에 붙어 있는 치환기 수에 따라 1차, 2차 및 3차 아미드로 나눌 수 있다.

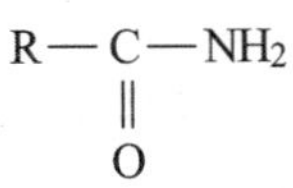

$R-C(=O)-NH_2$
1°-amide

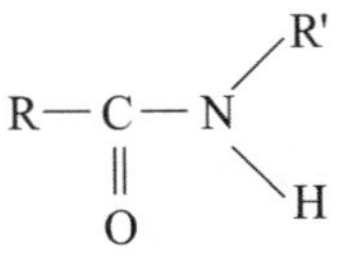

$R-C(=O)-N(R')(H)$
2°-amide

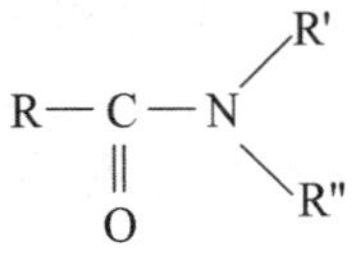

$R-C(=O)-N(R')(R'')$
3°-amide

9-10-1 명명법

아미드화합물의 명명은 해당하는 산의 이름이 기본이 된다. 1차 아미드는 산의 어미 "-oic acid" 또는 "-ic acid" 대신에 "-amide"라는 접미어를 붙인다.

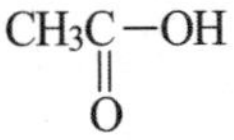

$CH_3C(=O)-OH$
acetic acid
(ethanoic acid)

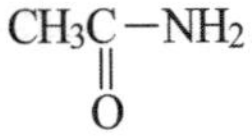

$CH_3C(=O)-NH_2$
acetamide
(ethanamide)

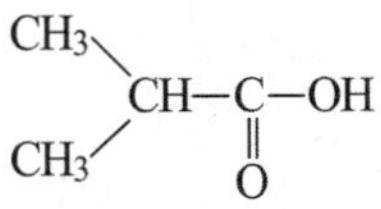

$(CH_3)_2CH-C(=O)-OH$
isobutyric acid
(2-methylpropanoic acid)

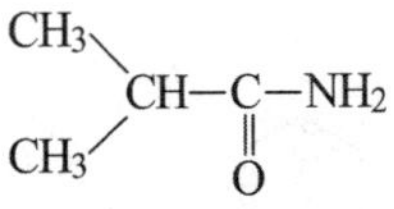

$(CH_3)_2CH-C(=O)-NH_2$
isobutyric acid
(2-methylpropanoic acid)

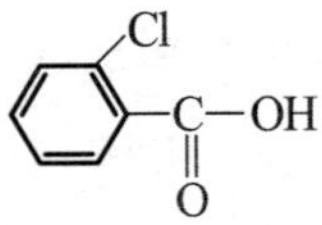

o-$ClC_6H_4-C(=O)-OH$
o-chlorobenzoic acid

o-$ClC_6H_4-C(=O)-NH_2$
o-chlorobenzoic acid

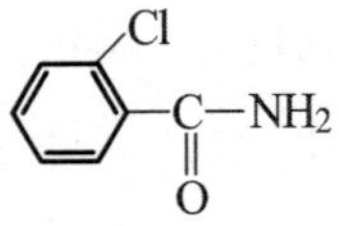

질소에 붙은 치환기는 치환기 이름 앞에 대문자 N을 써서 나타낸다.

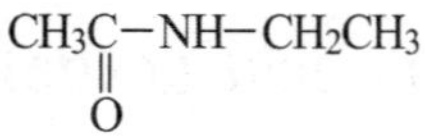

$CH_3C(=O)-NH-CH_2CH_3$ N-ethylacetamide

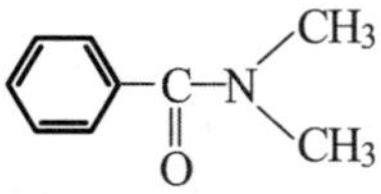

$C_6H_5-C(=O)-N(CH_3)_2$ N, N-dimethylbenzamide

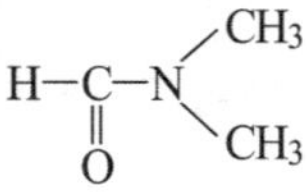

$H-C(=O)-N(CH_3)_2$ dimethylformamide

9-10-2 아미드(amide)의 성질

1차 아미드는 포름산아미드(m.p. 2.5℃, b.p. 210℃)를 제외하고 실온에서 고체이며 상당히 강한 수소결합을 하고 있다. 특히 1차 아미드는 고유한 녹는점을 가지고 있기 때문에 대응하는 산을 확인하는 데에 이용된다. 탄소 수가 6개인 펜탄산아미드까지는 수용성이고, 탄소 수가 증가하면 물에 녹지 않는다.

몇 가지 아미드는 생물학적으로 매우 중요하다. 니코틴아미드(nicotinamaide)는 자연계 동식물 중에 존재하며 니코틴산(nicotinic acid)의 공급원이다. 살리실산아미드(salicyamide)는 온화한 진통제 및 해열제로 사용되고 있다.

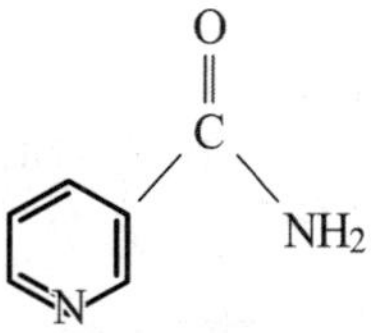

nicotin amide (pyridine ring with $-C(=O)NH_2$)

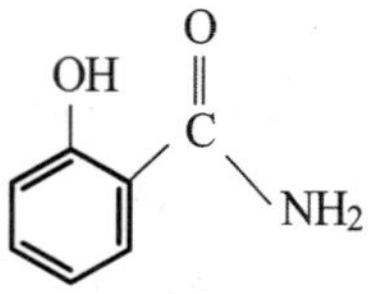

salicylamid (benzene ring with OH and $-C(=O)NH_2$)

단백질이나 펩티드는 아미노산의 중합체이며 아미노산 단위는 아미드결합으로 이루어져 있다. 이러한 아미드결합을 보통 펩티드결합(peptide linkage)이라 부른다.

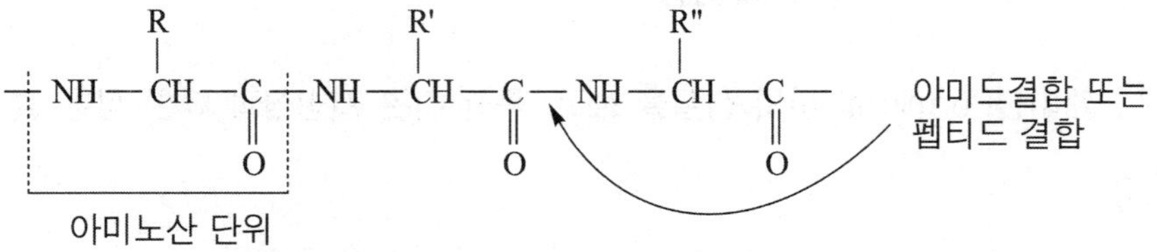

$$-NH-CH(R)-C(=O)-NH-CH(R')-C(=O)-NH-CH(R'')-C(=O)-$$

아미노산 단위

아미드결합 또는 펩티드 결합

9-10-3 제법

일반적으로 아미드는 할로겐화아실이나 산무수물에 암모니아 혹은 아민을 반응시켜 얻는다.

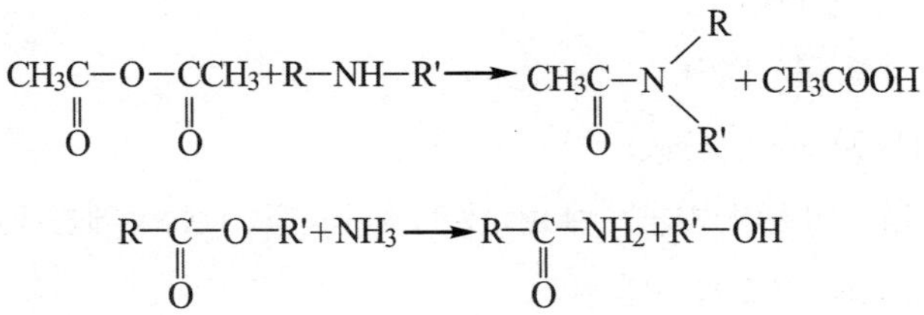

$$R-C(=O)-Cl \quad R'-NH_2 \longrightarrow R-C(=O)-NH-R' + HCl$$

$$CH_3C(=O)-O-C(=O)CH_3 + R-NH-R' \longrightarrow CH_3C(=O)-N(R)(R') + CH_3COOH$$

$$R-C(=O)-O-R' + NH_3 \longrightarrow R-C(=O)-NH_2 + R'-OH$$

에스테르도 암모니아와 반응해서 아미드를 생성한다. 이 반응은 비교적 느리기 때문에 거의 이용되지 않는 방법이다.

아미드의 공업적인 제법으로 카르복실산 암모늄염을 열분해하는 방법이 있다. 카르복실산을 먼저 암모니아로 처리하여 암모늄염을 만들고 이것을 가열 탈수시킨다. 아세트산과 암모니아로부터 합성되는 아세트아미드(acetamide)는 공업적인 가소제나 안정제로 사용된다.

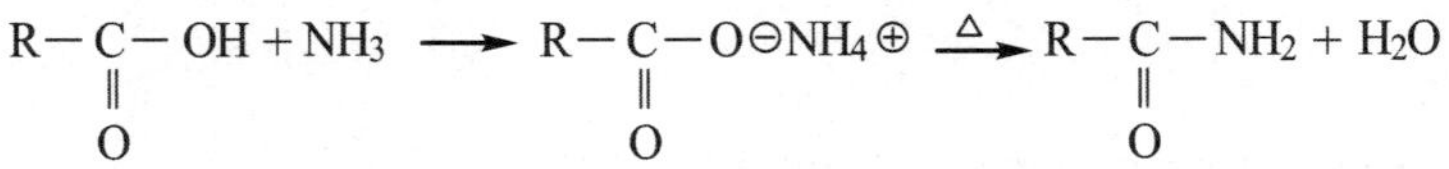

$$R-C(=O)-OH + NH_3 \longrightarrow R-C(=O)-O^{\ominus}NH_4^{\oplus} \xrightarrow{\triangle} R-C(=O)-NH_2 + H_2O$$

9장 연습문제

문제 1. 개미산(formic acid)의 성질을 쓰고, 특히 다른 지방산과 다른 점을 설명하라.

풀이

다른 지방산에 비해서 해리정수가 크다. 즉 특히 산성이 강하다.

$$H-C\begin{matrix}\nearrow O \\ \searrow OH\end{matrix} \qquad H-C\begin{matrix}\nearrow O \\ \searrow OH\end{matrix}$$

화학구조상 carboxyl기를 가지고 있기 때문에 산으로서의 일반 성질을 나타내지만 한편으로는 aldehyde가 있으므로 환원성을 가진다. 즉 은경반응, Fehling 용액의 환원, Schiffqksdmd, $KMnO_4$ 용액의 보라색(紫色=자색)을 탈색한다.

$HCOOH+O \rightarrow CO_2+H_2O$

진한 황상에 의해 분해된다.

$HCOOH \xrightarrow{(H_2SO_4)} CO_2+H_2O$

a) Schiff의 반응 : 이들의 반응은 aldehyde에 특유하고, ketone에는 인정되지 않으므로 aldehyde의 검출에 이용된다.

b) 은경반응 : $RCHO+2AgOH+NH_3+H_2O \rightarrow RCO-ONH_4+2Ag+2H_2O$

c) Fehling 용액의 환원 : $RCHO+2Cu(OH)_2+NaOH \rightarrow RCOONa+Cu_2O+3H_2O$

문제 2. 개미산의 수용액과 초산의 수용액을 구별하는 방법은?

풀이

문제 1 참조. 개미산은 환원성을 가지지만, 초산은 환원성이 없다.

문제 3. 개미산과 초산의 제법에 대하여 써라.

풀이

1) 개미산

a) 가압하에서 CO와 분말 NaOH를 반응시킨다.

$$CO + NaOH \xrightarrow[6\sim8\text{기압}]{120\sim150℃} HCOONa \xrightarrow{dil+H_2SO_4} HCOOH$$

b) methanol의 산화

$$CH_3OH \xrightarrow[Pt]{O} HCHO \xrightarrow{O} HCOOH$$

c) 수산(蓚酸)에 glycerine을 가하여 가열한다.

$$\begin{array}{l} CH_2OH \\ | \\ CHOH \\ | \\ CH_2OH \end{array} + \begin{array}{l} CHOH \\ | \\ CHOH \end{array} \longrightarrow \begin{array}{l} CH_2OH \\ | \\ CHOH \\ | \\ CH_2OCO-COOH \end{array} \xrightarrow{-CO_2} \begin{array}{l} CH_2OH \\ | \\ CHOH \\ | \\ CH_2OCOH \end{array} \xrightarrow[\text{가열}]{H_2O}$$

$$\begin{array}{l} CH_2OH \\ | \\ CHOH \\ | \\ CH_2OH \end{array} + HCOOH$$

2) 초산

a) 목재건류 : 목초액을 석회로 중화하고 증류하면 메틸알코올과 acetone이 유출(流出)한다. 잔류(殘溜)하는 초산 Ca에 황산을 가하여 분해하고 증류한다.

b) 알코올의 초산 발효 : 주박(酒粕)에 초산균을 증식하여 발효시킨다.

c) acetylene → acetaldehyde → 초산

$$CH = CH + H_2O \xrightarrow{HgSO_4} CH_3CHO \xrightarrow{O} CH_3COOH$$

문제 4. C_4H_9COOH의 분자식을 가진 모든 산(酸)의 구조식을 써라.

풀이

$CH_3CH_2CH_2CH_2COOH$

발레르산(valeric acid 고초산)

$$\begin{array}{l} CH_3 \diagdown \\ \quad\quad CHCOOH \\ CH_3 \diagup \end{array}$$

이소 발레르산

$$\begin{array}{l} CH_3 \diagdown \\ \quad\quad\quad CHCOOH \\ CH_3CH_2 \diagup \end{array}$$

메틸에틸 초산

$(CH_3)_3COOH$

트리메틸 초산

문제 5. 다음의 변화를 행하는데 있어 가장 좋다고 생각되는 방법을 써라.

(1) 에틸알코올 → 프로피온산(propionic acid)

(2) 이소프로필알코올(isopropyl alcool) → 디메틸초산(dimethyl acetic acid)

(3) 프로피온산(propionic acid) → 초산

풀이

(1)

$$C_2H_6OH \xrightarrow{HBr} C_2H_5Br \xrightarrow{KCN} C_2H_5CN \xrightarrow{2H_2O} C_2H_5COOH$$

(2)

$$(CH_3)_2CHOH \xrightarrow{PBr_3} (CH_3)_2CHBr \xrightarrow{Mg} (CH_3)_2\text{-}CHMgBr \xrightarrow[H_2O]{CO_2} (CH_3)_2CHCOOH$$

(3)

$$CH_3CH_2COOH \longrightarrow CH_3CH_2CONH_2 \xrightarrow[\text{hofmann반응}]{Br_2+KOH} CH_3CH_2NH_2 \xrightarrow{HNO_3}$$

$$CH_3CH_2OH \xrightarrow{O} CH_3COOH$$

문제 6. 탄소, 수소 및 산소로 되어 있는 지방족 화합물을 산소결합 상태에 따라 유별(類別)할 때 주요한 5종류를 들어라. 또 각 종류에 특유한 화학적 성질을 간단히 설명하라.

풀이

$R-OH$ alcohol, $R-O-R'$ ether, $R-C(=O)H$ aldehyde,

$R-C(=O)-R'$ ketone, $R-C(=O)OH$ carboxylic acid

문제 7. 불포화 지방산이 있다. 이것의 0.420g을 취해 용매에 녹이고 농도 0.1N-NaOH로 중화 적정하는데 15.0cc를 소비하였다. 또 원물질(原物質) 0.560g을 취해 적당한 용매에 녹이고 백금촉매를 가해 일정량의 수소로 촉매환원을 행하여 수소의 흡수량을 측정하였더니 표준 상태에서 89.6cc이었다.

(a) 시료의 분자량

(b) 시료 1분자 중의 2중 결합의 수

(c) 전촉 환원생성물의 분자식 및 시성식

(d) 원물질의 시성식을 구하라

풀이

불포화 지방산(일염기산)의 분자량을 M라 하면 1mol의 중화에는 0.1N-NaOH는 1000×1cc 를 필요로 하므로

0.420 : M = 15.00 : 1000*10　　M=280

원물질 0.560g · · · · · · 0.56/280=0.002mol

H_2 89.6cc(N.T.P.)　· · ·　89.6/22,400=0.004mol

원물질 1mol에 대하여 H_2는 2mol의 비율로 흡수되므로 2중결합은 1분자 중에 2개가 존재한다.

촉매환원 생성물의 분자량　280+2×2=284

포화지방산의 분자식 CnH_2nO_2에서, 12n+2n+ 32=284　n=18

환원생성물의 분자식 $C_{18}H_{36}O_2$, 시성식 $C_{17}H_{35}$ COOH

원물질(불포화 지방산)의 시성식 $C_{17}H_{31}COOH$

문제 8. 낙산 Ca를 다음의 물질과 함께 강하게 가열하면 어떤 물질이 생기는가?

(a) 단독(單獨)　　(b) 소오다석회

(c) 개미산 Ca　　(d) 초산 Ca

풀이

(a)

$$(C_3H_7COO)_2Ca \longrightarrow \begin{matrix} C_3H_7 \\ C_3H_7 \end{matrix} \rangle C = O + CaCO$$

di-n-propyl ketone

(b)

$$(C_3H_7COO)_2Ca + 2NaOH \longrightarrow \underset{\text{propane}}{2C_3H_6} + CaCO_3 + Na_2CO_3$$

(c)

$$\left.\begin{matrix} C_3H_7COO\,\frac{1}{2}Ca \\ HCOO\,\frac{1}{2}Ca \end{matrix}\right\} \xrightarrow{\text{가열전류}} \begin{matrix} C_3H_7 \\ H \end{matrix}\!\!>\!C=O + CaCO_3$$

butylaldehyde

(d)

$$\left.\begin{matrix} C_3H_7COO\,\frac{1}{2}Ca \\ CH_3COO\,\frac{1}{2}Ca \end{matrix}\right\} \xrightarrow{\text{가열전류}} \begin{matrix} C_3H_7 \\ CH_3 \end{matrix}\!\!>\!C=O + CaCO_3$$

methyl-n-propyl ketone

문제 9. oleic acid의 구조에 대하여 써라.

풀이

oleic acid를 접촉 환원하면 stearic acid $CH_3(CH)_{16}COOH$가 생기고, ozone 분해, 또는 $KMnO_4$에 의한 강산화로 pelarhonic acid $CH_3(CH_2)_7COOH$와 azelaic acid $HOOC(CH_2)_7COOH$를 얻는다. 이것에서 18개의 C가 직쇄상으로 연결하여 있고 C_9와 C_{10}사이에 이중결합이 있음을 알수 있다.

$$\underset{\text{oleic acid}}{CH_3(CH_2)_7CH=CH(CH_2)_7COOH} \xrightarrow[Pt]{2H} \underset{\text{stearic acid}}{CH_3(CH_2)_{16}COOH}$$

oleic acid $\xrightarrow{O_3}$ ozonide: $-CH-CH-$ (O — O → O) ⟶ $-CH\overset{O}{\frown}CH-$ (O——O) $\xrightarrow{H_2O}$ $\underset{\text{pelargonic acid}}{CH_3(CH_2)_7COOH} + \underset{\text{azelaic acid}}{HOOC(CH_2)_7COOH}$

oleic acid $\xrightarrow[KMnO]{H_2O\ +O}$ $-CH-CH-$ (OH OH) $\xrightarrow{[O]}$ $CH_3(CH_2)_7COOH + HOOC(CH_2)_7COOH$

문제 10. 수산의 소재(所在), 제법 및 성질을 써라.

풀이

식물계에 석회염으로서 많이 존재하며, 특히 대황(大黃) 중에 많은 함유되어 있다. 공업적으로 CO와 NaOH로부터 개미산 Soda를 만들고,

$$Co + NaOH \xrightarrow[\text{6~8기압}]{120\text{~}150} HCOONa \xrightarrow{dil\ H_2SO_4} HCOOH$$

이것을 가열하여 수산소오다를 만든 후 산(酸)으로 중화시켜 만든다.

2HCOONa → NAOOC-COONa+H_2O

또는 가열한 Na에 CO_2를 통하고, 생성한 수산 소오다를 광산(鑛酸)으로 분해한다.

2Na+2CO_2 →$(COONa)_2$

수산은 결정수를 가진 무색의 결정 $(COOH)_2 \cdot 2H_2O$로 100℃에서 결정수를 잃는다. 단독(單獨)으로 가열하든가 진한 황산과 가열하면 분해한다.

HOOC-COOH → CO_2+HCOOH

HOOC-COOH -- (H_2SO_4)-→CO+CO_2+H_2O

$KMnO_4$를 환원시키는 작용이 있으므로 분석화학에 사용된다. 수산 Ca는 물에 불용성으로 Ca^{++}의 검출에 이용된다.

아민

암모니아(NH_3)의 수소 원자를 alkyl기로 치환한 유도체들을 아민(amine)이라고 하며 NH_3에는 3개의 수소 원자가 잇기 때문에 amine에도 다음과 같은 3가지의 종류가 있다.

$R-N\begin{smallmatrix}H\\H\end{smallmatrix}$	$R-N\begin{smallmatrix}R\\H\end{smallmatrix}$	$R-N\begin{smallmatrix}R\\R\end{smallmatrix}$
제 1 아민 *primary* amine	제 2 아민 *secondary* amine	제 3 아민 *tertiary* amine

10-1 아민(amine)의 명명법

IUPAC법에서는 해당하는 탄화수소명에 amine을 붙여서 명명하고 관용법에서는 alkyl기명에 아민을 붙여서 명명한다.

CH_3NH_2	$(CH_3)_2NH$	$(CH_3)_3N$
mcthyl amine	dimetyl amine	trinethyl amine

$CH_3-C(CH_3)_2-NH_2$	$CH_3CH_2-NH-CH_3$
tertriary methyl amine	methyl ethyl amine

$\overset{1}{C}H_3\overset{2}{C}H_2\overset{3}{C}H(NH_2)-\overset{4}{C}H_2\overset{5}{C}H_2-\overset{6}{C}H_3$	$H_2N-\overset{2}{C}H_2\overset{1}{C}H_2OH$	$H_2N-\overset{1}{C}H_2\overset{2}{C}H_2\overset{3}{C}H_2-NH_2$
3-amino hexane	2-amino ethanol	1, 3-diaminobutane

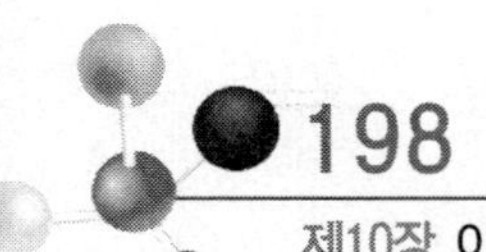

방향족아민은 공업적으로 가장 중요한 아민인 aniline의 유도체로서 명명한다. 때때로 혼동의 우려가 있을 때에는 대문자 N-을 사용하여 어떤 원자단이 질소에 붙어 있음을 표시한다.

$C_6H_5-NH_2$	$C_6H_5-NHCH_3$	$C_6H_5-N(CH_3)_2$
aniline	N-methyl aniline	N, N-dimethyl aniline

$Br-C_6H_4-NH_2$	$CH_3-C_6H_3(CH_3)-NHCH_3$
p-bromo aniline	methyl-2, 4-dimethyl

10-2 물리적 성질

아민은 전기음성도가 큰 질소원자를 가지고 있으므로 극성을 나타낸다. 1차 및 2차 아민은 극성인 수소-질소결합을 가지고 있어 분자 간에 수소결합이 가능하다.

1차 amine : $\cdots N(H)(R)-H\cdots N(R)(H)-H\cdots N(H)(R)-H\cdots$

2차 amine : $\cdots N(R)(R)-H\cdots N(R)(R)-H\cdots N(R)(R)-H\cdots$

따라서 1차 및 2차 아민의 끓는점은 분자량의 비슷한 알칸의 끓는점보다 높다. 아민분자 간의 수소결합은 알코올이나 카르복실산의 수소결합에 비해 약하기 때문에 분자량이 비슷한 이들 화합물 보다 끓는점이 낮다. 3차 아민은 극성화합물이지만 분자간에 수소결합이 불가능하기 때문에 1차 및 2차 아민 보다 끓는점이 낮다.

분자량이 작은 아민은 실온에서 기체이지만, 탄소 수가 4개 이상이 되면 액체이다. 큰 분자량을 갖는 아민과 방향족아민은 고체이다. 1차, 2차 및 3차 아민은 물과 수소결합을 형성할 수 있기 때문에 물에 잘 녹는다. 탄소수가 5개까지의 아민은 물에 대한 용해도가 크지만 아닐린과 같은 방향족아민은 소량 물에 녹는다.

분자량이 작은 아민은 강한 냄새를 가지고 있다. 이 질소화합물들은 단백질이 분해하여 생기는 불쾌한 냄새와 생선 비린내를 가지고 있다.

10-3 아민의 염기성

암모니아나 아민의 수용액 상태에서 염기성을 나타내는 이유는 그들의 질소 원자의 비공유 전자쌍 때문이다. 중성 암모니아 분자는 이 전자쌍을 양성자와 공유하며 양성 암모늄이온을 만들 수 있다.

$$H:\overset{R}{\underset{H}{\ddot{N}}}: + H:\underset{H}{\ddot{O}}: \rightleftharpoons \left[R-\overset{H}{\underset{H}{\ddot{N}}}:H\right]^+ + \left[:\ddot{O}:H\right]^-$$

ammonium ion

아민은 물과 가역적으로 반응하여 치환암모늄이온을 만든다.

$$R-NH_2 + H:\underset{H}{\ddot{O}}: \rightleftharpoons \left[R-\overset{H}{\underset{H}{\ddot{N}}}:H\right]^+ + \left[:\ddot{O}:H\right]^-$$

alkylammonium ion

이와 같이 반응에서 평형으로 수산이온이 생기므로 암모니아와 아민의 수용액은 염기성이다.

이들 화학방정식의 평형상수 값은 그 염기의 해리상수를 Kb라 하며 그아민의 염기성도를 나타낸다. 메닐아민의 해리상수는 다음과 같다.

$$CH_3\ddot{N}H_2 + HOH \rightleftharpoons [CH_3NH_3]^+ + [OH-]$$

$$Kb = \frac{[CH_3NH_3]+[OH^-]}{[CH_3NH_2]} = 4.4 \times 10^{-4}$$

Kb의 값이 클수록 OH^-의 농도가 크고 염기성이다.

여러 가지 간단한 아민의 해리상수를 표 10-1에 나타내었다. 일반적으로 지방족아민은 암모니아보다 약간 센 염기인데, 그것을 alkyl기가 전자주게이고 해당하는 암모늄이온의 질소의 양전하를 안정화시키기 때문이다. 이와 반대로 방향족아민은 매우 약한 염기인데, 그것은 주로 공명이 유리염기에서는 가능하나 아릴 암모늄이온에서는 불가능하기 때문이다. 이 공명은 아릴 암모늄이온의 해당염기를 더 안정화시키고, 따라서 이 이온의 평형농도는 더 낮아진다.

표 10-1 아민의 몇 가지 성질

이름	분자식	b.p℃	Kb
ammonia	NH_3	-33.4	2.0×10^{-5}
methylamine	CH_3CH_2	-6.5	4.4×10^{-5}
dimethylamine	$(CH_3)_2NH$	7.4	5.1×10^{-5}
trimethylamine	$(CH_3)_3N$	3.5	5.9×10^{-5}
ethylamine	$CH_3CH_2NH_2$	16.6	4.7×10^{-5}
n-propylamine	$CH_3CH_2CH_2NH_2$	48.7	3.8×10^{-5}
n-butylamine	$CH_3CH_2CH_2CH_2NH_2$	77.8	4.0×10^{-5}
aniline	$C_6H_5NH_2$	184	4.2×10^{-10}
methylaniline	$C_6H_5NHCH_3$	195.7	7.1×10^{-10}
dimethylaniline	$C_6H_5N(CH_3)_2$	193.5	11×10^{-10}
ethylenediamine	$H_2NCH_2CH_2NH_2$	116.5	8.5×10^{-5}
hexamethylen -ediamine	$H_2NCH_2CH_2CH_2CH_2$ $-CH_2CH_2NH_2$	204.5	8.5×10^{-5}
pyridine	C_5H_5N	115.3	2.3×10^{-10}

아닐린의 약한 염기성은 아닐린의 공명구조로 잘 설명할 수 있다.

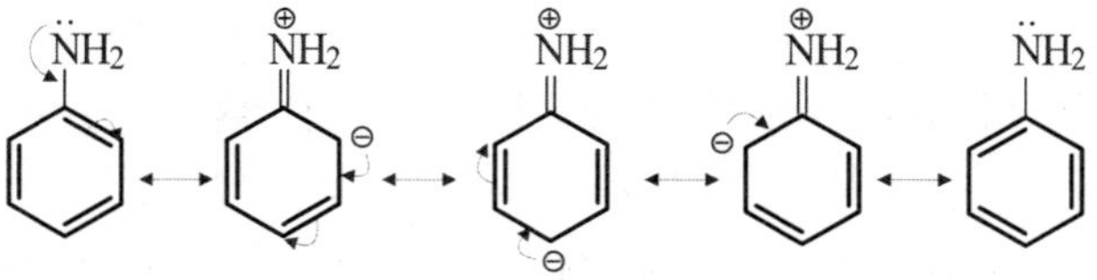

아닐린의 공명구조에서 보는 바와 같이 질소의 비공유전자쌍이 벤젠고리로 끌려서 질소 원자가 양으로 하전되어 있다. 따라서 양성자의 접근이 어렵고 염기성이 약화된다.

동일된 방법으로 디페닐아민(diphenyl amine)과 아닐린의 염기성을 비교할 수 있다.

10-4 아민의 제법

10-4-1 암모니아와 할로겐화 알킬의 반응 : SN_2 반응

암모니아와 할로겐화 알킬(alkyl halide)를 반응시키는 이 Hofmann법에서는 (*prim, sec, tert-mine*)들과 quat-ammonium화합물이 생성되며, 이때 NH_3는 대개 수용액이나 ethanol용액으로서 사용되고 가열하여야 할 경우에는 가압 반응기가 사용된다.

$$CH_3Cl + NH_3 \rightarrow CH_3NH_2 \cdot HCl \text{ (제1급 아민의 염산염)}$$

아민은 염기성 물질이므로 이때 부산물인 HCl과 결합하여 염산염으로 된다. 이것을 수산화 나트륨으로 처리하면 유리된 아민이 생성된다.

그러나 이 반응으로 과잉의 암모니아가 존재하면 다음의 평형이 이루어진다.

$$CH_3NH_2 \cdot HCl + NH_3 \Leftrightarrow CH_3NH_2 + NH_4Cl$$

또, 암모니아의 양이 적으면 다음 반응도 일어난다.

$CH_3Cl + CH_3NH_2 \rightarrow (CH_3)_2NH \cdot HCl$ (제2급 아민의염산염)
$CH_3Cl + (CH_3)_2NH \rightarrow (CH_3)_3N \cdot HCl$ (제3급 아민의염산염)

다시 반응이 더 진행되면 다음과 같은 암모늄염이 생긴다.

$CH_3Cl + (CH_3)_3N \rightarrow (CH_3)_4N^+Cl^-$ (제4급 암모늄염)

이들의 반응에 있어서 할로겐과 알킬의 반응성을 보면 RI>RBr>RCl의 순으로 약하게 되고 또 아민족은 $RNH_2 < R_2NH < R_3N$의 순서이다. 어느 것이나 이상의 방법으로는 반응 생성물 중에서 한 종류의 아민만을 순수하게 추출하는 것은 매우 곤란하다. 물론 언제나 암모니아에서 시작해야 하는 것은 아니다. 어떤 염료를 생산하는데 중요한 methylaniline과 dimethylaniline을 알킬화(methylation)하여 얻어지기도 한다.

$$C_6H_5NH_2 \xrightarrow{CH_3Cl} C_6H_5NHCH_3 \longrightarrow C_6H_5N(CH_3)_2$$

aniline → N-methylaniline → N, N-dimethylaniline

이 반응에서도 $(CH_3)_2NH$, $(CH_3)_3N$ 등이 부산물로 생성되기 쉽다.

10-4-2 질소화합물의 환원

nitrile (R−CN), 또는 nitroparaffin($R-NO_2$)을 여러 가지 방법으로 환원하면 이에 상당하는 제1급 아민이 얻어진다.

$$CH_3CN \xrightarrow{Na + C_2H_5OH} CH_3CH_2NH_2$$

acetonitrile → ethylamine

$$CH_3NO_2 \xrightarrow{Zn + HCl} CH_3NH_2 \cdot HCl$$

nitromethane → methylamine · 염산염

$$C_6H_5{-}NO_2 + 6[H] \xrightarrow[\text{수증기}]{Fe} C_6H_5{-}NH_2 + 2H_2O$$

nitrobenzene → aniline

10-4-3 aldehyde, ketone의 oxime 환원

$$RCH = O \xrightarrow{H_2N{-}OH} R \cdot CH = N - OH \xrightarrow{H_2} R \cdot CH_2NH_2$$

$$\begin{matrix} R \\ R' \end{matrix} \rangle C = O \xrightarrow{H_2N{-}OH} \begin{matrix} R \\ R'' \end{matrix} \rangle C = N - OH \xrightarrow{H_2} \begin{matrix} R \\ R' \end{matrix} \rangle CH \cdot NH_2$$

10-4-4 산 amide의 환원

$$RCONH_2 \xrightarrow[\text{고온, 고압}]{H_2} R \cdot CH_2CH_2$$

10-4-5 Hofmann 전위법

acid amide($RCONH_2$)를 강한 알칼리 용액에서 Cl_2 또는 Br_2를 작용 시키면 원료에서 탄소원자가 한 개 적은 제1급 아민을 얻는다. 예를들면 acetamide의 경우에는

$$CH_3CONH_2 + Br_2 + 4NaOH \rightarrow CH_3NH_2 + 2NaBr + Na_2CO_3 + 2H_2O$$

이 반응은 다음과 같이 진행되는 것으로 생각된다.

$$CH_3CONH_2 \xrightarrow{Br_2} CH_3-\overset{O}{\overset{\|}{C}}-NHBr \xrightarrow[(-HBr)]{NaOH} CH_3-\overset{O}{\overset{\|}{C}}-N$$

$$\xrightarrow{\text{전위}} \overset{O}{\overset{\|}{C}}=N-CH_3 \xrightarrow[\text{가수분해}]{2NaOH} NH_2CH_3 + Na_2CO_3$$

따라서 이 반응을 Hofmann의 전위라고 한다. C_6 정도까지의 제1급 아민의 순수합성법으로서 잘 알려져 있다.

10-4-6 Curtius 전위법

산염화물에서 acyl azide를 거쳐서 제1급 amine을 만드는 방법이고 benzene속에서 산염화물과 sodium azide를 반응시킨 다음에 이 용액을 가온하면 isocyanate가 생성되므로

$$\underset{\text{butyryl chloride}}{C_3H_7COCl} + NaN_3 \longrightarrow NaCl + \underset{\text{butyryl azide}}{C_3H_7CON_3} \xrightarrow{\text{가온}} \underset{\text{propyl isocyanate}}{C_3H_7NCO} + N_2$$

$$C_3H_7N=C=O + H_2O + HCl \xrightarrow{\text{가열}} C_3H_7NH_2HCl + CO_2$$

여기에 묽은 염산을 가하고 benzene을 가열 증류하면 제1급 amine의 염산염을 얻는다.

10-4-7 Beckmann의 전위법

Ketoxime의 ether용액에 PCl_5를 가하면 ketoxime이 치환 amide로 전위되므로 이것을 가수분해하여 제1급 amine을 얻는다.

$$\begin{matrix} CH_3 \\ CH_3 \end{matrix}\!\!>C=N-OH \xrightarrow[\text{전위}]{PCl_5} CH_3-\overset{OH}{\overset{|}{C}}=\underset{CH_3}{\underset{|}{N}}$$

$$\xrightarrow{\text{호섭이성}} CH_3-\overset{O}{\overset{\|}{C}}-\underset{CH_3}{\underset{|}{NH}} \xrightarrow[NaOH]{\text{가수분해}} CH_3NH_2 + CH_3COONa$$

10-4-8 공업적 합성법

미리 350℃로 가열한 methanol과 암모니아(1 : 5)의 혼합기체를 450℃로 가열된 alumina gel에 통과시키면 3가지 methylamine의 혼합물이 생성된다.

10-5 아민(amine)의 반응

10-5-1 강산과 반응

아민은 강한 염기성을 가지므로 암모니아와 마찬가지로 산과 작용하여 염을 만든다.

$$CH_3NH_3 + HCl \rightarrow CH_3NH_2 \cdot HCl$$
$$CH_3NH_2 + H_2O \rightarrow CH_3NH_3^+OH^-$$

이 반응은 아민을 중성 또는 산성화합물로부터 분리하는데 사용될 수 있다. 즉 이 화합물들이 유기용매에 녹아 있을 때 묽은산으로 추출하면 아민은 산과 작용하여 염을 만들어 수용액층에 용해한다. 에테르와 수용액층을 분리하고 수용액층을 알칼리성으로 하면 아민이 유리된다. 이 단계를 *P*-toluidine에서 나타내었다.

$$CH_3-C_6H_4-NH_2 + HCl \xrightarrow{H_2O} CH_3-C_6H_4-NH_3^+Cl^-$$

p-toluidine　　　　*p*-toluidinum chloride

10-5-2 아질산과의 반응

제1, 제2, 제3급 아민은 HNO_2와의 반응이 각각 다르므로 amine을 구별하는데 이용된다.

1) 제1급 아민과의 반응

$$R\text{-}NH_2 + HONO \rightarrow ROH + N_2\uparrow + H_2O$$

방향족 화합물에서는 무기산의 존재하에서 diazonium 염을 생성한다.

$$C_6H_5\text{—}NH_2\text{—}HONO + HCl \xrightarrow{-2H_2O} [C_6H_5\text{—}N_2]^+ Cl^-$$

aniline　　　　benzene diazonium chloride

이 반응을 diazo화 반응이라 하며 생성된 diazonium염은 여러 가지 화합물의 합성에 이용된다.

2) 제2급 아민과의 반응

물에 잘 녹지 않는 nitrosamine을 만들고 수용액에서 노란색의 기름층으로 분리된다.

$$RR'NH + HO\text{—}NO \longrightarrow RR'N\text{—}NO + H_2O$$

nitrosamine

$$C_6H_5\text{—}N(CH_3)H + HO\text{—}NO \longrightarrow C_6H_5\text{—}N(CH_3)\text{—}NO + H_2O$$

N-methylaniline　　　　N-nitroso-N-methylaniline

3) 제3급 아민과의 반응

trialkyl ammonium nitrite를 생성한다.

$$\begin{matrix} & R & \\ & | & \\ R'- & N: & -HO-NO \end{matrix} \longrightarrow \left[\begin{matrix} & R & \\ & | & \\ R'- & N:H & \\ & | & \\ & R'' & \end{matrix}\right]^{+} [NO_2]^{-}$$

(반응물의 N 아래에 R'')

trialkyl ammonium nitrite

방향족 3급 아민에 있어서는 핵치환이 일어나 *p*-nitroso의 결정성 화합물이 생성된다.

10-5-3 carbylamine 반응

제1급 아민에 소량의 chloroform과 알코올성 KOH를 가하고 가열하면 악취가 나는 carbylamine(R-CN)이 생긴다. 그러나 제2급, 제3급 아민은 반응하지 않는다.

$$R-NH_2 + CHCl_3 + 3KOH \xrightarrow{\text{가열}} R-NC + 3KCl + 3H_2O$$

carbylamine

10-5-4 Grignard 시약과의 반응

prim-amine 및 *sec*-amine들은 실온에서 methyl magnesium iodide와 반응하여 methane을 생성한다.

$$RNH_2 + CH_3MgI \rightarrow RNHMgI + CH_4\uparrow$$
$$R_2NH + CH_3MgI \rightarrow R_2NMgI + CH_4\uparrow$$

따라서 이 반응 조건을 잘 조정하면 이때에 발생되는 methane 가스의 용량을 가지고 amine 분자 내에 존재하는 수소원자의 수효를 측정할 수 있으며 이 방법을 Zerewitinoff 법이라고 한다.

10-6 제4급 암모늄 염(quaternary ammonium salt)

앞에서 배운 바와 같이 제3급 아민에 다시 할로겐화 알킬을 작용시키면 ammoniumdua(NH_4X)의 tetra-alkyl 치환체가 생성된다.

$$R_3N + RCl \Leftrightarrow R_4N+Cl-$$

이와 같은 R_4NX라는 화합물을 제4급 암모늄염이라고 한다. 일반적으로 물에 녹기 쉬운 결정으로 가열하면 제3급 아민으로 분해한다.

4급 암모늄염의 어떤 것은 계면활성제로서 중요한 것이 있으며 cetyltrimethyl ammonium chloride와 lauryl trimethyl ammonium chloride 등은 청정작용과 살균작용을 가지고 있으므로 청정제 또는 살균제로서 사용된다. 이들의 청정작용은 비누와는 달리 양이온부에서 일어나므로 역성비누(invert soap) 또는 양성세제(cationic detergent)라 한다.

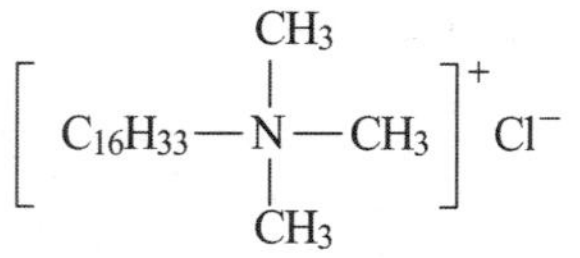

$$\left[C_{16}H_{33}-\overset{\overset{\large CH_3}{|}}{\underset{\underset{\large CH_3}{|}}{N}}-CH_3 \right]^+ Cl^- \qquad \left[C_{12}H_{23}-\overset{\overset{\large CH_3}{|}}{\underset{\underset{\large CH_3}{|}}{N}}-CH_3 \right]^+ Cl^-$$

cetyl trimethyl ammonium chloride 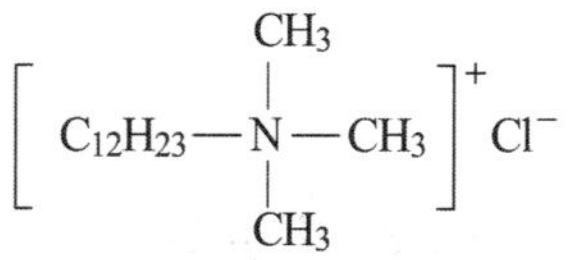 lauryl trimethyl ammonium chloride

또한 제4급 암모늄염에는 choline이나 acetylcholine과 같이 생리적으로 중요한 것도 있다. choline은 혈압강하 작용이 있으며 acetylcholine은 신경의 자극전달과 밀접한 관계가 있다.

10-7 몇 가지 아민 화합물

10-7-1 ethanolamine

Ethylene oxide에 암모니아를 작용시켜 만든다.

$$\underset{\text{ethylene oxide}}{\underset{\diagdown\ O\ \diagup}{CH_2-CH_2}} + NH_3 \longrightarrow \underset{\text{ethanolamine}}{HOCH_2CH_2NH_2}$$

Ethanolamine과 고급 지방산과의 염은 일종의 비누가 되며 이것은 유화제로서 널리 사용된다. 즉 화장품의 제조 및 농업용 살균, 살충제의 유화제로 사용된다.

10-7-2 putrescine 및 cadaverine

육류나 기타 단백질의 부패에 의하여 생기는 ptomine의 성분이며 불쾌한 냄새를 갖는다.

$$\underset{\text{putrescine}}{H_2N — (CH_2)_4 — NH_2} \qquad \underset{\text{cadaverin}}{H_2N — (C_2H_5)_5 — NH_2}$$

10-7-3 hexamethylene diamine

이것은 나일론(nylon)의 원료로 알려져 있으며 공업적으로 다음과 같이 만든다.

$$\underset{\text{1, 3-butadiene}}{CH_2 = CH \cdot CH = CH_2} \xrightarrow{Cl_2} Cl \cdot CH_2CH = CHCH_2Cl \xrightarrow[Ni]{H_2} \underset{\text{1, 4-dichlorobutane}}{Cl \cdot CH_2CH_2CH_2CH_2Cl}$$

$$\xrightarrow{NaCN} \underset{\text{adiponitrile}}{\begin{matrix} CH_2CH_2CN \\ | \\ CH_2CH_2CN \end{matrix}} \xrightarrow[NH_3]{H_2} \underset{\text{hexamethylene diamine}}{\begin{matrix} CH_2CH_2CH_2NH_2 \\ | \\ CH_2CH_2CH_2NH_2 \end{matrix}}$$

10-7-4 aniline

가장 간단한 방향족 제1급 아민으로 염료, 의약품 기타 중간체로서 매우

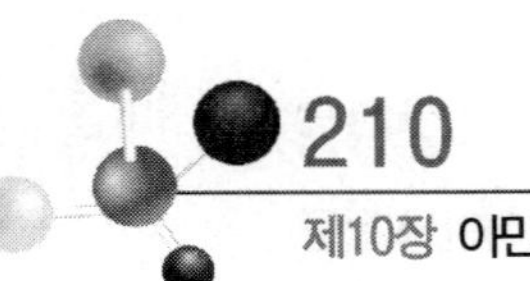

중요한 약품이다.

오늘날 합성 염료의 대부분의 것은 직접, 간접으로 이것을 원료로 하고 있다. 물에 녹지 않는 액체로서 순수한 것은 거의 무색이지만 공기와 햇빛에 의하여 산화되어 갈색으로 변한다. aniline에 표백분을 가하면 산화되어 자홍색이 되는데, 이 성질은 aniline의 검출에 이용된다.

aniline의 공업적 제법으로는 nitrophenol에 소량의 염산 존재하에서 철(Fe)과 물로써 반응시켜 만든다. 이때 염산은 단순한 촉매이다.

$$2C_6H_5NO_2 + 5Fe + 4H_2O \xrightarrow[\text{가열}]{HCl} 2C_6H_5NH_2 + Fe_3O_4 + 2Fe(OH)_2$$

이 방법을 Bèchamp반응이라고 한다. 또 Cu_2Cl_2의 촉매 존재하에서 chlorobenzene에 과잉의 ammonia를 작용시켜 얻지만 이 경우에는 고온, 고압이 요구된다.

$$C_5H_5Cl + 2NH_3 \xrightarrow[200℃,\ 50\ atm]{Cu_2Cl_2} C_6H_5NH_2 + NH_4Cl$$

10-7-5 diphenylamine

이것은 가압하에서 aniline과 aniline염산염을 가열하여 얻는다.

$$C_6H_5-NH_2 + C_6H_5-NH_2HCl \xrightarrow{200\sim300℃} C_6H_5-NH-C_6H_5 + NH_4Cl$$

diphenylamine

diphenylamine의 염기성은 aniline보다 약하며 이의 황산용액은 미량의 질산으로 인하여 짙은 청색이 되므로 질산 검출에 이용된다. 또 유황과 함께 용융하면 살충제로 알려진 phenothiazine이 된다.

$$C_6H_5NHC_6H_5 + S \longrightarrow \text{phenothiazine}$$

diphenylamine phenothiazine

10-8 디아조이움 염(diazonium salt)

10-8-1 디아조화(diazotization)

방향족 제1급아민을 과잉의 염산에 녹여 두고 여기에 아질산나트륨 용액을 가하면 디아조화 반응이 일어난다.

$$C_6H_5NH_2 + NaNO_2 + 2HCl \xrightarrow{0\sim5℃} C_6H_5N^+{\equiv}N\,Cl^- + NaCl + 2H_2O$$

benzenediazonium chloride

이 경우, 염산 대신에 황산을 사용하면 $C_6H_5N_2SO_5H$라는 화합물이 얻어진다. 이와 같은 ArN_2X형의 화합물을 넓게 diazonium 염이라 한다. 이것은 저온에서 강산성용액 중에서만이 안전하게 존재한다. diazonium 염은 열에 의하여 분해하기 쉬우므로 디아조화는 일반적으로 0~5℃에서 생성된다. 또, 건조한 diazonium 염은 폭발성을 가지므로 보통 수용액은 그대로 두었다가 다음 반응에 사용한다.

10-8-2 디아조니움 염의 반응

1) phenyl의 생성 ($NH_2 \rightarrow OH$)

diazonium 염의 수용액을 가열하면 즉시 가수분해를 일으켜 OH 화합물로 변한다.

$$C_6H_5N_2Cl + H_2O \xrightarrow{50℃} C_6H_5OH + N_2\uparrow + H_2O$$

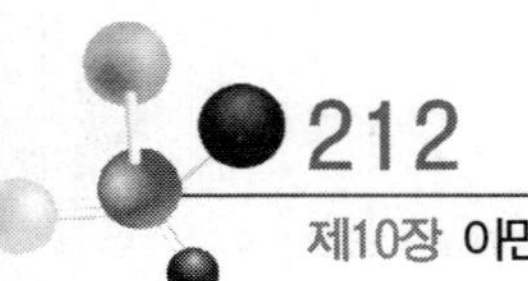

2) 치환 반응 ($NH_2 \to Cl$, Br, I, CN)

diazonium 염은 제1구리염의 존재하에서 다음과 같은 치환반응을 일으킨다.

$$C_6H_5N_2Cl \begin{cases} \xrightarrow{Cu_2Cl_2 \ + \ HCl} C_6H_5Cl \ + \ N_2 \\ \xrightarrow{Cu_2Br_2 \ + \ NaBr} C_6H_5Br \ + \ N_2 \\ \xrightarrow{Cu_2(CN)_2 \ + \ NaCN} C_6H_5CN \ + \ N_2 \end{cases}$$

이것은 Sandmeyer 반응이라 한다. 이 반응에 있어서 구리염 대신 미세한 구리 분말을 사용하여도 무방하다. 이것을 Gattermann 반응이라 한다. benzene iodide diazonium 염을 이용하면 쉽게 얻어진다.

$$C_6H_5N_2Cl + KI \xrightarrow{\text{가열}} C_6H_5I + N_2 + KCl$$

3) 알코올과의 반응

diazonium 염은 ethanol과 가열하면 다음과 같이 두 종류의 반응이 일어난다.

$$C_6H_5N_2Cl + C_2H_5OH \begin{cases} \longrightarrow C_6H_6 + N_2 + CH_3CHO + HCl \text{(탄화수소의 생성)} \\ \longrightarrow C_6H_5OC_2H_5 + N_2 + HCl \quad \text{(ether의 생성)} \end{cases}$$

benzene 핵에 NO_2, SO_3H, halogen 등이 존재하면 주로 탄화수소의 생성 반응이 일어난다. 이 반응은 방향족에서 NH_2와 NO_2기를 제거하는데 이용된다.

4) 환원 (hydrazine의 생성)

diazonium 염을 Sn + HCl 등으로 환원하면 hydrazine이 생성된다.

$$C_6H_5N_2Cl \xrightarrow[Sn+HCl]{H_2} C_6H_5NH \cdot NH_2 \cdot HCl$$

phenyl hydrazine · hydrochloride

phenyl hydrazine은 산화되기 쉬운 물질이지만 그 염산염은 안정한 결정이며 카르보닐 시약으로 알려져 있다.

10-9 아조 화합물

10-9-1 커플링(coupling)

diazonium 염은 방향족 아민 혹은 phenol과 쉽게 축합하여 azo기(-N=N-)를 갖는 소위 아조 화합물을 만든다. 이것은 염료합성에 매우 중요한 반응으로 coupling이라한다.

1) 방향족 아민과의 coupling

중성 또는 약산성에 있어서 diazonium salt에 제1급 아민을 가하면 우선 diazoamino benzene이 생긴다.

$$C_6H_5N_2Cl + H_2NC_6H_5 \xrightarrow{CH_3COONa} C_6H_5 - N = N - NH - C_2H_5 + HCl$$

diazomino benzene

diazoaminobenzene은 과인의 aniline 존재하에서 duiatks과 가열하면 p-aminoazobenzene으로 된다.

$$C_6H_5-N=N-NH-C_6H_5 \xrightarrow[HCl,\ C_6H_5NH_2]{40℃} C_6H_5-N=N-C_6H_4-NH_2\ HCl$$

ρ-aminoazobenzene(aniline yellow)

제2급, 제3급 아민에 있어서는 직접 p위치에 축합한다. 만약, 위치가 막혀 있으면 o 위치에 결합한다.

$$C_6H_5-N_2Cl + C_6H_5-N(CH_3)_2 \xrightarrow{\text{약산성}} C_6H_5-N=N-C_6H_4-N(CH_3)_2$$

p-dimethylamino azobenzene
(butter yellow)

2) phenol과의 coupling

일반적으로 약알칼리성 용액에서 생성된다. 보통 OH의 *p*위치에 축합하며 *p*위치가 막혀 있으면 *o*위치에 반응이 일어난다.

$$C_6H_5-N_2Cl + C_6H_5-OH \xrightarrow[\text{(저온)}]{\text{강알칼리}} C_6H_5-N \quad N-C_6H_4-ONa$$

p-hydroxyazobenzene(Na 염)

10-9-2 아조 화합물(azo compound)

아조 화합물은 아조기(-N=N-)를 가지고 있는 것으로 $SnCl_2$와 $Na_2S_2O_3$로서 강하게 환원하면 azo기가 절단된다.

$$C_6H_5-N=N-C_6H_4-OH \xrightarrow{4H} C_6H_5-NH_2 + H_2N-C_6H_4-OH$$

$$C_6H_5-N=N-C_6H_4-NH_2 \xrightarrow{H} C_6H_5-NH_2 + H_2N-C_6H_4-NH_2$$

이들의 반응은 *p*-aminophenol과 *p*-phenylenedimine의 합성에 이용된다. 아조 화합물은 색깔이 있다. 이것은 아조기가 발색단(chromophor)으로서 작용하기 때문이다. 오늘날의 합성염료의 대다수는 이 계에 속하며 어느것이든 앞에서 말한 coupling에 의하여 만들어진다. 이것을 아조염료(azodye)라 한다.

아조염료의 합성에 있어서 diazonium 염이 되는 원료를 디아조 성분(diazo compound), 이것과 결합시키는 아민과 phenol을 coupling 성분이라 한다. 다음간단한 azo 염료의 예를 표에 나타내었다.

표 10-1 유기화합물의 분류

azo 성분	coupling 성분	azo 염료
NH_2–C_6H_4–SO_3H sulfanilic acid	C_6H_5–$N(CH_3)_2$ dimethyl-aniline	NaO_3S–C_6H_4–N=N–C_6H_4–$N(CH_3)_2$ methyl orange, helianthine
NH_2–C_6H_4–SO_3H	$C_{10}H_7$–OH β-naphthol	NaO_3S–C_6H_4–N=N–$C_{10}H_6$–OH orange II
NH_2–C_6H_4–C_6H_4–NH_2 benzidine	NH_2–$C_{10}H_6$–SO_3H naphthionic acid	NH_2, SO_3Na–$C_{10}H_5$–N=N–C_6H_4–C_6H_4–N=N–$C_{10}H_5$–NH_2, SO_3Na Congo Red

문제 1. 1급, 2급, 3급 아민의 일반식을 쓰고, 1급, 2급, 3급 알코올식과 비교하라.

풀이

- 1, 2, 3급 아민식

$R-NH_2$ 1급 아민(primary amine)

$\begin{matrix}R\\R'\end{matrix}>NH$ 2급 아민(secondary amine)

$\begin{matrix}R\\R'\\R''\end{matrix}\!\!>\!N$ 3급 아민(tertiary amine)

- 1, 2, 3급 알코올 식

$R-CH_3OH$ 1급 알코올

$\begin{matrix}R\\R'\end{matrix}>CHOH$ 2급 알코올

$\begin{matrix}R\\R'\\R''\end{matrix}\!\!>\!COH$ 3급 알코올

문제 2. 1급, 2급, 3급 아민을 상호 구별하는 방법을 써라.

풀이

아질산과의 반응

1급 아민은 N_2를 발생하여 알코올로 된다.

$RNH_2 + HNO_2 \rightarrow ROH + N_2 + H_2O$

2급 아민은 물에 난용성(難溶性)의 니트로스아민(Nitrosamine)을 생성하고 이것은 진한 염산에 의해 원래의 아민을 재생한다.

$$\begin{matrix}R\\R'\end{matrix}>NH + HNO_2 \longrightarrow \underset{\text{nitrosamine}}{\begin{matrix}R\\R'\end{matrix}>N-NO} + H_2O$$

$$\begin{matrix}R\\R'\end{matrix}>N-NO + HCl \longrightarrow \begin{matrix}R\\R'\end{matrix}>NH + NOCl$$

3급 아민은 반응하지 않는다.

산염화물 또는 산무수물과의 반응

1급 및 2급 아민은 H가 아실(acyl)기 RCO-로 치환된다.

$C_2H_5NH_2$ + CH_3COCl → $C_2H_5NHOCCH_3$+ HCl

$(C_2H_5)_2NH$ + CH_3COCl → $C_2H_5NOCCH_3$ + HCl

3급 아민은 반응하지 않는다.

문제 3. 분자식 $C_4H_{11}N$으로 나타낸 지방족 아민의 구조식과 명칭을 써라.

풀이

- 1급 아민

$CH_3CH_2CH_2CH_2-NH_2$
n-bytylamine

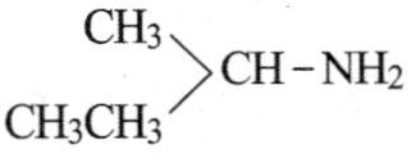

CH_3, CH_3CH_3 > $CH-NH_2$
sec-bytylamine

CH_3, CH_3 > $CHCH_2-NH_2$
isobutylamine

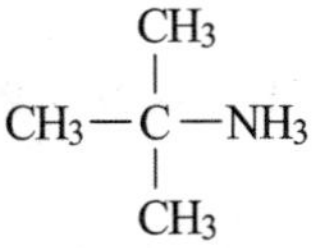

$CH_3-C(CH_3)_2-NH_3$
tert-bytylamine

- 2급 아민

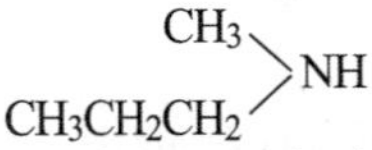

CH_3, $CH_3CH_2CH_2$ > NH
methyl-n-propylamine

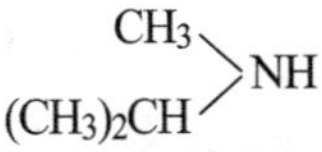

CH_3, $(CH_3)_2CH$ > NH
methylisopropylamine

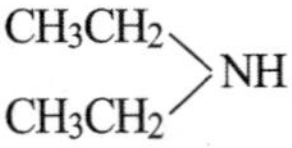

CH_3CH_2, CH_3CH_2 > NH
diethylamine

- 3급 아민

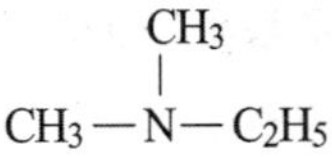

$CH_3-N(CH_3)-C_2H_5$
dimethylethylamine

문제 4. 에틸아민 $C_2H_5NH_2$에 대해서 1급 아민의 일반 생성법을 열거하라.

풀이

a) 암모니아의 알코올용액과 할로겐알킬을 밀폐관 내에서 가열한다. 1, 2, 3급 아민 및 4급 염의 혼합물이 얻어진다.

NH_3 + RX → RNH_2 + HX

$RNH_2 + RX \rightarrow R_2NH + HX$

$R_2NH + RX \rightarrow R_3N + HX$

$R_3N + RX \rightarrow R_4NX$

b) 니트로화합물, 옥심, 니트릴의 환원

$$R-NO_2 \xrightarrow[Zn+HCl]{6H} RNH_2 + 2H_2O$$

$$R-CH = NOH \xrightarrow{4H} RCH_2NH_2 + H_2O$$

$$R-CH \xrightarrow[Na + alcohol]{4H} RCH_2NH_2$$

c) 산 아미드(amide)의 분해 (호오프만 반응)

$RCONH_2 + Br_2 + 4KOH$

$\rightarrow RNH_2 + 2KBr + K_2CO_3 + 2H_2O$

d) 산 아미드의 쿠르티우스 반응

$$RCON_3 + C_2H_5OH \longrightarrow N_2 + \underset{\text{urethane}}{RNHCOOC_2H_5} \xrightarrow{HCl} RNH_2 + CO_2 + C_2H_5OH$$

e) Phthalimide alkyl의 가수분해 (가브리엘 반응)

$$C_6H_4(CO)_2NK + RI \longrightarrow C_6H_4(CO)_2N-R + KI$$

$$C_6H_4(CO)_2N-R + 2H_2O \longrightarrow C_6H_4(COOH)_2 + H_2N-R$$

문제 5. 2급 부틸알코올에서 할로겐화물을 거치지 않고 2급 부틸아민을 얻는 방법을 써라.

풀이

$$CH_3CH_2CH(OH)CH_3 \xrightarrow{-2H} CH_3CH_2COCH_3 \xrightarrow{NH_2OH} CH_3CH_2C(=NOH)CH_3 \xrightarrow{4H}$$

$$CH_3CH_2CH(NH_2)CH_3$$

문제 6. n-butylalcohol에서 n-propylamine과 n-amylamine을 유도하라.

풀이

$$CH_3CH_2CH_2CH_2OH \xrightarrow{-2H} CH_3CH_2CH_2CHO \xrightarrow{O} CH_3CH_2CH_2COOH \xrightarrow{PCl_5}$$

$$CH_3CH_2CH_2COCl \xrightarrow{NH_3} CH_3CH_2CH_2CONH_2 \xrightarrow[\text{hofmano반응}]{NaOBr} CH_3CH_2CH_2NH_2$$

$$CH_3CH_2CH_2CH_2OH \xrightarrow{HBr} CH_3CH_2CH_2CH_2Br \xrightarrow{KCN} CH_3CH_2CH_2CH_2CN \longrightarrow$$

$$\xrightarrow[\text{Na + alcohol}]{4H} CH_3CH_2CH_2CH_2CH_2NH_2$$

문제 7. 암모니아, 메틸아민, 아세트아미드의 화학적 성질을 비교하라.

풀이

문제4번을 참조하고, 특히 CH_3NH_2와 CH_3CO-NH_2에 대해서 산, 아질산, 탈수제와의 반응, 가수분해, 카르밀아민반응, 호프만반응을 고려하라.

문제 8. 다음 화합물을 산성, 염기성에 따라 분류하라.

메틸아민, 아세트아미드, phthalimide,

수산화 tetramethylammonium, 요소(尿素), β-alanine

풀이

약산성(phthalimide), 중성(acetamide), 분자내염(β-alanine), 약염기성(요소), 염기성(methylamine, 수산화 tetramethylammonium)

문제 9. 숏텐-바우만(Schotten-Baumann)법으로 아민을 아실화할 경우에 반응액을 알칼리성으로 하여 두는 것은 어째서인가?

풀이

$$R\text{-}NH_2 + R'COCl \rightarrow RNH\text{-}OCR' + HCl$$

산염화물과 아민이 반응할 때 1mole의 HCl이 생기고, 미반응(未反應)의 아민과 염산염 $RNH_2 \cdot HCl$을 만들어서 반응을 정지시킨다. 이 HCl을 제거하기 위해서이다. 또 산 염화물의 가수분해에 의해 카르복실산이 생기고, 목적물의 아미드에 혼입한다. 알칼리성으로 있으면 카르복실산을 카르복실산염으로 되어 물에 녹기 때문에 없어진다.

문제 10. Caprylic acid($C_7H_{15}COOH$)에서 n-hepthylamine과 n-octhylamine을 유도하라.

풀이

$$C_7H_{15}COOH \xrightarrow{PCl_3} C_7H_{15}COCl \xrightarrow{NH_3} C_7H_{15}CONH_2 \xrightarrow{Br_2+KOH} C_7H_{15}NH_2$$

$$C_7H_{15}CONH_2 \xrightarrow[P_2O_5]{-H_2O} C_7H_{15}CN \xrightarrow{H_3} C_7H_{15}CH_2NH_2$$

제11장

탄수화물

탄수화물(carbohydrate)은 탄소, 수소, 산소의 3원소로 구성되어 있고, 이것들의 대부분은 $C_m(H_2O)_n$(탄소의 수화물)로 표시된다.

탄수화물은 식물과 동물 조직 등 자연계에 가장 널리 분포되어 있는 유기화합물로서 식물의 엽록소에서 광합성(photosynthesis)에 의해 만들어 진다.

탄수화물은 화학적으로 폴리히드록시알데히드(polyhy droxyaldehyde)나 폴리히드록시케톤(polyhydroxy- ketone), 또는 가수분해하여 폴리히드록시알데히드나 폴리히드록시케톤을 생성하는 화합물들을 말한다.

탄수화물은 분자의 크기와 구조상의 특징에 따라 다음과 같이 분리한다. 가장 간단한 탄수화물은 단당류(monosaccharide)라 하는데, 알데히드기를 갖고 있으면 알도스(aldose), 케톤기를 갖고 있으면 케토스(ketose)로 구분하고, 탄소 수에 따라 3탄당(triose), 4탄당(tetrose), 6탄당(hexose) 등으로 나눈다. 2당류(disaccharide)는 단당류 두 개가 결합되어 있는 것을 말하고, 단당류 세 개가 결합되어 있는 것을 삼당류(trisaccharide)라 하며, 이당류와 삼당류를 포함하고 2~10개의 단당류로 이루어진 것을 소당류(oligo-saccharide)라 부르기도 한다.

다당류(polysaccharide)는 많은 단당류가 결합되어 있는 것인데 가수분해하면 다시 단당류로 분해된다.

11-1 단당류(monosaccharide)

11-1-1 단당류의 일반적 성질

단당류는 aldehyde기나 ketone기, 수산기, 부제탄소를 가지고 있으므로 다음과 같은 성질을 나타낸다.

1) 이성체

단당류는 부제탄소원자(asymetric carbon atom)를 가지고 있으므로 D형과 L형의 입체 이성체를 가진다. 예를 들면 triose인 glycerose는 부제탄소원자를 한 개 가지고 있다. 부제탄소원자에 결합된 히드록시기(-OH)기의 위치가 우측인 것을 D-glycrose, 좌측인 것을 L-glycrose라 한다.

$$\begin{array}{c}CHO\\|\\H-C-OH\\|\\CH_2OH\end{array}\qquad\qquad\begin{array}{c}CHO\\|\\HO-O-H\\|\\CH_2OH\end{array}$$

D-glycerose　　　L-glycerose

2) 변선광(mutarotation)

물에 용해시킨 당류 선광성을 측정해 보면 용해시킨 직후와 시간이 경과한 후의 선광도가 차이를 나타내는 경우가 있다. 결정 glucose는 보통 α-D-glucopyranose이며 물에 녹인 직후는 $[\alpha]$=+112°의 선광도를 나타내지만, 시간이 경과하면 $[\alpha]$=52.5°에서 일정하게 된다. 이런 현상은 다음 그림에서와 같이 산소(O)의 다리가 끊어져 aldehyde형이 되고 이로부터 이성체 β-D-glucopyranose가 생기는데 α-form과 β-form이 37:63으로 평형을 이룬다.

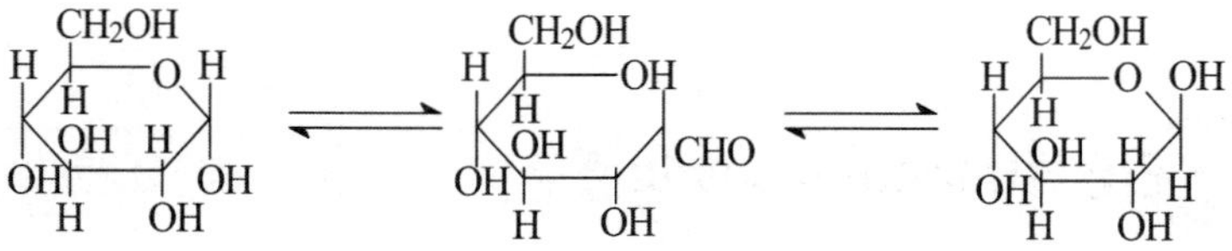

α-D-glucopyranose $[\alpha]_D^{20}$= +112　⇌　D-giucose aldehyde형 배상　⇌　δ-D-glucopyranose $[\alpha]_D$ = +19

3) 환원성

당은 일반적으로 알칼리 용액 중에서는 자신은 산화되고 다른 물질은 환원시키는 성질이 있다. 예를 들면 glucose용액에 fehling용액을 넣고 가열하면 구리이온(Cu^{++})이 환원되어 산화구리(Cu_2O)의 적자색 침전이 생긴다. 이 반응은 환원당의 정성, 정량에 이용된다.

11-1-2 탄수화물의 반응

1) 산의 생성

당을 산화시키면 그 산화방법에 따라 aldonic acid, uronic acid, saccharic acid 등의 산이 생성된다.

COOH	COOH	CHO
H—C—OH	H—C—OH	H—C—OH
HO—C—H	HO—C—H	HO—C—H
H—C—OH	H—C—OH	H—C—OH
H—C—OH	H—C—OH	H—C—OH
CH_2OH	COOH	COOH
aldonic acid (gluconic acid)	saccharic acid (glucosaccharic acid)	uronic acid (glucouronic acid)

2) osazone의 생성

단당류는 phenylhydrazine과 반응해서 osazone을 생성한다. osazone은 물, 알코올에 녹지 않는 결정이며, 이 빛깔이나 융점 또는 결정의 형성 속도 등은 당류를 구별하는데 사용되는 중요한 반응이다. osazone의 형성 기구는 복잡하지만 전체의 반응은 다음과 같은 화학방정식으로 표시할 수 있다.

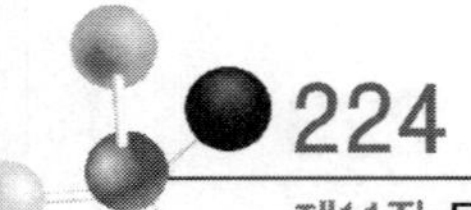

$$\begin{array}{l} HC{-}O \\ HC{-}OH \\ (HC{-}OH)_3 \\ CH_2OH \end{array} \xrightarrow{3\,C_6H_5{-}NHNH_2} \begin{array}{l} HC{=}N{-}NH{-}C_6H_5 \\ C{=}N{-}NH{-}C_6H_5 \\ (HCOH)_3 \\ CH_3OH \end{array} + C_6H_5NH_2 + NH_3$$

단당류 → osazone + aniline

3) HCN과의 반응

일반 aldehyde에서 보는 바와 같이 aldose는 HCN과 반응하여 cyanohydrin을 형성하는데, 이것을 가수분해하여 산으로 만든 다음 환원시키면 탄소 수가 1개 증가한 aldose로 된다. 이 반응을 Kiliani반응이라 하며, 고급 aldose를 합성하는 데 이용된다.

$$\begin{array}{c} HC{-}O \\ HO{-}C{-}H \\ H{-}C{-}OH \\ H{-}C{-}OH \\ CH_2OH \end{array} \xrightarrow{HCN} \begin{array}{c} CN \\ H{-}C{-}OH \\ HO{-}C{-}H \\ H{-}C{-}OH \\ {-}C{-}OH \\ CH_2OH \end{array}$$

D-arabinose → cyanohydrin

$$\xrightarrow[\text{가수분해}]{} \begin{array}{c} COOH \\ H{-}C{-}OH \\ HO{-}C{-}H \\ H{-}C{-}OH \\ H{-}C{-}OH \\ CH_2OH \end{array} \xrightarrow[\text{환원}]{Na{-}Hg} \begin{array}{c} HC{=}O \\ H{-}C{-}OH \\ HO{-}C{-}H \\ H{-}C{-}OH \\ H{-}C{-}OH \\ CH_2OH \end{array}$$

D-gluconic acid → D-glucose

4) epimerization

D-glucose와 D-mannose, 그리고 D-arabinose와 D-ribose등은 C_2의 입체배치만이 서로 다른 관계를 갖는데 이러한 상호 간의 관계를 epimer라 한

다. 단당류를 묽은 알칼리와 함께 가열하면 epimerization이 일어나는데 이 때에는 ketose도 생성되며 평형을 이룬다.

```
  H   O               H   OH               H   O
   \ //                \ /                  \ //
    C                   C                    C
    |                   ||                   ||
 H-C-OH                 C-OH             HO-C-OH
    |                   |                    |
HO-C-H      ⇌      HO-C-H        ⇌      HO-C-H
    |                   |                    |
 H-C-OH              H-C-OH               H-C-OH
    |                   |                    |
 H-C-OH              H-C-OH               H-C-OH
    |                   |                    |
   CH2-OH              CH2-OH               CH2-OH
2-bromo-2-chlorobutane  (endiol)      2-bromo-2-chlorobutane

                        ⇅
                      CH2-OH
                        |
                        C-O
                        |
                    HO-C-H
                        |
                     H-C-OH
                        |
                     H-C-OH
                        |
                      CH2-OH
                    D-fructose
```

11-1-3 단당류의 종류

1) 포도당 (glucose, dextrose, $C_6H_{12}O_6$)

포도당은 자연계에 널리 분포되어 있으며 유리 상태로는 혈액, 과실, 특히 포도 중에는 약 20% 함유되어 있다.

결합 상태는 starch, glycogen cellulose, maltose, lactose, sucrose, glycoside 등의 구성 단당류에 들어 있다. glucose는 영양 및 생리상으로 매우 중요한 당이며, 사람의 혈액에는 항상 약 0.1% 정도 존재하고 있다.

glucose는 W.H Haworth에 의하여 pyrane유도체의 구조와 furane 유도체의 구조로 분류하였다.

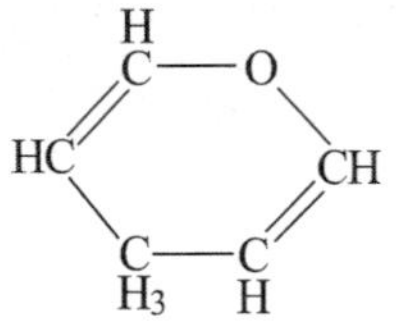

(pyrane) 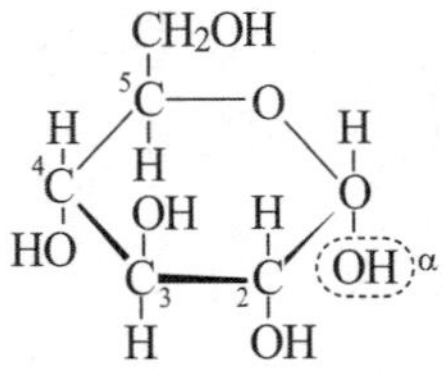 (α-D-glucopyranose) 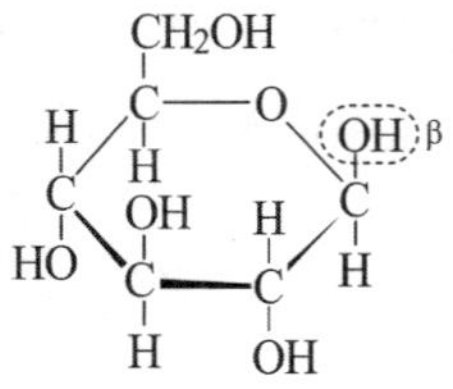 (β-D-glucopyranose)

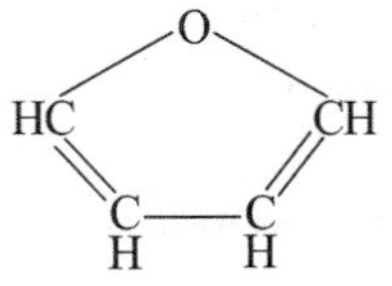

(furane) 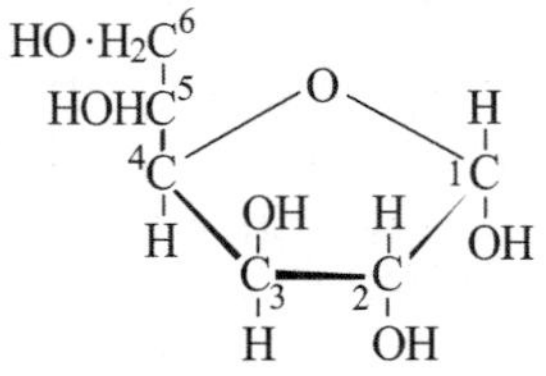 (α-D-glucofuranose) 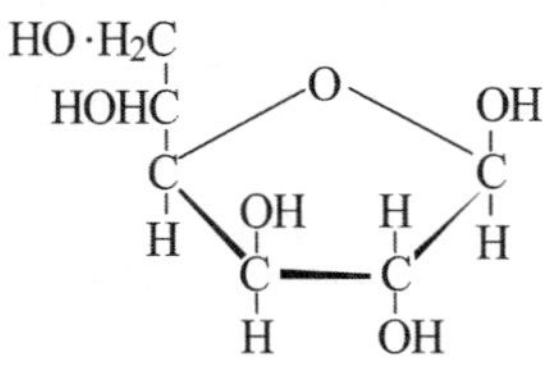 (β-D-glucofuranose)

2) 과당(fructose, levulose, $C_6H_{12}O_6$)

fructose는 glucose와 함께, 과실, 꽃 등에 유리상태로 존재하고 특히 벌꿀에 많으며, glucose와 결합하여 sucrose를 이룬다. 또 inulin으로서 다알리아나 돼지감자 등의 뿌리에 들어 있다. fructose는 결합상태일 때에는 furanose형으로 유리형일 때에는 furanose와 pyranose의 두 형으로 존재하며, 단맛은 설탕보다 강하다.

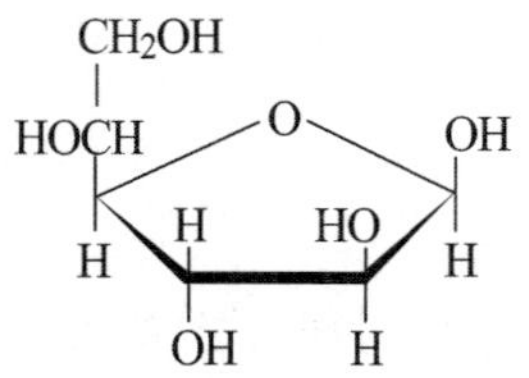

(β-D-fructofuranose) 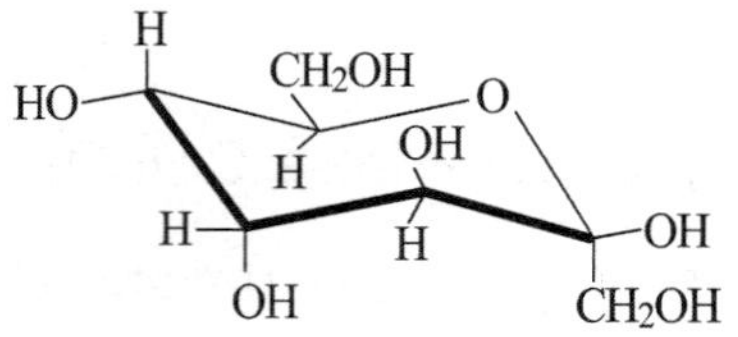 (β-D-fructopyranose)

3) Galactose ($C_6H_{12}O_6$)

자연계의 galactose에는 D형과 L형이 있으며 유리상태로는 존재하지 않는다. glucose와 결합하여 lactose가 되며, 한천에는 galactan으로 존재한다.

galactose는 동물 체내에서 단백질 또는 지방과 결합하여 주로 신경조직 및 점질물에 존재한다.

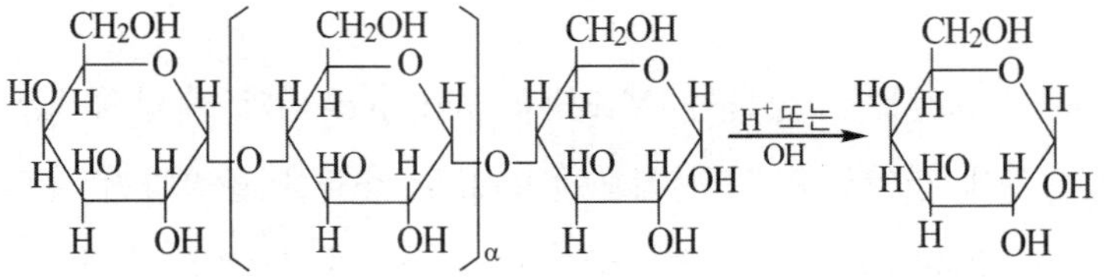

galactan galactose

4) mannose($C_6H_{12}O_6$)

mannose는 유리상태로 거의 존재하지 않고 다당류의 구성 단당류로 들어 있다.

해조류에 흔히 볼 수 있으며, 다당류의 mannan을 가수분해하여 만든다.

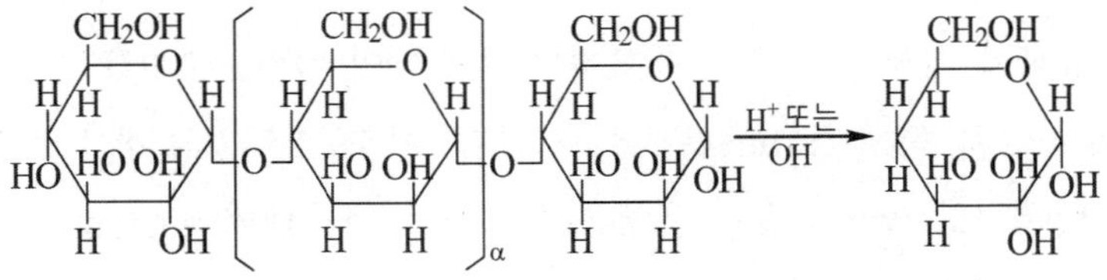

mannan mannose

11-2 이당류(disaccharide)

이당류는 두 분자의 hexose가 탈수결합한 것으로 $C_{12}H_{22}O_{11}$의 분자식을 가지며 축합하는 hexose의 종류에 따라서 여러 종류의 이당류가 생성되나, 그 중에서 중요한 것은 맥아당(maltose), 설탕(sucrose) 및 유당(lactose)의 3가지이다.

11-2-1 이당류의 성질

1) 용해성

sucrose와 maltose는 물에 잘 녹으나, lactose는 물에 잘 녹지 않는다.

2) 환원성

sucrose는 그것을 구성하는 포도당의 aldehyde기와 과당의 ketone기가 두 당의 결합에 관여하고 있기 때문에 fehling 용액을 환원하지 않으므로 비환원당이며, maltose는 그것을 구성하는 두 개의 포도당 중 한 개의 aldehyde기는 결합에 관여하지 않고 있으므로 fehling 용액을 환원한다. 유당도 환원당에 속한다.

11-2-2 이당류의 성질

1) 설탕(설탕, sucrose, saccharose, $C_{12}H_{22}O_{11}$)

사탕수수, 사탕무 등에 많이 함유되어 있으므로 주로 이것에서 얻어진다. 단맛이 강하고 식품 성분으로 중요하며 환원력이 없다. 약 160°C 이상 가열하면 caramel화 하여 caramel 색소가 된다. 이것은 식품의 색소로 널리 이용되고 있다. 또 sucrose의 수용액은 우선성을 나타내며 sucrase 또는 산에 의하여, 가수분해되어 glucose와 fructose의 혼합물이 얻어지는데 이것을 전화당(invert sugar)이라 한다.

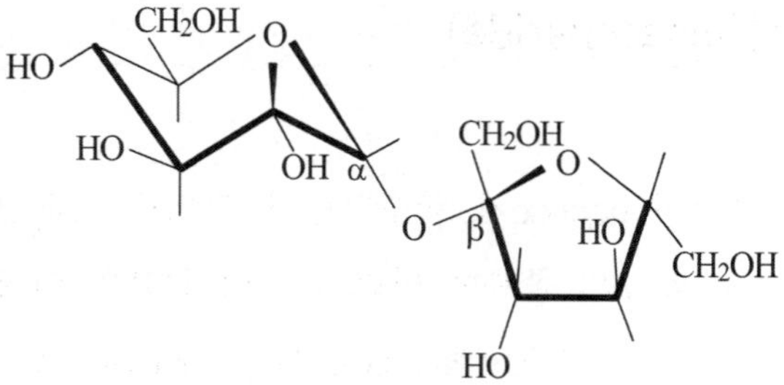

CH₂OH, O, HO, HO, OH, α, O, β, CH₂OH, O, HO, CH₂OH, HO

2) 맥아당(maltose, $C_{12}H_{22}O_{11}$)

maltose는 맥아즙, 옥수수즙, 꿀 등에 많이 들어 있으며, 전분이나 glycogen에 amylase로서 가수분해할 때 생성된다. maltose는 환원력을 가지며 2분자의 glucose가 α-1,4-glucoside의 결합으로 연결된 것이다.

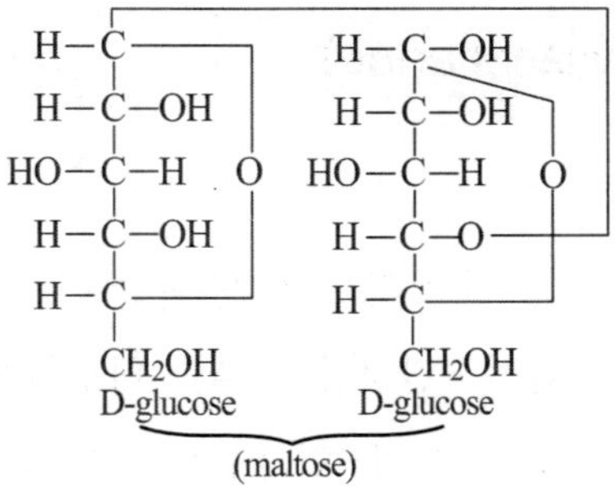

D-glucose D-glucose

(maltose)

3) 유당(lactose, $C_{12}H_{22}O_{11}$)

포유동물의 유즙 중에 들어 있으며 (모유 6~7%, 우유 4~6%), 식물계에서는 발견되지 않는다. 백색의 분말 또는 결정으로 환원력이 있으며, 공업적으로는 cheese 제조 시에 부산물로서 다량 얻어진다. lactose는 한 분자의 galactose와 glucose로 β-1,4-galactoside로 결합된 것이다.

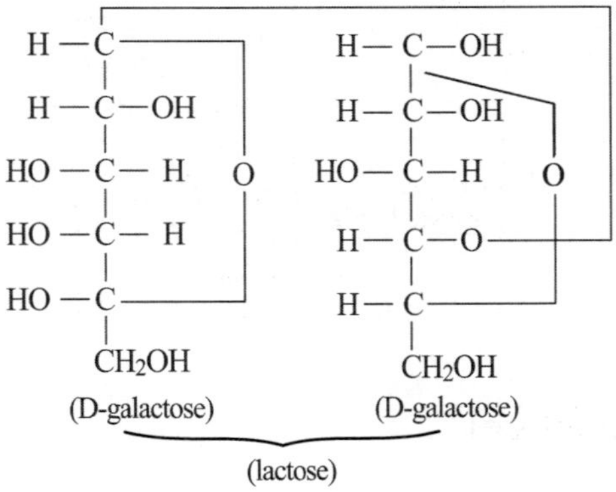

(D-galactose) (D-galactose)

(lactose)

lactose는 HNO_3로 산화하면 점액당(mucic acid)을 만들며, 보통 효모에 의하여 발효되지 않으나 젖산균에 의하여 분해되어 lactic acid를 만든다.

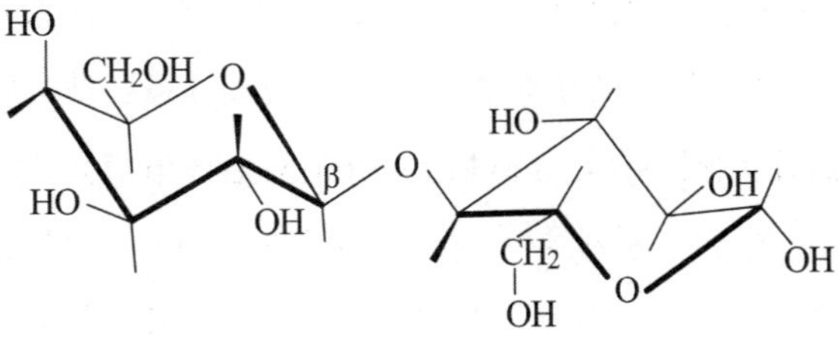

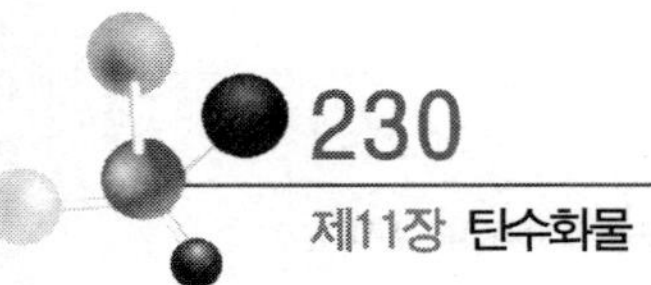

11-3 다당류(polysaccharide)

여러 개의 단당류가 탈수 축합하여 생긴 화합물로서 살아 있는 유기체에 널리 분포한다. 한 종류의 단당류로 된 다당류를 단순다당류(simple polysaccharide), 두 종류 이상의 단당류로 된 것을 복합다당류(hetero polysaccharide)라 한다. Hexose로 구성된 다당류를 hexosan, pentose로 구성된 pentosan이라고 한다. 다당류를 화학적으로 분류하면 다음과 같다.

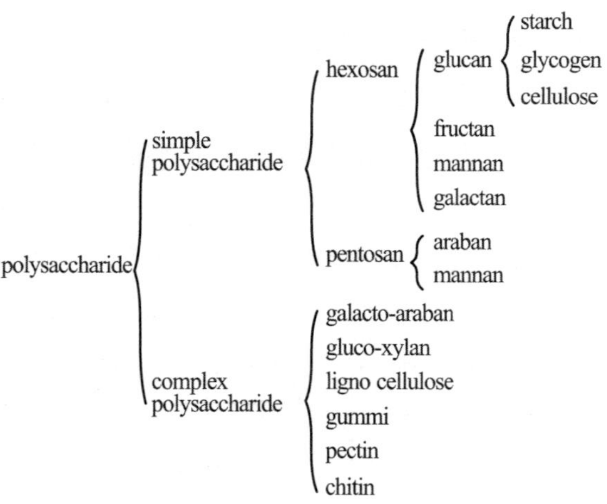

11-3-1 전분(starch, amylose)

전분은 식물의 동화작용에 의하여 만들어진 식물의 저장물질로서 감자, 고구마, 옥수수, 쌀 등에 많이 들어 있으며 원료식물의 종류에 따라 그 성질이 다르다. 전분은 여러 분자의 포도당이 결합된 것이며 그것의 결합 모양은 긴 사슬모양과 가지사슬 모양으로 되어 있고 분자량은 약 5,000 정도이다.

Meyer(1940)는 긴 사슬 모양을 이룬 전분을 amylose, 가지사슬모양을 이룬 전분은 amylopectin이라 했다. amylose는 glucose가 α-1,4결합만으로 연결된 긴 사슬 모양의 분자로서 전체로는 나선상의 분자형태를 이룬다. amylose는 더운물에 녹으며 녹은 것은 침전이 잘 안 되며, 요오드에 의하여 청색을 띤다.

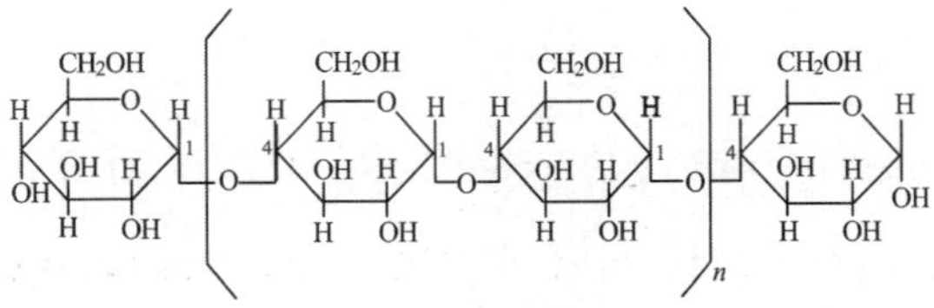

amylose의 구조

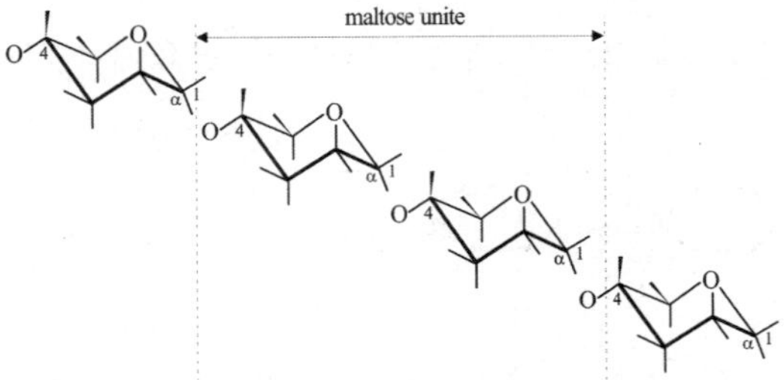

maltose unite

amylose의 입체적 연결 상태

amylopectin은 α-1,4 결합의 여러 곳에 α-1,6 결합의 가지사슬을 가지고 있어 전체로는 망상의 분자 형태를 이룬다. 이것은 더운물에 녹지 않으나 가열하면 호화하고 요오드에 의하여 적자색을 띤다.

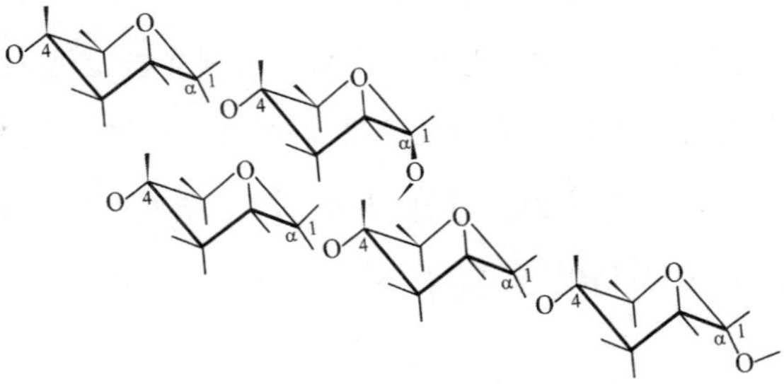

amylopectin의 분자 구조

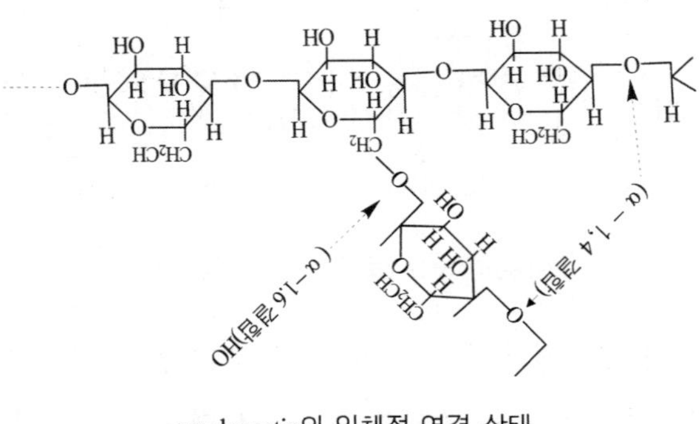

(α-1,6 결합)

(α-1,4 결합)

amylopectin의 입체적 연결 상태

11-3-2 glycogen

동물성 전분이라고 하며 포유동물의 간장과 근육 그리고 조개류에 많다. 전분과 같이 glucose만으로 되어 있으며, 구조는 amylopectin과 비슷하나, 가지사슬이 더 많고 길이가 짧은 것이 다르다. glycogen은 생체 내에 섭취된 당질은 일단 모두 이 형태로 저장 되었다가 필요에 따라서 사용된다.

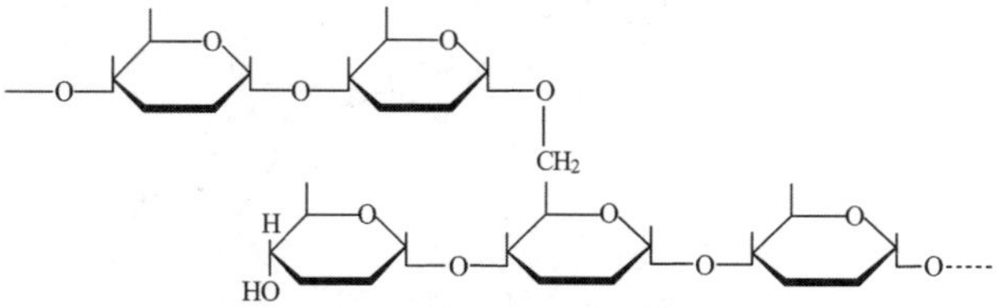

glycogen

11-3-3 cellulose

자연계에 가장 널리 분포되어 있으며 특히 식물체의 중요한 골격 물질 및 세포막의 주성분으로서, 어린 잎에는 10%, 목재에는 5%, 솜에는 90%이상 섬유소가 들어 있다. 백색 섬유상으로서 약한 환원성이 있으며 물, 묽은 산, 묽은 알칼리에 녹지 않으며, 진한 황산에는 쉽게 녹는다. 전분과 같이 D-glucose만으로 구성되어 있으나 β-1,4결합에 의한 긴 사슬로 연결되어 있다.

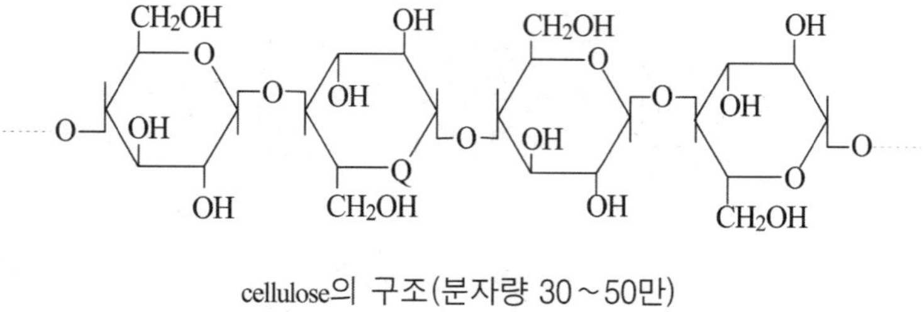

cellulose의 구조(분자량 30~50만)

초식동물에 있어서는 장내의 세균에 의해 분해하여 일부 흡수 이용하고 있다. 그러나 사람들은 이것을 소화할 수 없기 때문에 영양학적 가치는 없으나 장관의 연동을 촉진시켜 장의 대사를 조절한다.

11-3-4 pectin

식물의 뿌리, 과실, 줄기 등에 널리 분포되어 있다. pectin은 galacturonic acid의 methyl ester가 다수 중합하여 된 것으로 pH는 3.0~3.5이며 설탕과 함께 가열하면 jelly화하는 성질이 있어 식품가공에 이용되기도 한다.

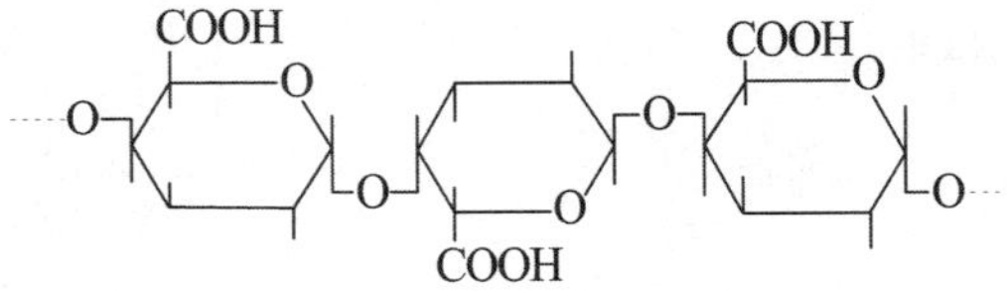

COOH COOH O O O O O O COOH

pectin 중의 galacturonic acid의 결합 상태

11-3-5 inulin

돼지감자, 다알리아의 뿌리, 백합뿌리 등에 많이 들어 있는 다당류로서 가수분해에 의하여 fructose를 생성한다. 냉수에는 녹지 않으나 열수에는 쉽게 녹는다. inulin은 환원성은 없으며, 요오드 반응도 나타내지 않는다. 여러 분자의 fructose가 연결되어 있으며 구조는 가지가 없는 긴 사슬로 되어 있다.

11-3-6 alginic acid

alginic acid의 Ca, Mg염은 다시마, 미역 등의 갈조류에 많이 들어 있다. β-D-mannonuronic acid가 β-1,4 결합으로 된 다당류로서 식품공업의 안정제, 피복의 방수 도료 등에 이용된다.

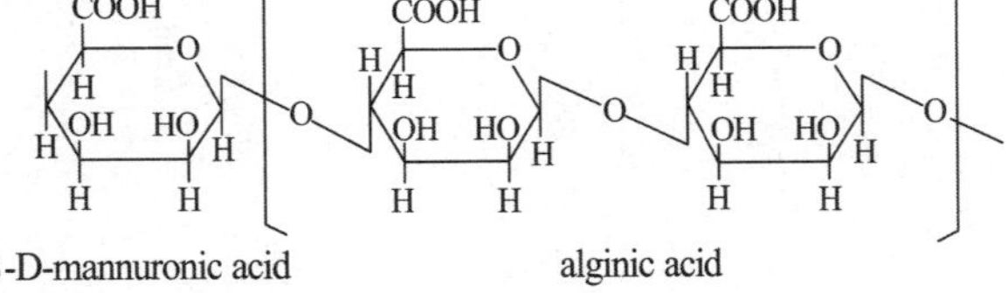

β-D-mannuronic acid　　alginic acid

11-3-7 chitin

곤충이나 새우, 게 등의 껍질 성분이며 amino sugar가 acetyl화 한 N-acetyl glucosamine으로 되어 있는 다당류이다.

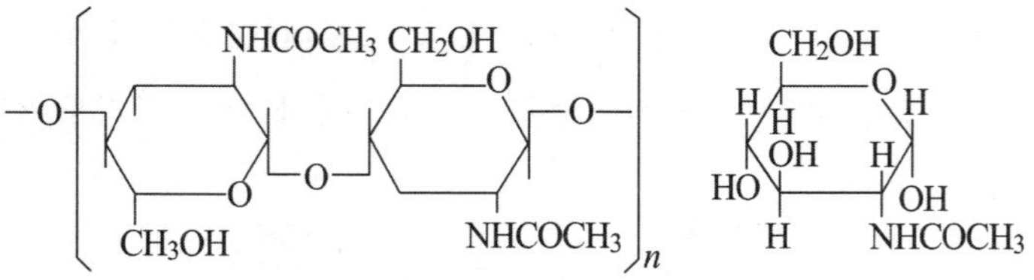

chitin

N-acety1-2-amino
2-deoxyglucose

11-3-8 carageenan

이 다당류는 홍조류의 일종으로 chondrus cripus에 들어 있는 세포벽의 구성 성분이다. D-glucose와 3,6-anhydro-D-galactose가 구성 단당류이며 황산기를 가지고 있어 (-)전하로 하전되어 있으므로 (+)전하를 가지고 있는 단백질 분자 등과 반응하면 점도가 증가하고 gel을 만들어 유탁액이나 현탁액을 안정화하는 작용이 있으므로 의약이나 식품공업의 안정제로 사용된다.

문제 1. 당류란 무엇인가, 화학적으로 설명하라.

풀이

탄수화물(carbohydrate)은 당류(糖類)라고도 부르며 그 일반식은 CnH_2nOn으로 표시된다.

- 단당류(Monosaccharide) 다가 알코올(多價 alcoh -ol)의 산화생성물로 1개의 aldehyde기 또는 ketone기를 가지고 있다. aldehyde기를 가진 것을 알도스(Aldose)라 하고, ketone기를 가진 것을 케토스(Ketose)라 한다. 그리고 분자 중의 탄소수 3, 4, 5, 6, 7 등에 따라 3탄당(triose), 4탄당(tetrose), 5탄당(pen tose), 6탄당(hexose), 7탄당(heptose) 등으로 부른다. (예) glucose, sucrose, mannose 등
- 이당류(Disaccharide) 가수분해에 의해 3분자의 단당(單糖)이 생긴다. (예) raffinose
- 다당류(Polysaccharide) 고분자화합물로 가수분해에 의해 대단히 많은 단당으로 분해 된다.
  (예) starch, cellulose, glycogen

문제 2. 다음 용어를 설명하라.

(a) aldohexose　　(b) ketohexose

(c) aldopentose　　(d) ketopentose

(e) hexosan　　(f) pentosan

풀이

(a) aldehyde기를 가진 탄소수 6의 당. (예) glucose, mannose.

(b) ketone기를 가진 탄소수 6의당. (예) sucrose

(c) aldehyde기를 가진 탄소수 5의 당.

(d) ketone기를 가진 탄소수 5의 당.

(e) 가수분해에 의해 hexose를 생성하는 다당(多撞). (예) starch, glycogen.

(f) 가수분해에 의해 pentose를 생성하는 다당. (예) dextran, araban.

문제 3. 포도당은 D(+)-Glucose라 부르는데 D(+)의 기호(記號)의 의미를 설명하라.

풀이

당류에 있어 입체구조는 Glyceraldehyde를 기준으로 하여 D(+)-Glyceraldehyde와 동계열(同系列)의 것을 D로 표시하고(-OH를 우측에 쓴다), L(-)-Glyceral -dehyde과 동계열의 것을 L로 표시한다(-OH를 좌측에 쓴다). ( )의 기호(記號)는 광학적 성질이 우선성인 것을 (+)로, 좌선성인 것을 (-)로 한다.

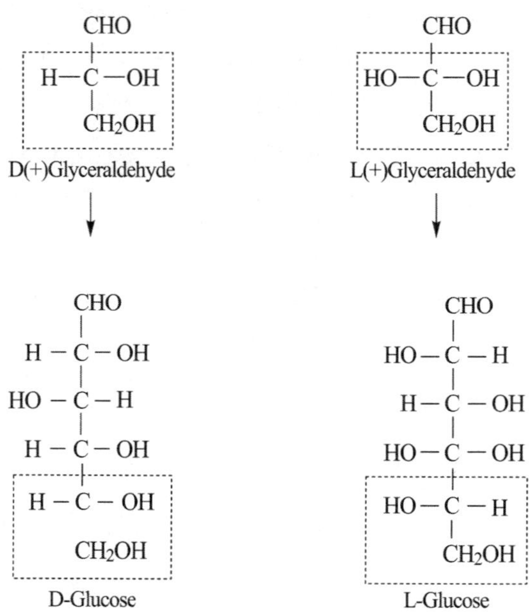

문제 4. 포도당이 나타내는 반응 중에서 다음의 사실을 나타내는 반응을 기술하라.

(a) aldehyde의 반응

(b) 5개의 수산기의 반응

(c) 5개의 수산기 가운데 1개는 1급 알코올이다.

풀이

(a) 은경반응을 나타내고, Fehling용액을 환원하며, phenylhydrazine과 osazone을 만든다.

(b) 무수초산에 의해 펜타아세틸 치환제를 생성한다.

(c) 산화에 의해 당산(糖酸)(탄소수 6)을 생성한다. 2급이나 3급의 -OH이다면 탄소간의 결합이 끊긴다.

$$OHC(CHOH)_4CH_3OH \xrightarrow{O} HOOC(CHOH)_4COOH$$

문제 5. 포도당의 변광회전에 대하여 설명하라.

풀이

보통의 포도당은 α-형으로 수용액의 선광도는 최초[α]20D=+111.2°이다. 시간이 경과함에 따라 선광도가 감소하여 오랜 시간 후에는 [α]20D=+52.5°에서 정지한다. 이 현상을 변광회전(Mutarotation)이라 한다. 이것은 수용액에서는 α-형이 oxo-형을 거쳐 β-형 [α]20D= +17.5°로 변한여, 결국 α형과 β형이 평행에 도달할 때 선광도가 일정치 +52.5°로 된다. 변광회전은 산이나 염기에 의해서 촉진되는 토오토메리 변화 이다.

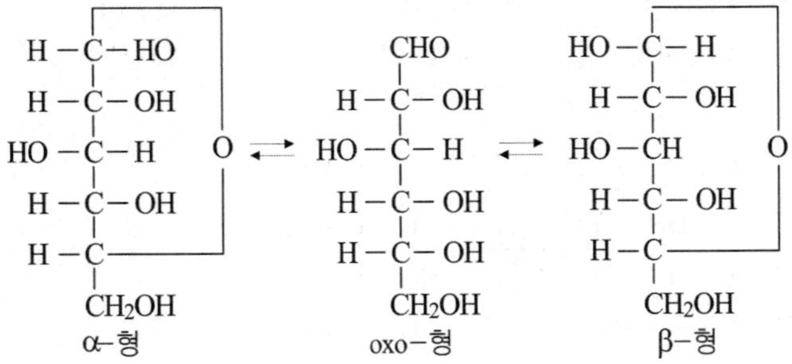

H – C – HO
H – C – OH
HO – C – H   O ⇌
H – C – OH
H – C
CH₂OH → CH_2OH
α-형

CHO
H – C – OH
HO – C – H ⇌
H – C – OH
H – C – OH
CH_2OH
oxo-형

HO – C – H
H – C – OH
HO – CH   O
H – C – OH
H – C
CH_2OH
β-형

문제 6. 포도당이 과당으로 변하는 반응을 써라.

풀이

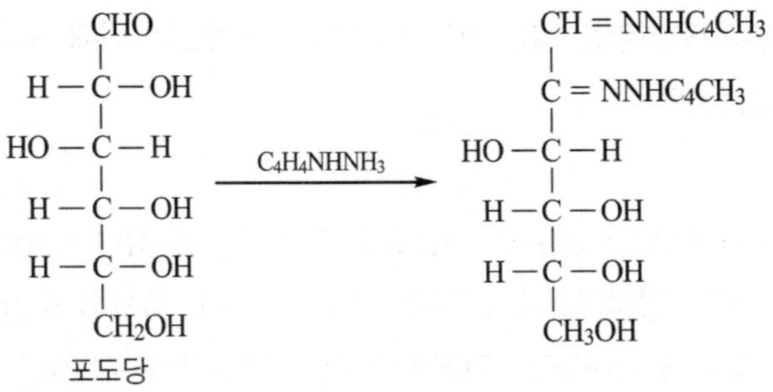

CHO
H – C – OH
HO – C – H
H – C – OH
H – C – OH
CH_2OH
포도당

$\xrightarrow{C_4H_4NHNH_3}$

$CH = NNHC_4CH_3$
$C = NNHC_4CH_3$
HO – C – H
H – C – OH
H – C – OH
CH_3OH

```
                    CHO
                     |
                    C = O                              CH2OH
  HCl                |               2H                  |
-------->   HO - C - H          ------------>           C = O
                     |            Zn+초산                  |
             H - C - OH                           HO - C - H
                     |                                   |
             H - C - OH                            H - C - OH
                     |                                   |
                    CH2OH                          H - C - OH
                                                         |
                                                        CH2OH
                                                        과 당
```

문제 7. 과당이 포도당으로 변하는 반응을 써라.

풀이

```
    CH2OH              CH2OH               COOH
     |                  |                   |
    C = O          H - C - OH          H - C - OH
     |                  |                   |
HO - C - H   2H   HO - C - H   HOBr   HO - C - H   -H2O
     |       -->        |      --->         |      ----->
 H - C - OH        H - C - OH          H - C - OH   가열
     |                  |                   |
 H - C - OH        H - C - OH          H - C - OH
     |                  |                   |
    CH2OH              CH2OH               CH2OH
    과 당             D-soribit

     |---------|
     CO        |                        CHO
     |         |                         |
 H - C - OH    |                    H - C - OH
     |         O     환원                |
HO - C - H     |   -------->       HO - C - H
     |         |    Na(Hg)               |
 H - C --------|                    H - C - OH
     |                                   |
 H - C - OH                         H - C - OH
     |                                   |
    CH2OH                               CH2OH
                                        포도당
```

문제 8. 당의 osazone반응을 설명하라. 또 osazone반응에 의해 포도당과 과당을 식별할 수 있는가?

풀이

당의 수용액에 phenylhydrazine을 과잉으로 가하여 가온하면 osazone이 생긴다. 이것은 물에 불용의 황색결정으로 각각의 당에 대하여 특유의 융진 또는 분해전이나 결정계(結晶系)를 가지므로 과당의 분리나 확인에 이용된다.

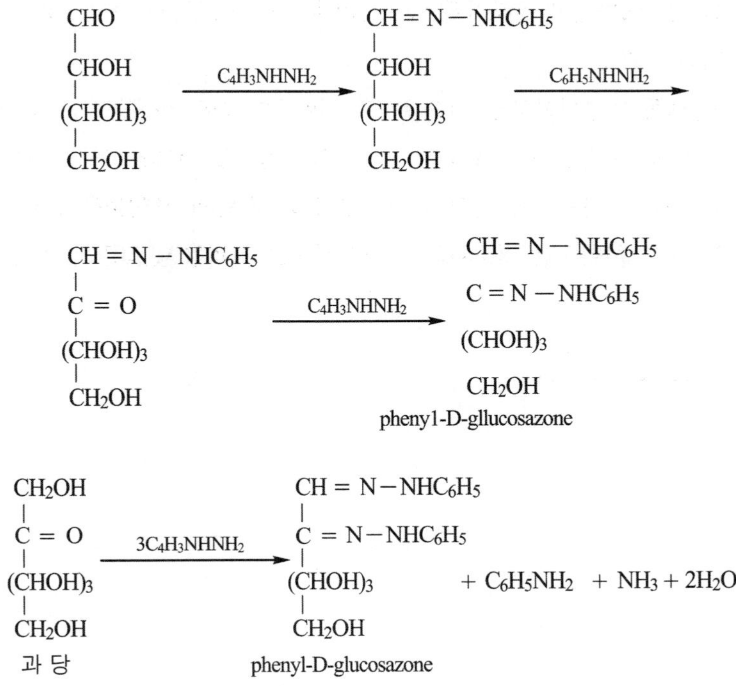

포도당은 aldohexose이고, 과당은 ketohexose이지만, C_3 이하의 배열이 동일하므로 동일의 osazone을 생성한다. 그래서 osazone에 의해 포도당과 과당을 식별할 수 없다.

문제 9. D-glucose, D-fructose 및 D-mannose는 동일의 osazone을 생성한다. 이것은 무엇을 의미하는가?

	포도당	D-만노스	과 당
1	CHO	CHO	CO_2OH
2	|—	—|	CO
3	—|	—|	—|
4	|—	|—	|—
5	|—	|—	|—
6	CH_2OH	CH_2OH	CH_2OH

문제 10. 서당(庶糖)의 가수분해를 특히 전화(轉化)라고 하는 이유는?

풀이

서당이 묽은 산 또는 인베르타아제(Invertase)에 의해 포도당과 과당으로 분해하는 반응은 다음과 같다.

서당의 수용액은 우선성이지만, 가수분해가 진행됨에 따라 좌선성이 큰 과당을 생성하므로, 점점 선광도가 감소하여 결국 좌선성으로 된다. 이 현상을 전화(Inversion)라 하고, 가수분해 결과 생긴 포도당과 과당의 혼합물을 전화당(Invert sugar)이라 한다. 전화당은 결정화하기 어려우므로 제과용(製菓用)에 쓴다.

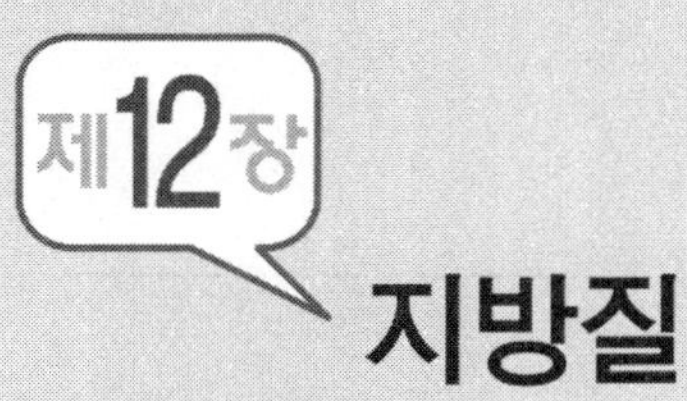

지방질

지방질이란 식물이나 동물의 구성 성분 및 저장물질이며 생체 내의 중요한 영양물질의 하나이다. 일반적으로 지방질은 물에 녹지 않으나, 유기용매(ether, chloroform, benzene 등)에 잘 녹으며 ester 등의 형태로서 지방산과 관련을 가지고 있으며, 천연물에서 얻으려면 압착법, 용출법 및 유기용매에 의한 추출법 등을 이용하고 있다.

지방질은 Bloor(1925)에 의하여 다음과 같이 분류되었다.

1) 단순지질(simple lipid)

① 유지류 (glyceride) : fat(고체), oil(액체)

② wax류

2) 복합지질(compound lipid 또는 conjugated lipid)

① 인지질(phospholipid)

② 당지질(glycolipid)

③ 유황지질(sulfolipid)

④ 아미노지질(aminolipid)

3) 유도지질(derived lipid)

① glycerin

② 지방산(fatty acid)

③ 고급 알코올

④ sterol

12-1 지방산

지방산(fatty acid)은 지질의 가수분해로 얻어지는 최종물질 중의 하나이다. 대부분의 지방산은 탄소 2~20개가 연결된 직쇄의 유기산이다.

표 12-1에서 알 수 있는 바와 같이 자연에 존재하는 지방산은 탄소 수가 모두 짝수로 되어 있으며 포화 지방산과 불포화 지방산으로 나눈다.

표 12-1 천연 지방 중의 중요한 지방산

지방산	화학식	소재
saturated fatty acid		
butyric acid	C_3H_7COOH	버터
caproic acid	$C_5H_{11}COOH$	버터
caprylic acid	$C_7H_{15}COOH$	야자유
capric acid	$C_9H_{19}COOH$	종려유
lauric acid	$C_{11}H_{23}COOH$	야자유
myristic acid	$C_{13}H_{27}COOH$	육두구유
palmitic acid	$C_{15}H_{31}COOH$	동물 및 식물성유
stearic acid	$C_{17}H_{35}COOH$	동물 및 식물성유
arachidic acid	$C_{19}H_{39}COOH$	낙화생유
unsaturated fatty acid		
palmitoleic acid(1=)	$C_{15}H_{29}COOH$	버터
oleic acid(1=)	$C_{17}H_{33}COOH$	올리브유
linoleic acid(2=)	$C_{17}H_{31}COOH$	아마인유
linolenic acid(3=)	$C_{17}H_{29}COOH$	아마인유
arachidonic acid(4=)	$C_{19}H_{31}COOH$	레시틴

포화 지방산 중 탄소 수가 10개인 capric acid까지는 실온에서 액체이고 기타의 것은 고체이다.

대부분의 식물성 기름과 동물성 기름에서 찾아볼 수 있는 팔미트산과 스테아린산은 지방산 중에서 가장 중요한 것이다. 불포화 지방산 중에서 대표적인 것은 올레산으로서 9번 탄소와 10번 탄소 사이에 이중결합이 존재한다.

$$CH_3(CH_2)_7CH{=}CH(CH_2)_7COOH$$

이중결합이 둘 이상인 리놀레산, 리놀레인산, 아라키돈산은 인체 내에서 합성되지 않으며 또한 영양학적으로 꼭 필요한 것으로 음식물에서 섭취하여야 하므로 이들을 필수 지방산(essential fatty acid)이라고 한다.

12-2 중성지방

지방은 지방산과 글리세롤의 에스테르이다. 이를 글리세리드(glyceride)라고 하는데 중성지방에서는 일반적으로 3분자의 지방산과 1분자의 글리세롤이 결합하여 이루어진 트리글리세리드로 존재한다.

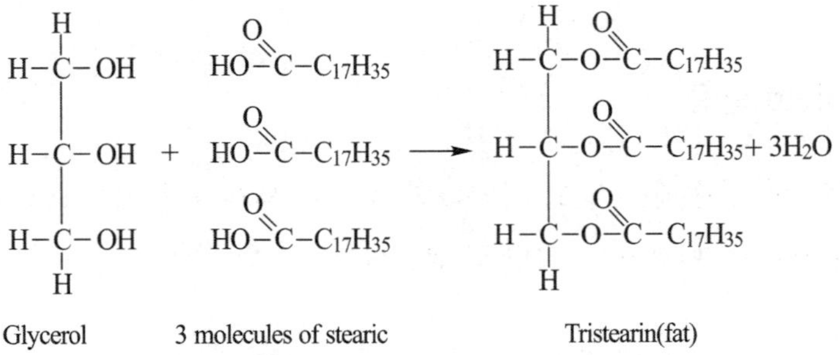

$$\begin{array}{lclcl}
\text{H-C(H)-OH} & & \text{HO-C(=O)-}C_{17}H_{35} & & \text{H-C(H)-O-C(=O)-}C_{17}H_{35} \\
\text{H-C-OH} & + & \text{HO-C(=O)-}C_{17}H_{35} & \longrightarrow & \text{H-C-O-C(=O)-}C_{17}H_{35} + 3H_2O \\
\text{H-C(H)-OH} & & \text{HO-C(=O)-}C_{17}H_{35} & & \text{H-C(H)-O-C(=O)-}C_{17}H_{35}
\end{array}$$

Glycerol 3 molecules of stearic Tristearin(fat)

트리글리세리드 중 지방산 R_1, R_2, R_3의 변화로 여러 가지 종류의 지방이 되는데 tristearin, triolein 등과 같이 R_1, R_2, R_3가 모두 같은 것을 단순 글리세리드라고 하고, 이들 R_1, R_2, R_3가 각기 다른 것을 혼합 글리세리드라 한다. 천연에서 많이 볼 수 있는 중성 지방은 혼합 트리글리세리드이며, 디글리세리드와 모노글리세리드도 다소 존재한다.

예를 들면 R_1 : oleic acid, R_2 : stearic acid, R_3 : palmitic acid인 것을 α-oleyl, β-stearyl, α′-palmitin이라 한다.

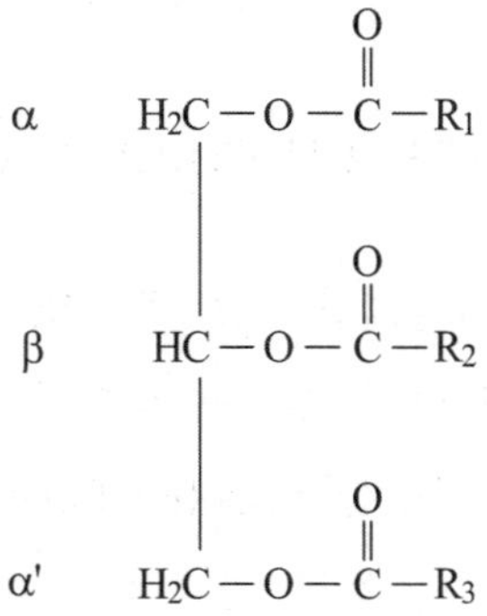

$$
\begin{array}{lll}
\alpha & H_2C-O-\overset{\displaystyle O}{\overset{\|}{C}}-R_1 \\
 & \quad | \\
\beta & HC-O-\overset{\displaystyle O}{\overset{\|}{C}}-R_2 \\
 & \quad | \\
\alpha' & H_2C-O-\overset{\displaystyle O}{\overset{\|}{C}}-R_3
\end{array}
$$

Triglyceride

포화 지방산은 불포화 지방산으로 이루어진 지방보다 용융점이 높다. 또한, 식물성 지방은 동물성 지방에서 보다 불포화 지방산이 많다.

12-3 지방의 화학적 성질

12-3-1 Acrolein 반응

글리세롤에 탈수제를 넣고 가열하면 독특한 냄새를 풍기는 acrolein을 만든다. 이와 같은 반응으로 지방을 검출한다.

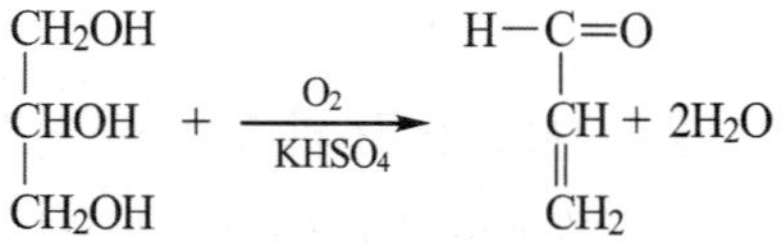

$$
\begin{array}{l} CH_2OH \\ | \\ CHOH \\ | \\ CH_2OH \end{array} + \xrightarrow[KHSO_4]{O_2} \begin{array}{l} H-C=O \\ \quad | \\ \quad CH + 2H_2O \\ \quad \| \\ \quad CH_2 \end{array}
$$

glycerol　　　　acrolein

12-3-2 비누화 반응

글리세리드를 알칼리로 가수분해하는 반응을 비누화 반응(saponification)이라 하는데 생성물은 글리세롤과 지방산의 금속염, 즉 비누가 나온다. 실험실에서는 보통 지방을 알칼리의 알코올 용액에서 반응 시킨다.

$$\begin{array}{l} CH_2-O-C(=O)-C_{17}H_{35} \\ | \\ CH-O-C(=O)-C_{17}H_{35} \\ | \\ CH_2-O-C(=O)-C_{17}H_{35} \end{array} + 3NaOH \quad \begin{array}{l} CH_2OH \\ | \\ CHOH \\ | \\ CH_2OH \end{array} + 3C_{17}H_{35}C(=O)-ONa$$

tristearin　　glycerol　　sodium sterate (soap)

지방산의 나트륨염을 경질 비누라 하고 칼륨염을 연질비누라고 한다. 유지는 정량적으로 비누화된다. 1g의 유지를 비누화하는데 소요된 수산화칼륨의 mg수를 비누화값(saponification number)이라 하며, 이것으로 유지의 평균 분자량이나 지방산의 탄소 길이를 알 수 있다. 유지의 비누화값이 클수록 유지가 짧은 사슬, 즉 분자량이 적은 글리세리드로 이루어 졌음을 알 수 있다.

12-3-3 수소 첨가 반응

불포화 지방산은 수소를 첨가하여 줌으로서 포화 지방산으로 된다. 니켈을 촉매로 하여 올레산에 수소를 첨가시키면 스테아르산으로 된다.

$$CH_3(CH_2)_2CH = CH(CH_2)_7COOH \xrightarrow{H_2} CH_3(CH_2)_7CH_2CH_2(CH_2)_7COOH$$

oleic acid　　strearic acid

이와 같은 원리로 불포화 지방산을 다량 함유하고 있는 어유를 원료로 하여 마아가린(margarin) 등을 제조한다. 이러한 과정을 경화(hardening) 또는 쇼트닝(shortening)이라 한다.

12-3-4 가수소 분해

유지에 수소를 첨가할 때에 포화된 지방 형성에 지나치도록 수소가 첨가되면 에스테르 결합에 가수소분해(hydrogenolysis)가 일어나서 아래의 예에서 보는 바와 같이 긴 사슬의 포화 알코올이 생긴다.

$$\begin{array}{l} CH_3(CH_2)_{14}-\overset{\overset{\displaystyle O}{\|}}{C}-O-CH_2 \\ CH_3(CH_2)_{14}-\overset{\overset{\displaystyle O}{\|}}{C}-O-\,\,CH \\ CH_3(CH_2)_{14}-\overset{\overset{\displaystyle O}{\|}}{C}-O-CH_2 \end{array} \quad 6H_2 \rightarrow 3CH_3(CH_2)_{14}CH_2OH + \begin{array}{l} CH_2OH \\ CHOH \\ CH_2OH \end{array}$$

Palmitin　　Cetyl alcohol　　Glycerol

이때에 생긴 알코올은 합성세제를 만드는 데 이용한다. 가수소분해에 있어 촉매로서 크롬산아연을 쓰면 분자 중의 불포화 결합에 수소첨가가 되지 않은 상태로 수소분해가 일어난다. 즉 이렇게 하면 불포화의 긴 사슬을 가진 알코올이 얻어진다. 예로써 올레인(olein)에서 올레일 알코올이 생긴다.

$$CH_3(CH_2)_7CH{=}CH(CH_2)_7CH_2OH$$

Oleyl alcohol

12-3-5 할로겐화 반응

불포화 지방산에 할로겐 원소를 반응시키면 그 불포화 결합 부분에 할로겐이 쉽게 결합된다. 불포화 지방산의 이중결합 수를 측정하기 위하여는 요오드값(iodine number)을 사용하는데, 이는 100g의 지방질에 첨가되는 요오드의 g수로 정의한다.

$$CH_3(CH_2)_7CH=CH(CH_2)_7COOH \xrightarrow{I_2} CH_3(CH_2)_7-\underset{I}{\overset{H}{C}}-\underset{I}{\overset{H}{C}}-(CH_2)_7COOH$$

oleic acid

diiodostearic acid

12-3-6 산패(rancidity)

지방질을 공기 중에 오래 방치해 두면 불유쾌한 냄새가 나고 맛이 변하는데 이와 같은 산패(rancidity)의 원인은 2가지로 나누어 생각할 수 있다. 즉 가수분해로 인한 것과 산화에 의한 것이다. 웬만한 가수분해로 인한 산패는 보통 효소나 미생물에 의해서 진행되며 지방산이 유리된다. 만약 이들 지방산이 부티르산과 같이 짧은 쇄상의 것이라면 산패한 냄새와 맛을 갖게 된다. 이런 류의 예로 버터 등의 산패를 들 수 있다. 산패의 가장 일반적인 형태는 산화에 의한 것이다.

지방의 불포화 지방산에서 이중결합 부분에 산화가 일어난다.

즉 산소와의 결합으로 과산화물, 휘발성 알데히드, 케톤 및 유기산을 만들게 된다. 열, 빛 습기 및 공기는 산화성 산패작용을 촉진시킨다.

이와 같은 산화에 의한 산패를 억제하는 작용을 하는 항산화제(antioxidant)가 식품 공업에서 중요하게 쓰이고 있다.

12-3-7 건조

어떤 유지의 얇은 층은 공기 중에서 굳어 견고한 피막을 형성하는데 이것을 건조라 한다. 유지의 건조는 증발에 의한 현상이 아니고 공기 중의 산소와 기름의 산화와 중합 등 일련의 복잡한 반응을 일으켜서 피막을 형성한다. 특히 고도로 불포화된 기름이 건조성이 좋다. 이를 건성유라 한다.

오동나무 기름이나 콩기름은 건조성이 좋고, 특히 아마인유는 건조가 빠르다. 특히 아마인유에 잘 용해되는 코발트, 마그네슘 또는 납의 염을 넣고 끓이면 건조가 더욱 빨라진다. 유성도료(oil paint)는 아마인유 속에 아주 고운 분말로 된 안료를 혼합한 것이다.

12-4 납(wax)

납에는 밀납(beeswax), 카나우바 납(carnauba wax), sperm oil 및 라놀린 등이 있다.

이들은 14~34개의 탄소를 가지고 있는 고분자량의 알코올과 지방산과의 에스테르이다. 밀납의 주요 성분은 팔미트산미리실($C_{15}H_{31}CO_2C_{30}H_{61}$)이고 카나우바 납은 세로트산미리실($C_{25}H_{51}CO_2C_{30}H_{61}$)이다. 납은 유지보다 일반적으로 부스러지기 쉽고, 더 단단하며 덜 매끄럽다. 납은 윤을 내는데 사용되며 기타 화장품, 고약, 의약품 및 음반을 만드는데 쓰인다.

12-5 인지질(phospholipid)

인지질은 지질 중에서 가장 많은 형태로서 각기 다른 알코올과 phosphatidic acid가 결합하여 형성된 에스테르이다. 이들 예로는 레시틴과 세파린 등이 있다.

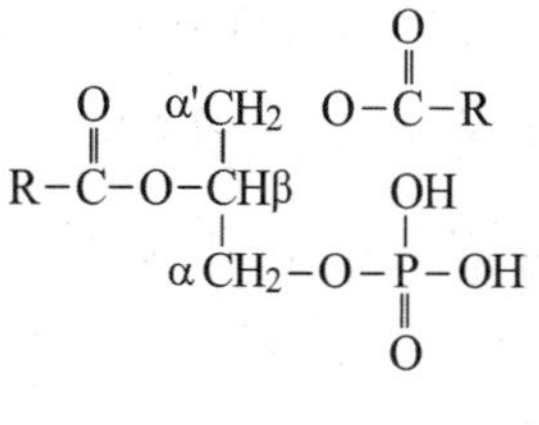

```
                            O                                  O
                            ‖                   α'  CH2-O-C-R
 O    α'CH2     O-C-R                                  O
 ‖       |                                             ‖
R-C-O-CHβ         OH                    β HC-O-C-R
         |          |                                  OH
      α CH2-O-P-OH                                     |
                    ‖                   α   CH2-O-P-OH
                    O                                  ‖
                                                       O
```

L-α-phosphatidic acid 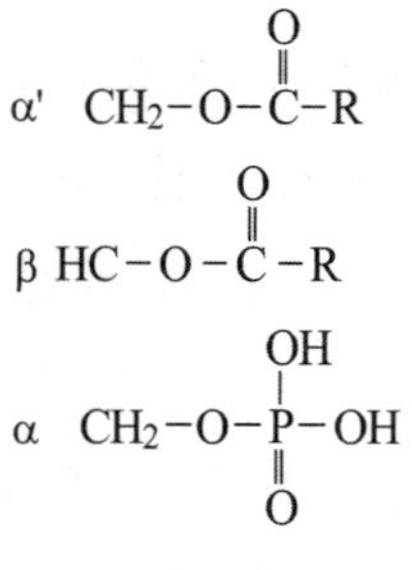　　　D-α-phosphatidic acid phosphatidic acid는 α와 β위치에 지방산과 결합되어 있고 α위치에는 인산과 결합되어 있다. phosphatidic acid에서 β탄소는 부제탄소이다.

12-6 Sphingolipid

sphingolipid는 지방산과 sphingosine으로 형성된 세라미드(ceramide)라 부르는 아미드이다.

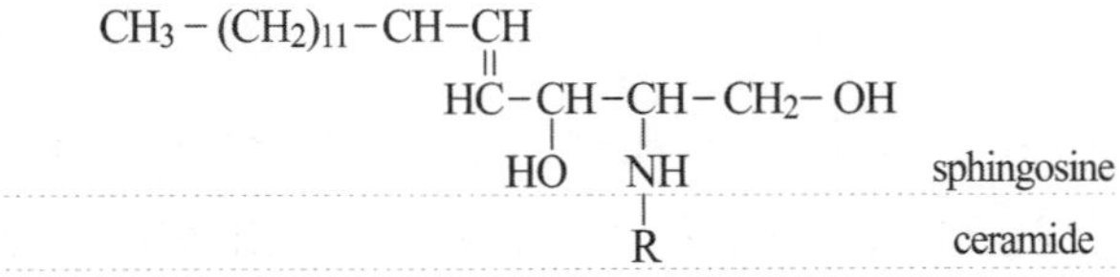

```
CH3 - (CH2)11 - CH-CH
                    ||
                   HC-CH-CH-CH2- OH
                      |   |
                      HO  NH            sphingosine
                          |
                          R             ceramide
```

12-7 당지질(glycolipid)

당지질은 탄수화물과 결합되어 있는 지질을 말한다.

12-7-1 Cerebroside

Cerebroside는 뇌와 신경 조직에 있으며 이것을 가수분해하면 sphingosine, 갈락토스 및 지방산 각각 1몰씩 생산된다. 대표적인 Cerebroside의 구조는 다음과 같이 나타낸다.

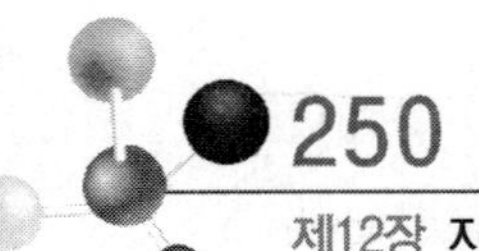

ceramide
CH_2OH
OH C — O O
C OH H C
H C — C H
H OH

cerebroside

12-8 스테로이드(steroid)

스테로이드는 모든 살아 있는 세포에 존재하는 고분자량의 시클릭 알코올 유도체이다. 스테로이드는 알칼리 가수분해로 비누화 반응이 일어나지 않는 조직의 지질 속에 포함되어 있다. 모든 스테로이드 물질의 모체가 되는 탄화수소 화합물은 cyclopentanophenanthrene핵인데 이를 sterol핵이라고도 한다.

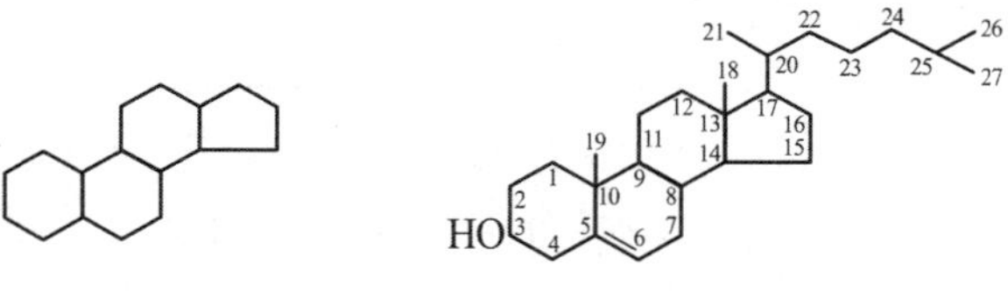

sterol nucleus　　cholesterol structure designation

동물 조직에서 가장 일반적인 스테롤은 콜레스테롤로서 뇌와 신경조직에 많고 담석의 주된 구성물질이다. 정상적인 혈액에는 혈액 100ml 중에 200mg정도의 콜레스테롤이 함유되어 있다. 콜레스테롤은 심맥관계 질환과 관계가 깊고 담석증의 원인이 되기도 한다. 콜레스테롤은 무수초산과 건성 클로로포름 속의 황산 용액과 작용하여 초록색을 나타낸다.

이 반응이 정성 정량 분석의 기초가 되며 Liebermann-Burchard 반응이라고 한다. 또한, 콜레스테롤은 성 홀몬, 부신피질 홀몬 및 비타민 D의 전구체(percursor)이다.

cholesterol

12-9 세포막의 구조

많은 세포의 성분들은 세포 내에 국한되어야 하며 외부환경의 물질로부터 분리되어 있어야 한다. 막들은 세포들을 그들의 환경으로 분리시킴으로서 개체성을 부여하게 한다. 막은 다른 물질의 통과를 막는 벽이 아니라 선택적으로 통과시키는 선택성이 큰 투과 장벽이다. 이러한 성질 때문에 세포 내의 분자 및 이온들의 농도를 조절하며, 다른 대사반응이 일어나도록 독특한 기능을 매개한다. 막은 유동성 구조물이다. 구성은 현저하게 다르기는 하지만, 전형적인 막은 리피드(40%)와 단백질(60%)를 가지고 있다. 막의 리피드는 주로 글리세로포스포리피드와 스핑고리피드 같은 극성기를 가진 것들이다.

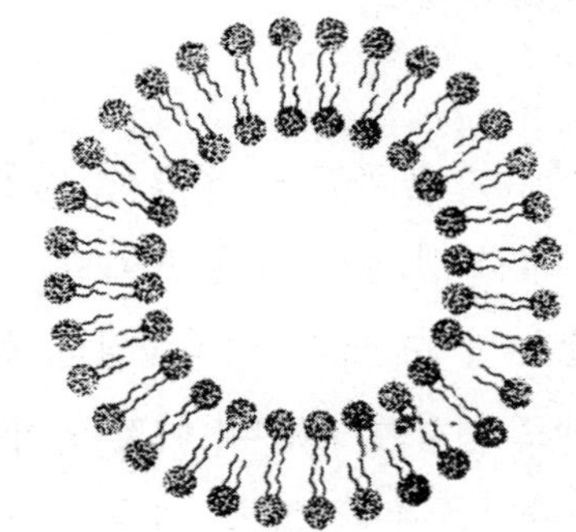

그림 12-1 리포솜 : 리피드분자의 이분자층

극성 머리

탄화수소 꼬리

이들 극성 리피드는 극성 부분과 두 긴 탄화수소 부분을 가지고 있다. 큰 탄화수소 부분 때문에 물에 대한 용해도는 거의 없으나, 물에 흔들어 주면 리포솜(liposomes)이라는 구조물을 형성하여 물에 분산된다. 그림 12-1과 같은 리포솜은 작은 물방울을 둘러쌓으면서 이중막을 형성한다. 극성 부분은 리포솜의 내외부에서 물과 접촉하여 최대한 상호작용이 가능하게 한다. 탄화수소는 이중막의 내부에서 물과 접촉을 피하게 된다.

그림 12-2와 같이, 막의 골격도 이 분자층의 구조로 이루어져 있다. 다양한 단백질들이 막의 양면에 끼어 있으며, 막면에서 신속하게 확산될 수 있다.

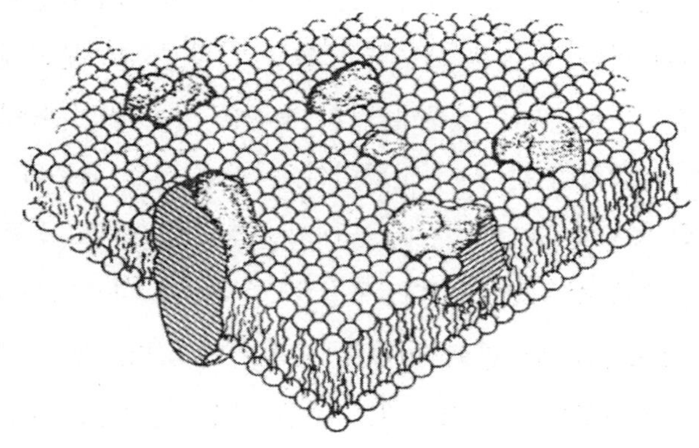

그림 12-2 제한된 막의 모형(이중막)

물은 극성리피드의 이중막을 통과할 수 있으나, 이온이나 많은 극성수용성 물질, 즉 탄수화물과 아미노산 같은 것을 통과할 수 없다. 막 횡단 단백질들을 이온의 통로 역할을 할 수 있다. 극성물질의 수송은 무극성 환경에서도 존재할 수 있는 형태로 변하여야 한다. 이것은 이온이 고리폴리에테르와 착화합물을 이루어서, 유기용매에서도 잘 녹을 수 있도록하는 것과 같은 방법을 이용한다고 생각되며, 실제로 어떤 항체들은 착화물을 형성함으로써 이온이 막을 통하여 통과되고 있다.

문제 1. 건성유라함은 어떤 것을 말하며 요오드값은 어떤 때에 사용되고 있는가를 설명하라.

풀이

건성유 ➡ 유지의 건조는 증발에 의한 현상이 아니고 공기중의 산소와 기름의 산화와 중합 등 일련의 복잡한 반응을 일으켜서 피막을 형성한다. 특히 고도로 불포화된 기름이 건조성이 좋다. 이를 건성유라 한다. 오동나무 기름이나 콩기름은 건조성이 좋고, 특히 아마인유는 건조가 빠르다 특히 아마인유에 잘 용해되는 코발트, 마그네슘 또는 납의 염을 넣고 끓이면 건조가 더욱 빨라진다. 유성도료(oil paint)는 아마인유 속에 아주 고운 분말로 된 안료를 혼합한 것이다.

요오드값 ➡ 불포화 지방산의 이중결합 수를 측정하기 위하여는 요오드값(iodine number)을 사용하는데, 이는 100g의 지방질에 첨가되는 요오드의 g수로 정의한다.

문제 2. 유지를 분석하는데는 흔히 비누화값과 요오드값을 사용하고 있는데 이들을 간단히 설명하라.

풀이

비누화 값(saponification number) ➡ 유지 1g을 비누화하는데 소요된 수산화칼륨의 mg수를 비누화 값(sanponification number)이라 하며, 이 값으로 유지의 평균 분자량이나 지방산의 탄소 길이를 알 수 있다. 유지의 비누화 값이 클수록 유지가 짧은 사슬 즉 분자량이 적은 글리세리드로 이루어 졌음을 알 수 있다. 지방산의 나트륨염을 경질 비누라 하고 칼륨염을 연질비누라고 한다.

요오드값 ➡ 불포화 지방산의 이중결합 수를 측정하기 위하여는 요오드값(iodine number)을 사용하는데, 이는 지방질 100g과 반응하는 요오드의 g수로 정의한다.

문제 3. 수소첨가와 가수소분해와는 어떻게 다른가를 예를 들어 설명하라.

풀이

수소 첨가 반응 ➡

불포화 지방산은 수소를 첨가하여 줌으로써 포화 지방산으로 된다. 니켈을 촉매로 하여 올레산에 수소를 첨가시키면 스테아르산으로 된다.

$$CH_3(CH_2)_7CH=CH(CH_2)_7COOH \xrightarrow{H_2} CH_3(CH_2)_7CH_2CH_2(CH_2)_7COOH$$

oleic acid　　　　　　　　　　　　　streraric acid

이와 같은 원리로 불포화 지방산을 다량 함유하고 있는 어유를 원료로 하여 마아가린(margarin) 등을 제조한다. 이러한 과정을 경화(hardening)또는 쇼트닝(shortening)이라 한다.

가수소 분해 ➡

유지에 수소를 첨가할 때에 포화된 지방 형성에 지나치도록 수소가 첨가되면 에스테르 결합에 가소수분해(hydrogenolysis)가 일어나서 아래의 예에서 보는 바와 같이 긴 사슬의 포화 알코올이 생긴다.

$$\begin{array}{l} CH_3(CH_2)_{14}-\overset{O}{\overset{\|}{C}}-O-CH_2 \\ CH_3(CH_2)_{14}-\overset{O}{\overset{\|}{C}}-O-CH \\ CH_3(CH_2)_{14}-\overset{O}{\overset{\|}{C}}-O-CH_2 \end{array} + 6H_2 \longrightarrow 3CH_3(CH_2)_{14}CH_2OH + \begin{array}{c} CH_2OH \\ | \\ CHOH \\ | \\ CH_2OH \end{array}$$

Palmitin　　　　　　　　Cetyl alcohol　　　　　Glycerol

이 때에 생긴 알코올은 합성세재를 만드는데 이용한다. 가소수분해에 있어 촉매로서 크롬산아연을 쓰면 분자 중의 불포화 결합에 수소첨가가 되지 않은 상태로 수소분해가 일어난다. 즉 이렇게 하면 불포화의 긴 사슬을 가진 알코올이 얻어진다. 예로써 올레인(olein)에서 올레일 알코올이 생긴다.

$$CH_3(CH_2)_7CH=CH(CH_2)_7CH_2OH$$

Oleyl alcohol

문제 4. 유지와 wax는 어떻게 다른가를 간단히 설명하여라.

풀이

유지(Lipid) ➡

지방질이란 식물이나 동물의 구성성분 및 저장물질이며 생체 내의 중요한 영양물질의 하나이다. 일반적으로 지방질은 물에 녹지 않으나, 유기용매(ehter, chloroform, benzene 등)에 잘 녹으며 ester 등의 형태로서 지방산과 관련을 가지고 있으며, 천연물에서 얻으려면 압착법, 용출법 및 유기용매에 의한 추출법 등을 이용하고 있다.

납(Wax) ➡

납에는 밀납(beeswax), 카나우바 납(carnauba wax), sperm oil 및 라놀린 등이 있다. 이들은 14~34개의 탄소를 가지고 있는 고분자량의 알코올과 지방산과의 에스테르이다. 밀납의 주용성분은 팔미트산미리실($C_{15}H_{31}CO_2C_{30}H_{61}$)이고 카나우바납은 세로트산미리실($C_{25}H_{51}CO_2C_{30}H_{61}$)이다. 납은 유지보다 일반적으로 부스러지기 쉽고, 더 단단하며 덜 매끄럽다. 납은 윤을 내는데 사용되며 기타 화장품, 고약, 의약품 및 음반을 만드는데 쓰인다.

문제 5. 유화제라 함은 어떤 것을 말하는가? 이를 간단히 설명하라.

풀이

유지는 glycerol의 -OH기와 지방산의 -COOH기가 ester결합하여 극성이 없어지게 되어 물에 녹지 않는다. 그러니 lecithin, sterol과 같은 지방질은 분자내에 극성기(친수기)와 비극성기(소수기)를 아울러 가지고 있어 이것을 유지와 물 사이에 넣으면 비극성기는 유지와, 극성기는 물과 약하게 결합하여 양자의 교량 역할을 하여 유지가 물에 분산한 유탁액(emulsion)을 만든다. 이와 같은 성질을 가지는 물질을 유화제(emulsifying agents)라 한다.

유탁액에는 두 가지 형태가 있다. 즉, 우유, 아이스크림, 마요네즈 등과 같이 물 속에 유지의 입자가 분산되어 있는 수중유적형(oil in water, O/W)과 버터, 마아가린 등 유지속에 물이 분산되어 있는 유중수적형(water in oil, W/O)이 있다.

유탁액이 수중 유적형, 유중수적형의 어느 쪽이 되는가는 유화제의 성질, 전해질의 존재, 유지의 성질, 유지와 물의 비율 등에 따라 결정된다. 일반적으로 친수성 유화제는 수중유적형을, 친유성 유화제는 유중수적형을 이루게 된다.

유화제를 선택하는 기준으로 HLB(hydrophile-lipophile balance)가 있다. HBL란 유화제의 친유성과 친수성에 따라 0~20으로 나누어지며 3~6은 W/O형에 8~18은 O/W형 유화액에 사용되고 있다.

제13장 단백질과 아미노산

단백질은 동물, 식물, 미생물 등 모든 생체조직의 기본 성분을 이루는 한편 교묘한 생리현상의 열쇠가 되는 효소(enzyme) 또는 호르몬(hormone)이나 다른 생리활성물질도 형성하는 매우 중요한 구실을 하고 있다. 따라서 1839년 네덜란드의 생리학자 Mulder는 단백질을 영어로는 protein(그리스어로 제 1이라는 뜻)이라고 불렀다. 그리고 단백질의 대표적인 것이 달걀의 흰자라 생각하여 명명한 독일어의 Eiweiss에서 따서 단백질이라고 하게 되었다. 단백질은 생체에서의 역할에는 관계없이 어느 것이나 공통의 중요한 구조적 특징을 가지고 있다. 즉 α-아미노카르본산의 고분자 중합체이다. 단백질 고리의 아미노산 수는 100 정도에서부터 50.000 정도에 달하는 것이 있고 그의 분자량은 이것에 대응하여 약 10.000에서 수백만까지 있다. 따라서 단백질의 성질을 말하기 전에 그의 구성체인 아미노산에 대해 기술한다.

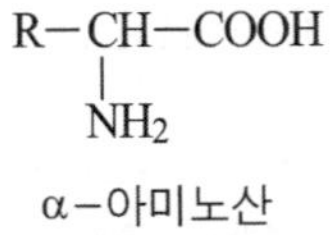

$$\underset{\substack{|\\ NH_2}}{R-CH-COOH} \qquad \cdots\cdots -NH-\overset{\substack{R\\|}}{CH}-\underset{\substack{\|\\ O}}{C}-NH-\overset{\substack{R'\\|}}{CH}-\underset{\substack{\|\\ O}}{C}-\cdots\cdots$$

α-아미노산
간략히 아미노산

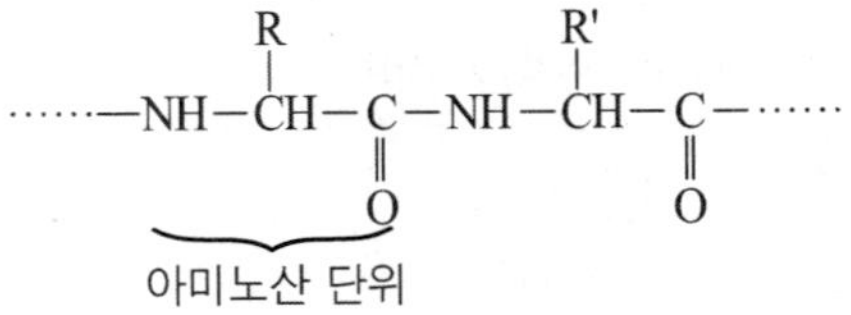

아미노산 단위

13-1 아미노산(amino acid)

단백질의 구성단위인 α-아미노산은 α탄소 위에 아미노기를 가진 카르본산이다. 이들은 화학적으로 합성할 수 있지만 다음에 기술한 바와 같이 보통 아미노산은 중성, 염기성, 산성의 3계통으로 나누어진다. 중성 아미노산

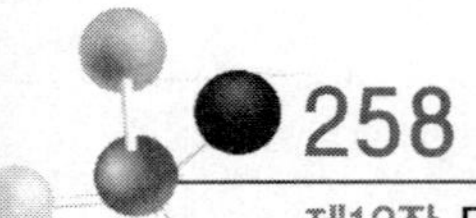

에는 1개의 아미노기와 1개의 카르복실기가 있고, 서로 균형을 이루어 중성 분자를 형성한다. 염기성 아미노산에는 여분의 아미노기가 있어 염기성의 성질을 가지고, 산성 아미노산에는 여분의 카르복실기가 있어 산의 성질을 가진다. 표 13-1에는 이들 아미노산을 별항에 표시하였다.

표 13-1 아미노산

페닐알라닌*(Phenylalanine, [Phe])	5.48	C_6H_5–CH_2CH–CO_2H (NH_2)
타로신(Tyrosine, [Tyr])	5.66	HO–C_6H_4–CH_2–CH–CH_2H (NH_2)
트립토판*(Tryptophan, [Trp])	5.89	(indole, NH)–CH_2–CH–CO_2H (NH_2)
프롤린(Proline, [Pro])	6.30	(pyrrolidine, NH) H, CO_3H
히드록시프롤린(Hydroxyproline, [HPro])	5.80	HO–(pyrrolidine, NH) H, CO_2H
산성 아미노산		
아스파라간산(Aspartic acdi[Asp])	2.77	$HO_2CCH_3CHCO_2H$ (NH_2)
글루탐산(Glutamic acid, [Glu])	3.22	$HO_2CCH_3CH_3CHCO_2H$ (NH_2)
염기성 아미노산		
리신(Lysine, [Lys])	9.74	$CH_2CH_2CH_2CH_2CHCO_2H$ (NH_2, NH_2)
알기닌(Arginine, [Arg])	10.76	H_2N(HN=)C–$NHCH_2CH_2CH_2$ $CHCO_2H$ (NH_2)
히스티틴(Histidine, [His])	7.60	(imidazole, N, NH)–CH_2CHCO_2H (NH_2)

* 필수 아미노산

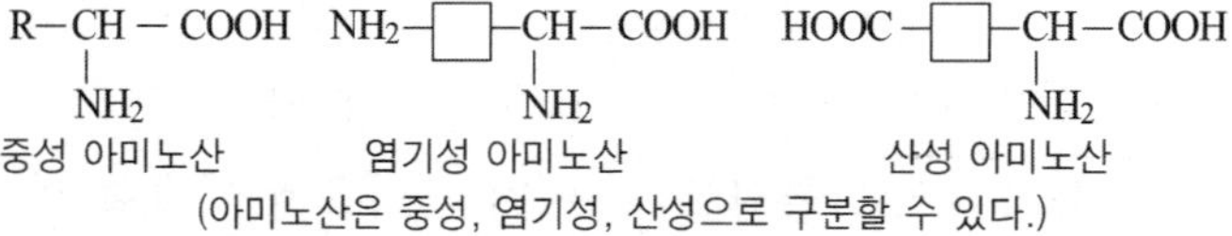

(아미노산은 중성, 염기성, 산성으로 구분할 수 있다.)

α-아미노산으로서의 유사성 이외에는 아미노산의 구조에는 큰 차이가 있다. 어느 아미노산은 단순한 지방족으로 (예를 들면 글리신, 알라닌, 발린 등), 다른 것은 방향족을 (예를 들면 페닐알라닌), 또 수산기(트레오닌)나 카르복실기(아스파라긴 산)와 같이 다른 작용기를 가진 것도 있다. 또 약간의 아미노산에는 유황이나 헤테로 고리를 포함하고 있다. 표 13-1에 *로 표시한 8개의 아미노산은 생체 내에서 합성할 수 없으며 다만 식품에 의하여서만 취하게 되는 필수아미노산이다. 그런데 모든 단백질이 아미노산 전체를 가지고 있는 것이 아니므로 필수 아미노산을 취하려면 여러 가지 종류의 단백질이 들어 있는 식품을 골고루 섭취하여야 한다.

성인은 이들 화합물을 1일에 1~2g 정도 동식물 단백질의 형태로 섭취해야한다. 꽤 많은 단백질이 보통의 아미노산을 전부 함유하지만 이들이 완전한 단백질은 아니다. 카제인(casein)에는 20종의 보통 아미노산 중 19종과 필수아미노산 전부가 포함되어 있다. 젤라틴(gelatin)에는 19종의 아미노산이 포함 하지만 필수아미노산의 트립토판이 부족하다. 제인(zein)에는 리신과 트립토판이 부족하다 따라서 균형 있는 식사에는 보통 수종의 단백원을 써서 전부의 필수아미노산을 필요량 섭취하도록 하는 것이 이상적으로 먹는 방법이 될 수 있다. 대체로 오스본(Osborne)이나 멘델(Mendel) 등의 영양 실험결과를 보면 식물성 단백질 중에 영양가가 떨어지는 것이 많고 동물성 단백질 중에는 영양가가 높은 것이 많다고 한다. 이것은 동물성단백질 중에는 필수아미노산인 리신, 트립토판, 트레오닌 등이 비교적 많이 함유되어 있으나 식물성 단백질 중에는 함유량이 적게 들어 있기 때문이다.

13-2 아미노산의 성질

아미노산은 산성의 카르복실기와 염기성의 아미노기를 갖기 때문에 분자 내에서 다음과 같이 양극이온(dipolar ion)을 형성하며 양전하와 음전하를 갖고 있다.

$$R-CH(NH_2)-COOH \rightleftharpoons R-CH(NH_3^{\oplus})-COO^{\ominus}$$

비이온화 아미노산　　　　　아미노산 양성이온

(분자내 수소이온의 이동으로 비이온화 아미노산이 양성 아미노산으로 된다)

사실 보통의 아미노산을 가열하면 녹지 않고 분해한다. 이 분해는 일반적으로 150℃에서 300℃ 사이에 일어난다. 많은 이온성 물질과 같이 아미노산은 무극성의 유기용매 보다 물에 녹기 쉽다. (예외 : 로이신, 티로신, 시스틴) 또한, 비대칭 탄소원자를 가지며(예외 : 글리신) 양극이 온형의 아미노산은 양성물질(amphoteric com- pound)로서 산 및 염기와 용이하게 반응한다.

염기와 반응시키면 암모니움 치환기 $-NH_3^{\oplus}$ 이 아미노치환기 $-NH_2$로 변하고 산과 반응시키면 카르복실레이트 치환기 $-COO^{\ominus}$ 가 카르복실 치환기 $-COOH$로 변한다.

$$R-CH(NH_3^{\oplus})-COO \xrightarrow{H^{\oplus}} R-CH(NH_2^{\oplus})-COOH \text{ (산성용액)} \xrightarrow{\text{이동}} \text{음극}$$

$$R-CH(NH_3^{\oplus})-COO \xrightarrow{OH^{\ominus}} R-CH(NH_2)-COO^{\ominus} \text{ (염기성용액)} \xrightarrow{\text{이동}} \text{양극}$$

(양극이온은 양성물질이고 산, 염기 어느쪽과도 반응한다)

따라서 산성용액, 즉 H^+이 많은 액에서는 아미노산은 +로 하전하고 염기성용액 즉 OH^-이 많은 −로 하전 한다. 그리고 그 중간의 어떤 H^+의 농도, 즉 어떤 pH에서 아미노산의 (+)와 (−)의 전하수가 동일하게 되는 점이 있어 이것을 그 아미노산의 등전점(isoelectric point)이라 부르며 이 pH값은 개개 아미노산에 고유한 것이다. 글리신이나 알라닌과 같은 중성 아미노산의 등전점은 5.5에서 6.3사이에 있다. 리신과 같은 염기성 아미노산의 등전점은 훨씬 높은 pH로서 10부근에 있다. 아스파라긴 산과 같은 산성아미노산의 등전점은 3부근의 낮은 pH에 있다.

아미노산이 반대의 극으로 이동하는데 이것을 전기영동(electrophorisis)이라 한다. 특수한 종이를 이용하여 전기영동을 일으켜서 아미노산을 분리할 수 있는데, 이와 같은 방법을 종이 전기영동(paper electrophoresis)이라 하여 아미노산, 단백질, 요소의 연구에 이용한다.

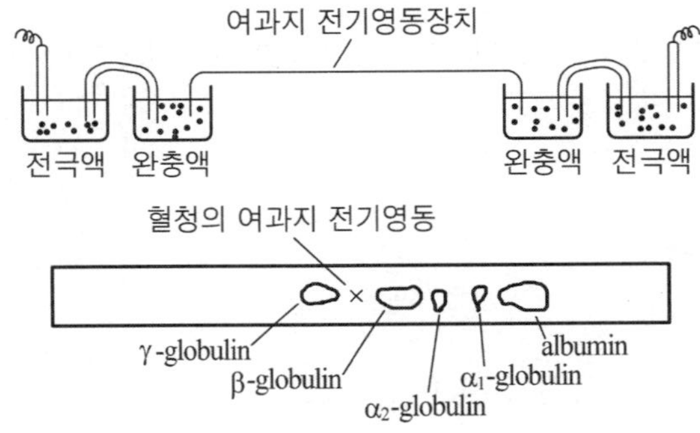

그림 13-1 여과지에 의한 혈청 단백질의 전기영동

아미노산은 좋은 맛을 가지는 것이 많으며, 다시마의 맛이 글루타민산인 것은 잘 알려져 있고, 간장이나 된장의 감칠맛도 그중에 들어 있는 아미노산에 의한 것이다.

13-3 아미노산의 합성

아미노산은 생물학적으로 매우 중요하므로 그것을 합성하는 방법이 많이 개발되어 있다. 여기서는 여러 아미노산의 합성에 응용될 수 있는 방법을 두 가지로 설명하였다.

13-3-1 α-브로모산과 암모니아 반응

$$R-CH_2COOH + Br_2 \xrightarrow{\text{red P}} R-\underset{\displaystyle Br}{\underset{|}{C}}HCOOH + HBr$$

$$R-\underset{\displaystyle Br}{\underset{|}{C}}HCOOH + NH_3 \xrightarrow{P} R-\underset{\displaystyle NH_2}{\underset{|}{C}}HCOOH + NH_3Br$$

인(P) 촉매 존재하에 카드본산과 브롬을 반응시키면 α-브로모산이 얻어진다. 이 α-브로모산을 암모니아로 처리하면 대응하는 α-아미노산이 만들어 진다.

13-3-2 Strecker 합성

$$R-CHO+HCN+NH_3 \longrightarrow R-\underset{\displaystyle NH_2}{\underset{|}{C}}H-CN$$

α-아미노 니트릴

$$R-\underset{\displaystyle NH_2}{\underset{|}{C}}H-CN \xrightarrow{H_2O^{\oplus}} R-\underset{\displaystyle NH_2}{\underset{|}{C}}H-COOH$$

α-아미노산

알데히드에 HCN를 부가시키는 반응은 이미 설명하였으며 같은 반응으로 암모니아의 존재 하에 행하면 α-아미노니트릴이 생성되고, 이것을 산의 수용액으로 가수분해하면 α-아미노산이 얻어진다.

13-4 아미노산의 반응

아미노산은 아미노기와 카르복실기에서 특정적인 다수의 화학변화를 한다. 아미노산의 카르복실기는 알코올과 반응하여 에스테르(ester)를 만드는데 피셔(Fischer)법은 이러한 에스테르를 분별증류하여 아미노산을 분리하는데 이용된다.

$$R-\underset{\displaystyle NH_2}{\underset{|}{CH}}-COOH+CH_3CH_2OH \xrightarrow{H^+} R-\underset{\displaystyle NH_2}{\underset{|}{CH}}-COOCH_2CH_3+H_2O$$

아미노산은 상법으로 에스테르화 할 수 있다.

다음에 기술한 2종의 반응은 아미노산의 분석에 관련하여 특히 중요하다.

13-4-1 아질산과의 반응

$$R-\underset{\displaystyle NH_2}{\underset{|}{CH}}-COOH \xrightarrow[H_2O]{HNO_2} R-\underset{\displaystyle OH}{\underset{|}{CH}}-COOH+N_2$$

제1급 지방족아민과 아질산의 반응은 이미 설명하였으며 이 반응을 이용하여 아미노산 시료중의 유리 아미노기의 양을 결정할 수 있다. 이 반응은 반스라이크(Van slyke)법으로 알려져 있으며, 발생하는 질소가스를 모아서 그의 용적을 재는 방법으로 행한다. 기체의 법칙을 쓴 간단한 계산으로 원래의 시료에 존재하는 아미노기의 몰수를 결정할 수 있다.

13-4-2 닌히드린과의 반응

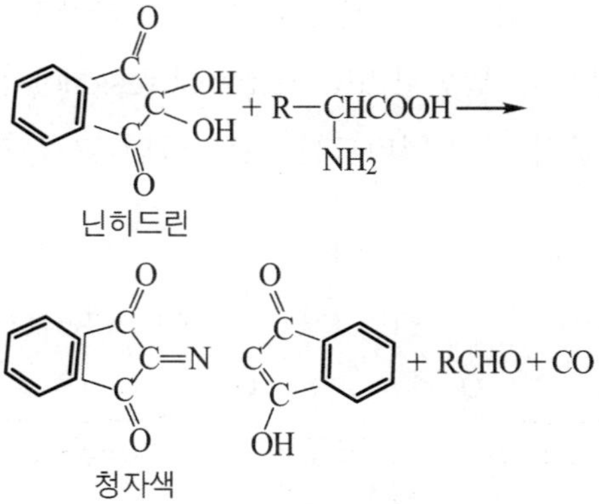

$$\text{닌히드린} + R-\underset{\displaystyle NH_2}{\underset{|}{CH}}COOH \longrightarrow \text{청자색} + RCHO + CO$$

닌히드린

청자색

닌히드린(ninhydrin)은 아미노산과 반응하여 청자색의 생성물을 만든다. 이 반응의 부생성물은 원래의 아미노산보다 탄소 1개 적은 알데히드와 이산화탄소이다.

닌히드린 반응은 청자색 생성물의 농도를 비색계로 측정하여 아미노산의 정량분석에 사용된다. 닌히드린 반응은 종이 크로마토그래피(paper chromatography)로 분리한 아미노산을 눈으로 볼 수 있기 때문에 실험실에서 이것의 위치와 종류를 검출하는데 널리 사용되고 있다.

13-5 펩티드(peptide)

아미노산의 아미노기가 제 2의 아미노산의 카르복실기와 반응하여 아미드를 생성하면 생성물은 펩티드다. 3개의 아미노산이 동일하게 결합하면 트리펩티드(tripeptide)가 생기고, 4개의 아미노산에서는 테트라 펩티드가 생긴다. 다수의 아미노산이 펩티드 결합으로 연결된 생성물은 폴리펩티드(polypetide)라 부르고 있다. 단백질은 적어도 100개 이상의 아미노산으로 이루어진 폴리펩티드인데, 실제로는 단백질과 폴리펩티드 사이에는 명확한 정의가 없다.

펩티드 중의 유리아미노기를 가진 아미노산은 N-말단잔기(N-terminal residue)라 부르며 폴리펩티드의 왼쪽에 쓴다. 마찬가지로 유리의 카르복실기를 가진 아미노산은 C-말단잔기(C-tetminal residue)라 부르며 펩티드 고리의 오른쪽 끝에 쓴다. 폴리펩티드를 예로 들면 다음과 같이 된다.

$$\underbrace{NH_2-\overset{\overset{\displaystyle R}{|}}{CH}-\underset{\underset{\displaystyle O}{\|}}{C}}_{N\text{-말단잔기}}-NH-\overset{\overset{\displaystyle R'}{|}}{CH}-\underset{\underset{\displaystyle O}{\|}}{C}-\underbrace{NH-\overset{\overset{\displaystyle R''}{|}}{CH}-COOH}_{C\text{-말단잔기}}$$

펩티드결합

(대표적 폴리 펩티드)

펩티드를 명명하는 데는 N-말단 아미노산에서 시작하여 계속 결합된 C-말단 아미노산 가지의 어미 “ine”을 C-말단잔기 이외의 아미노산 전부에 대해 어미 "y"로 바꾸고 -COOH를 남기고 있는 아미노산명을 마지막에 붙인다.

$$\underbrace{NH_2-\underset{}{\overset{CH_3}{\overset{|}{CH}}}-\underset{\underset{O}{\|}}{C}}_{\text{알라닌}}-\underbrace{NH-CH_2-COOH}_{\text{글리신}}$$

알라닐 글리신

$$\underbrace{NH_2CH_2-\underset{\underset{O}{\|}}{C}}_{\text{글리신}}-\underbrace{NH-\overset{CH_2OH}{\overset{|}{CH}}-\underset{\underset{O}{\|}}{C}}_{\text{세린}}-\underbrace{NH-\overset{CH_2SH}{\overset{|}{CH}}-COOH}_{\text{시스테인}}$$

글리실세릴 시스테인

여러 가지 목적에는 펩티드의 상세한 구조식이 필요치 않고 단지 구성 아미노산의 표준약호를 사용한 표시로도 충분한다. 예를 들면 테트라펩티드의 이소로이실 리실 메티오닐 티로신(isoleucyl lysyl methionyltyrosine)은 다음식으로 표시할 수 있다.

Leu-Lys-Met-Tyr

이 모양의 표시 방법으로도 N-말단잔기가 왼쪽에 C-말단잔기가 오른쪽에 쓴다. 여러 가지 펩티드가 단백질의 부분 가수 분해물로부터 단리되고 있지만, 천연에도 다스의 펩티드가 있고, 잘 알려진 생물학적 기능을 말하고 있다.

다음에 천연에서 생성되는 펩티드를 그 구조식과 생물학적 기능을 포함하여 몇 가지 열거하였다.

Glu-CySH-Gly

글루타티온(glutathione : 글루타밀시스테이닐글리신<glutamylcysteinylglycine>)은 동물성 세포에 널리 분포하며 효모에서 분리할 수 있다. 이것은 생화학적 산화・환원 반응에의 촉매로서 관여한다.

카로신(carosine : 알라닐히스티딘<alanylhistidine>)은 많은 동물이나 사람의 근육중에 존재한다. 그의 생리학적 역할은 명확히 알 수는 없지만, 근육의 운동 중 생리적 pH 범위를 유지하기 위한 완충제로서 작용하는 것 같다.

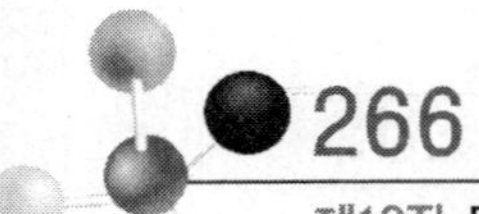


```
CyS — Tyr — Ileu
|              |
S              |
|              |
S              |
|              |
CyS — Asp — Giu
|
Pro — Leu — Gly
```

옥시토신(oxytocin)은 시클로 옥타펩티드로 뇌하수체 후엽의 주요한 자궁수축 및 유즙분비 자극 호르몬이다. 이것은 자궁수축을 자극하기 위한 극사약으로 쓰이고 있다.

```
          Ileu — CyS — Leu — Glu ─┐
           └─  S  ─┘               │
┌──────────────────────────────────┘
└─ Ileu — Lys — Orn — Ileu
         NH            |
         |            Phe
         |             |
         |            His
         |             |
         └────── C — Asp — Asp
                 ‖
                 O
```

바시트라신 A(bacitracin A)는 듀오데카펩티드(duodecapeptide)로 미생물이 생산하는 항생물질이다. 이것은 특수 아미노산인 오르니틴(ornithine)을 포함한다.

$$NH_2 - CH_2CH_2CH_2\underset{\displaystyle NH_2}{\underset{|}{CH}} - COOH$$

13-6 • 펩티드의 구조결정

펩티드의 구조를 결정하는 데는 우선 펩티드 고리의 완전 가수분해를 행하는 것이 보통이다. 펩티드를 염산과 환류하면 펩티드 결합은 전부 절단된다. 생성한 가수분해물(hydrolysate)에 대해 그 중의 아미노산의 종류와 양을 분석한다. 예를 들면 트리펩티드인 글리실세릴 시스테인 Gly-Ser-CySH를 완전 가수분해한 후 분석하면, 글리신(glycine), 세린(serine), 시스테인(cysteine)이 1mol씩 포함하고 있는 것을 알 수 있다. 그러나 이 분석으로부터는 이들 아미노산이 어떠한 순서로 결합하여 펩티드로 되어 있는가 알 수 없고, 이것을 결정하는 것은 간단하지 않다. 사실 3종의 아미노산에서 생성하는 펩티드는 6종류가 가능하다. 글리신, 세린, 시스테인을 각각 G, S, C로 표시하면, 6종이 가능하다. 글리신, 세린, 시스테인을 각각 G, S, C로 표시하면, 6종의 가능한 트리펩티드는 GSC, GSC, CGS, CSG, SGC, SCG로 된다.(구조식 GSC은 구조식 CSG와 같다.)

13-6-1 말단기 분석

2,4-디니트로 플루오르벤젠(2,4-dinitrofluorobenzene : DNFB)은 펩티드의 N-말단잔기인 유리 아미노산과 다음식과 같이 반응한다.

$$NO_2-C_6H_3(NO_2)-F + \underbrace{NH_2-Gly}_{\text{N-말단잔기}}-Ser-CySH \longrightarrow$$

DNFB

$$NO_2-C_6H_3(NO_2)-NH-Gly-Ser-CySH + HF(Base)$$

DNP-유도체

DNP-펩티드의 가수분해로 N-말단아미노산의 DNP-유도체가 생긴다.

펩티드의 C-말단아미노산은 효소 카르복시펩티다아제(carboxypeptidase)을 사용하면 펩티드 고리에서 선택적으로 다음식과 같이 절단된다.

$$\boxed{\text{펩티드고리}} - NH - \overset{\overset{R}{|}}{CH} - \underset{\underset{O}{\|}}{C} - \underbrace{NH - \overset{\overset{R'}{|}}{CH} - COOH}_{\text{말단전기}} \xrightarrow[\text{효소}]{H_2O}$$

카르복시펩티디아제로 절단되기 쉬운 결합

$$\boxed{\text{펩티드고리}} - NH - \overset{\overset{R}{|}}{CH} - \underset{\underset{O}{\|}}{C} - OH + NH_2 - \overset{\overset{R'}{|}}{CH} - COOH$$

펩티드 고리에서 절단된 C-말단아미노산은 표준적 분석법으로 동정할 수 있다. 이 반응은 대단히 유용하지만 C-말단 아미노산이 절단되면 새로운 C-말단잔기가 생기고, 그것이 또 효소로 절단되므로 주의 깊게 조작해야 한다.

그래서 트리펩티드 Gly-Ser-CySH의 구조에 있어 글리신, 세린, 시스테인이 분자 중에 1mol씩 존재하는 것이 결정되었으므로 다음은 이 화합물의 말단기를 분석한다. DNFB와 처리한 후 그 DNP유도체를 가수분해하면 글리신의 DNP 유도체가 얻어진다. 따라서 N-말단아미노산은 글리신이다. 카르복시펩티다아제로 처리한 후 유리 아미노산을 분석하면 시스테인이 얻어진다. 따라서 C-말단아미노산은 시스테인이다. 이상의 결과로 트리펩티드의 구조는 Gly-Ser-CySH로 된다.

13-6-2 선택된 가수분해

더욱 길고 복잡한 펩티드의 아미노산 배열을 결정하는 데는 보통 펩티드를 부분 가수분해 한 후 시작한다. 이 분석을 위해서는 특정의 효소가 대단히 유용하다. 예를 들면 트립신(trypsin)은 펩티드 고리를 리신이나 알기닌(arginine)의 카르복실기의 위치에서 선택적으로 가수분해하는 효소이다. 키모트립신(chymotrypsin)이나 펩신(pepsin)은 펩티드 고리를 티로신, 페닐알라닌, 트립토판 등의 카르복실기의 위치에 가수분해하는 효소이다.

이 모양의 선택적 가수분해로 긴 펩티드 고리를 어느 정도 짧은 펩티드 고리로 절단하고 그것을 트리펩티드의 예에서 나타낸 바와 같은 방법으로 분석한다. 여기서 얻어진 펩티드의 소절편의 아미노산 배열에 관한 지식을 모으면 펩티드 전부에 대한 아미노산 배열을 재생할 수가 있다. 예로서 미지의 옥타 펩티드의 구조를 결정하는 데에 필요한 단계를 다음과 같이 나타낸다.

1) 옥타펩티드(octapepetide)를 완전 가수분해한 후 분석하면 다음과 같은 아미노산 조성이 얻어진다.

아 미 노 산	mol 비
알라닌(Ala)	1
글리신(Gly)	2
로이신(Leu)	1
페닐알라닌(Phe)	2
티로신(Tyr)	1
발린(Val)	1

2) 옥타펩티드의 말단기 분석에서 다음의 정보가 얻어진다.
   N-말단아미노산 글리신
   C-말단아미노산 티로신
3) 옥타펩티드의 시료를 각각 다른 효소로 선택적으로 가수분해하면 4종의 트리 펩티드가 얻어진다. 이것의 트리펩티드를 다시 완전 가수분해와 말단기 분석으로 그의 배열을 정하면 다음과 같이 된다.
   ① Ala-Phe-Tyr
   ② Leu-Val-Phe
   ③ Gly-Gly-Leu
   ④ Val-Phe-Ala
4) 글리신은 N-말단아미노산이고 티로신은 C-말단아미노산이라는 것을 고려하면 트리펩티드를 다음과 같이 배열할 수 있다.
   ① Gly-Gly-Leu
   ② Leu-Val-Phe
   ③ Val-Phe-Ala
   ④ Ala-Phe-Tyr

⑤ Tyr(C-말단)

5) 위의 결과에서 옥타펩티드의 구조는 다음과 같이 된다.

Gly - Gly - Leu - Val - Phe - Ala - Phe - Tyr

지금의 예는 구조 결정의 원리가 간단한 것이었지만 훨씬 복잡한 예도 동일한 원리에 응용할 수 있다. 혈당강하 호르몬인 인슐린(insulin)은 1926년에 처음으로 순수하게 분리되었다. 1955년에 인슐린 분자 내의 아미노산 배열의 결정이 Sanger(1958 노벨상수상)의 연구에 의해 밝혀졌으며, N-말단이 글리신으로 시작되어 C-말단이 아스파라긴에서 끝나는 21개의 아미노산 잔기와 페닐알라닌으로 시작되어 알라닌에서 끝나는 30개의 아미노산잔기의 각 폴리펩티드 고리가 다른 시스틴의 S-S결합에 의해 두 곳에서 연결된 구조임을 결정하였다. 다음에 소의 인슐린의 전 구조를 표시한다.

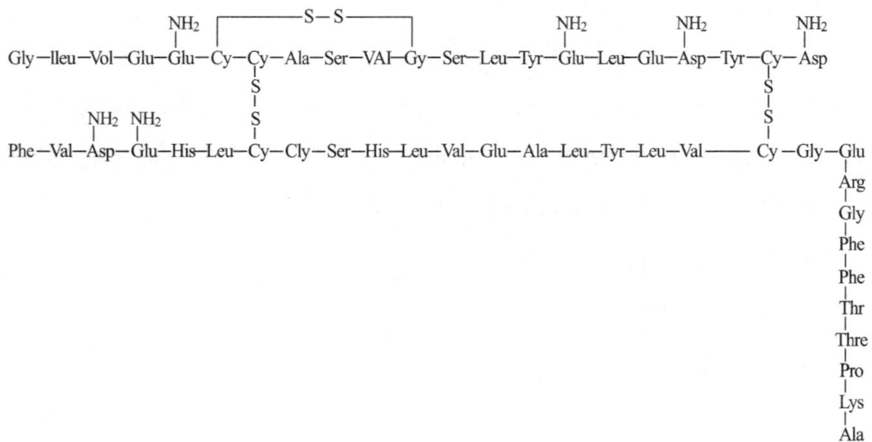

소의 인슐린

13-7 펩티드의 합성

아미노산은 전부 2개의 작용기를 가진 화합물이므로 펩티드 합성의 문제는 대단히 복잡하게 된다. 즉 1개의 작용기만이 반응을 행하려고 하여도 뜻하지 않게 다른 작용기도 반응하고 만다.

예를 들면 간단한 펩티드인 글리실 알라닌을 합성하려고 할 경우 다만, 글리신의 산염화물을 합성하고 이것을 알라닌과 반응시키면 목적의 디펩티드를 얻게 될 것이다. 그러나 이 일련의 반응은 그대로만 되지 않는다. 말하자면 글리신의 산염화물의 아미노기는 제2분자의 산염화물과 반응하고 이것의 생성물은 다시 동일의 반응을 반복하므로 중합반응이 일어난다.

$$NH_2-CH_2-COOH \xrightarrow{SOCl_2} NH_2-CH_2-\underset{\underset{O}{\|}}{C}-Cl$$

글리신 글리신의 산염화물

$$NH_2-CH_2-\underset{\underset{O}{\|}}{C}-Cl \quad NH_2-\overset{\overset{CH_3}{|}}{CH}-COOH \longrightarrow$$

알라닌

$$NH_2-CH_2-\underset{\underset{O}{\|}}{C}-NH-\overset{CH_3}{CH}-COOH+HCl$$

글리실알라닌

생각되는(그러나 실행될 수 없다) 글리실 알라닌의 합성법

$$NH_2-CH_2-\underset{\underset{O}{\|}}{C}-Cl \xrightarrow{NH_2-CH_2-\underset{\underset{O}{\|}}{C}-Cl}$$

$$NH_2-CH_2-\underset{\underset{O}{\|}}{C}-NH-CH_2-\underset{\underset{O}{\|}}{C}-Cl \quad +HCl \xrightarrow{NH_2-CH_2-\underset{\underset{O}{\|}}{C}-Cl} \cdots$$

글리신의 카르본산 염화물은 중합한다

두 작용성 분자의 제2 작용기가 불필요한 반응을 하는 것을 막기 위해 보호기(protecting group)을 도입한다. 보호기란 작용기에 결합하여 그의 기가 반응하지 않도록 하는 치환기이다. 분자의 다른 부분에 반응을 행한 후 생성물에 영향이 없도록 하는 온화한 반응조건으로 보호기를 제거한다.

펩티드의 합성으로 아미노기의 보호에 잘 쓰이는 보호기는 카르보벤즈옥실기(carbobenzoxy group)이다.

$$C_6H_5-CH_2-O-\underset{\underset{O}{\|}}{C}-$$

이 보호기는 아미노산, 예를 들면 글리신에 다음과 같은 반응으로 도입된다.

$$C_6H_5-CH_2-O-\underset{\underset{O}{\|}}{C}-Cl + NH_2-CH_2-COOH \longrightarrow$$

클로로카르보벤즈옥실　　　　글리신

$$C_6H_5-CH_2-O-\underset{\underset{O}{\|}}{C}-NH \quad CH_2-COOH$$

카르보벤즈옥실글리신

여기서 글리신의 아미노기는 보호되므로 대응하는 산염화물은 일반적인 방법에 따라 합성되며, 알라닌과 같은 제2의 아미노산과 반응시킬 수 있다.

① $$C_6H_5-CH_2-O-\underset{\underset{O}{\|}}{C}-NH-CH_2-COOH \xrightarrow{SOCl_2}$$

$$C_6H_5-CH_2-O-\underset{\underset{O}{\|}}{C}-NH-CH_2-COCl$$

② $$C_6H_5-CH_2-O-\underset{\underset{O}{\|}}{C}-NH-CH_2-COCl+NH_2-\overset{\overset{CH_3}{|}}{CH}-COOH \longrightarrow$$

알라닌

$$C_6H_5-CH_2-O-\underset{\underset{O}{\|}}{C}-NH-CH_2-\underset{\underset{O}{\|}}{C}-NH-\overset{\overset{CH_3}{|}}{CH}-COOH$$

③ $$C_6H_5-CH_2-O-\underset{\underset{O}{\|}}{C}-NH-CH_2-\underset{\underset{O}{\|}}{C}-NH-\overset{\overset{CH_3}{|}}{CH}-COOH \xrightarrow{H_2/Pd}$$

$$NH_2-CH_2-\underset{\underset{O}{\|}}{C}-NH-\overset{\overset{CH_3}{|}}{CH}-COOH + CH_2 + C_6H_5-CH_3$$

글리실알라닌

(글리실 알라닌의 합성법)

이 반응의 최종 단계에는 이 보호기를 수소와 파라디움으로 처리하여 제거한다. 수소와 파라디움은 펩티드 결합에 어떤 영향은 주지 않는다. 트리펩티드를 합성할 때는 보호기를 그대로 남겨두고 이 보호된 디펩티드를 합성할 때는 보호기를 그대로 남겨두고 이 보호된 디펩티드를 대응하는 산염화물로 바꾼다. 이것을 다시 제3의 아미노산과 처리하면 트리펩티드를 얻을 수 있다. 이 방법으로 연결된 아미노산의 수에는 사실상 제한이 없으며, 다수의 펩티드의 합성에 쓰여서 성공하고 있다.

펩티드의 합성에 잘 쓰이고 있는 또 하나의 보호기는 프탈로일기(phthaloyl group)이다. 이 보호기는 아미노산과 무수프탈산의 반응으로 도입된다.

이 기로 보호한 아미노산에서 디펩티드를 합성한 후 프탈로일기는 히드라진(hidrazin)과 반응시켜 제거한다.

$$\text{Phth-N}-\underset{\text{R}}{\text{CH}}-\text{CO}-\text{NH}-\underset{\text{R'}}{\text{CH}}-\text{COOH} + \text{NH}_3-\text{NH}_2 \longrightarrow$$

히드라신

프릴로일기로 보호한 디펩티드

$$\text{C}_6\text{H}_4(\text{CO})_2\text{O} + \text{NH}_2-\underset{\text{R}}{\text{CH}}-\text{COOH} \longrightarrow \text{C}_6\text{H}_4(\text{CO})_2\text{N}-\underset{\text{R}}{\text{CH}}-\text{COOH}$$

무수프탈산 프탈로일 유도체

(프달로열기에 의한 아미노산의 보호)

13-8 단백질

단백질의 화학적 성질은 많은 점에서 폴리펩티드와 유사하며, 이 사실은 단백질이 대단히 긴 폴리펩티드라고 생각하면 놀랄게 없다. 예를 들면 완전 가수분해하여 분석하는 기술이나 말단기 분석 등이 단백질에 응용 가능하다.

한편, 단백질은 펩티드로부터의 유추로는 설명할 수 없는 어떤 성질을 나타낸다. 예를 들면 많은 단백질이 변성(denaturation)을 받는다. 변성은 화학적 변화는 아니고 단백질의 물리적이나 생리적 성질의 극단적 변화지만 화학구조에는 거의 또는 전혀 변화가 없다. 다수의 화학약품에 의해 단백질은 변성을 받으며 사용한 시약에 따라 이것의 변성은 가역의 것도 비가역의 것도 있다. 달걀을 가열하면 알부민(albumin)이 응고하고, 이것의 변화는 불가역적 변성의 한 예이다. 단백질이 단순펩티드와 비슷하나 다르다는 것이 알려졌으므로 단백질의 성질을 조사하여 이의 차이가 어디에 기인하는가를 알아보자.

13-9 단백질의 성질

순수한 단백질은 보통 무정형 고체인데 결정성의 것도 있다. 용해성은 대단히 변화가 있다. 어느 것도 수용성이지만 묽은 염의 용액에만 녹는 것도 있고 묽은 산이나 염기 또는 함수에탄올에만 녹는 것도 있다. 단백질은 아미노산과 같이 등전점을 가진다. 즉 카르복실기와 아미노기의 양 작용기가 서로 정확히 중화되는 pH가 등전점(isoelectric point)이다. 단백질은 또 아미노산과 같이 양성전해질(ampholyte)이다.

이들의 성질은 어느 것이나 단백질에 유리의 카르복실기와 아미노산기가 있는 것에 기인한다. 이들 기는 C-말단위치나 N-말단위치뿐이 아니고 단백질의 사슬 중에도 산성아미노산이나 염기성 아미노산이 포함되어 있는 곳에 존재한다.

단백질은 대단히 분자량이 크므로 물에 녹으면 콜로이드 용액으로 된다.

모양이 작은 분자는 반투막을 통하여 확산하지만 가용성 단백질은 확산하지 못한다.

마지막으로 단백질은 광학활성이라는 것을 말하여 둔다. 단백질이 광학활성의 아미노산으로 만들어졌으므로 이 사실은 놀랄게 없다.

13-10 단백질의 구조

단백질과 같이 복잡한 거대 분자의 구조를 이해하기 위하여 다음과 같이 4가지로 분류하여 생각하고 있다

13-10-1 1차 구조

1차 구조는 펩티드 결합중의 아미노산의 배열 순서만을 생각한 구조이며 다른 결합이나 힘을 고려하지 않는다. 단백질의 1차 구조(primary structure)는 아미노산 배열이 일정한 형상을 지니고 있고 이 배열은 각 단백질에 대해 유전적으로 결정되어 있다. 이 배열은 약간 변하여도 극적인 생물학적 영향이 있다.

예를 들면 정상적인 헤모글로빈(hemoglobin)과 낫모양 적혈구 빈혈증의 비정상적인 헤모글로빈과의 차이는 단백질고리의 아미노산 배열이 1개만 다를 뿐이다. 즉 약 150개의 아미노산 중 글루타민산이 발린으로 치환되었지만 단백질의 성질은 전혀 달라진다.

Val – His – Leu – Pro – <u>Glu</u> – Glu – Lys...

정상적인 헤모글로빈

Val – His – Leu – Pro – <u>Val</u> – Glu – Lys...

낫모양 헤모글로빈

단백질의 1차 구조에는 2개 이상의 아미노산 고리가 포함된 것도 있다.

그들이 경우 이들의 고리는 보통 서로 특정의 장소에 -S-S-결합으로 연결되어 있다. 이와 같은 2중고리형 단백질의 한 예가 인슐린이 있으며 그의 전 구조를 모식적으로 표시하면 다음과 같다.

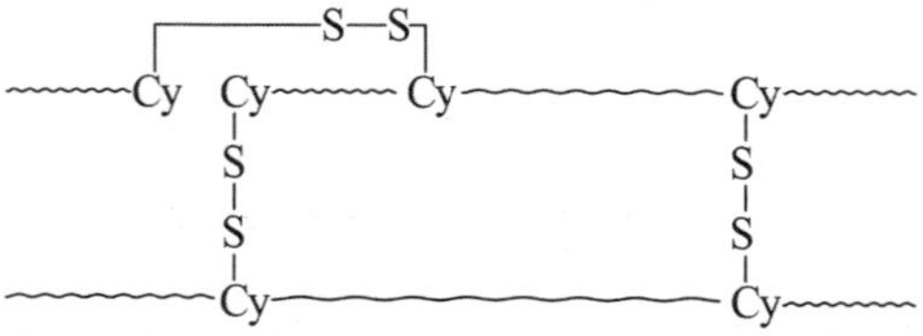

(인슐린은 2개의 아미노산 고리가 -S-S-결합으로 연결되어 있는 것을 나타낸 모식도)

13-10-2 2차 구조

단백질의 2차 구조(secondary structrure)는 펩티드 사슬의 나선(coil) 구조를 가지며 나선에 따라 규칙적으로 펩티드 결합의 카르복실기와 아미노기 사이의 수소결합으로 안정화 한다. 이 나선을 α-나선(α-helix)라 부르며 나선의 1회전마다 3.6개의 아미노산 잔기가 포함되어 있다는 것이 알려져 있다. 그림 13-2는 이 α나선의 상세한 구조식과 모식도를 나타낸 것이다.

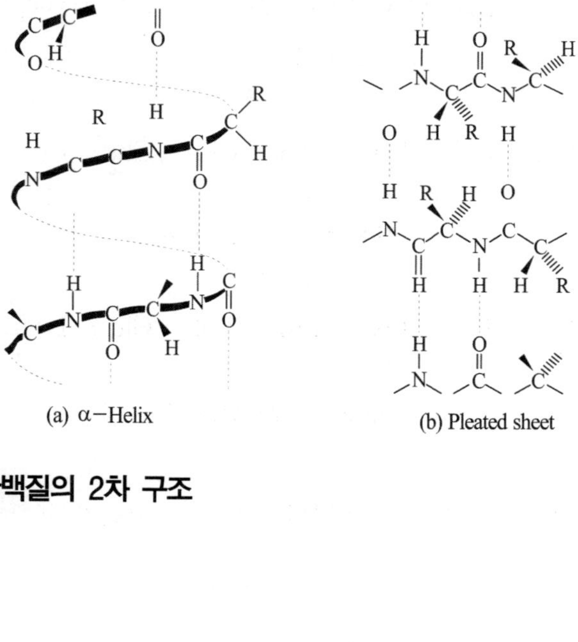

(a) α−Helix

(b) Pleated sheet

그림 13-2 단백질의 2차 구조

펩티드 사슬과 펩티드 사슬사이의 2차적인 결합(cross-linkage)으로서는 이온결합, 수소결합, S-S결합, 반델왈스(Van der waals)힘에 의한 탄화수소기 사이에 생기는 소수성결합(비극성결합), 펩티드 결합 등이 있다.

13-10-3 3차 구조

3차 구조(tertiary structure)는 긴 나선형 구조의 폴리펩티드 사슬이 아미노산잔기의 특성에 따라 구형 또는 복잡한 특정 구조로 안정화된다. 헬릭스코일이 구부러지고 겹쳐져서 전체로서는 둥근 모양을 이루고 있는 경우에는 구상단백질(globular protein)이라 말한다. 헬릭스코일이 일정한 방향으로 규격대로 바르게 배열함으로써 긴 실 모양을 이루고 있는 것을 섬유상 단백질(fibrous protein)이라 한다.

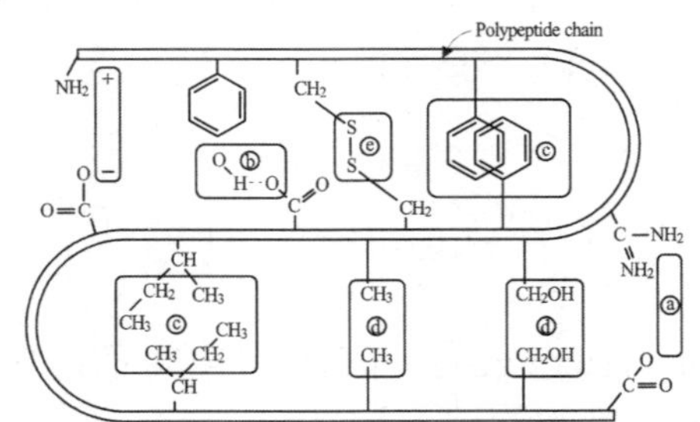

ⓐ 정전기적 인력, ⓑ 수소결합, ⓒ 소수성기간의 인력
ⓓ 쌍자극자간의 인력, ⓔ S-S결합

그림 13-3 단백질의 제3차 구조의 안정화

섬유상 단백질은 동물의 구조 단백질이고 머리털의 케라틴(keratin)이나 견사의 피브로인(fibroin), 결합조직 등의 단백질이 이것에 속한다.

그림 13-4 단백질의 구상 및 섬유상

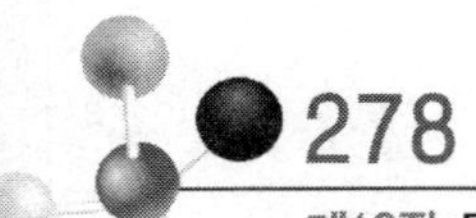

이것은 물에 불용이고 일반적으로 변성하기 어렵다.

구상단백질은 물에 녹든가 분산할 수 있으며 그 예로는 고기 밀크, 달걀, 헤모글로빈, 효소 등의 단백질이다. 또 구상단백질은 섬유상 단백질보다 변성에 대단히 민감하여 변성기구의 일부로서 구형이 깨지므로 일어난다는게 알려져 있다.

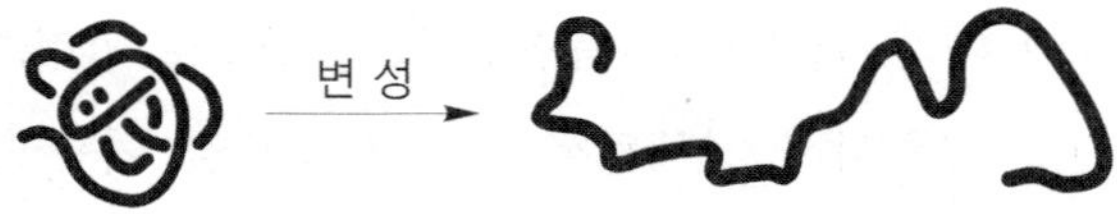

그림 13-5 단백질의 변성

3차 구조는 단백질의 미세구조를 결정하고 특히 효소작용 등 단백질의 생물활성에 가장 깊은 관계를 가진다.

13-10-4 4차 구조

4차 구조(quaternary structure)는 구상단백질의 구형 단위가 일제히 모여서 특정의 모양의 한 방을 만든다. 이것의 구상 단위가 일제히 모여서 방을 만드는 이유는 잘 알려져 있지 않았지만 아마 정전기적 인력에 의한 것으로 생각된다. 4차 구조의 몇가지 예를 다음에 표시한다.

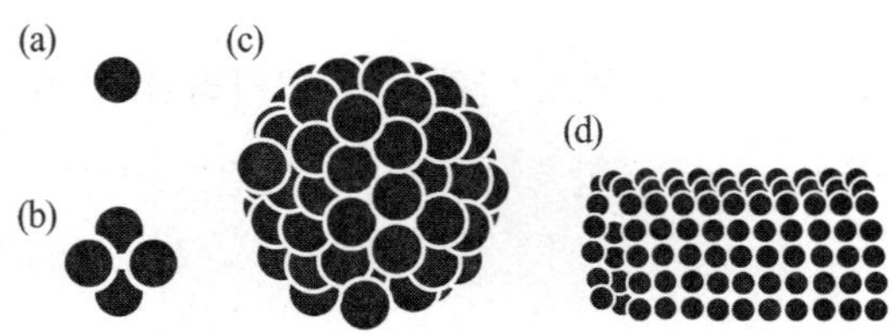

(a) 미오글로빈은 4차 구조를 갖지 않는다.
(b) 헤모글로빈　(c) 폴리오비루스　(d) 담배모자이크 비루스

그림 13-6 단백질의 4차 구조

13-11 효소의 구조와 반응성

효소(enzyme)는 생체세포에 의하여 생산되는 고분자량의 유기촉매를 말한다. 앤치임, 엔자임이라고도 부른다. 생체 안에서 분해, 합성, 산화, 환원 등의 복잡한 화학반응이 상온, 상압, 중성 부근의 생리 조건으로 용이하게 행하여지는 것은 주로 다종 다양한 효소가 존재하고, 그것이 세포의 특수한 미세구조 중에서 적당하게 배치되어 작용하기 때문이다. 화학적으로는 주로 고분자의 효소가 구상단백질(globular protein)로 되어 있다. 보통의 구상단백질과 다른 이유는 활성 부위가 그 가운데 존재하는 것이다. 이 활성자리(active site)를 단순한 소수 아미노산의 결합에 의한 것이 아니고 단백질의 2차 구조 (S-S결합, 수소결합 등의 구조), 3차 구조(접혀진 구조)와 밀접히 관계하고 있다. 따라서 효소는 그 성절이 실로 다양하다 다양하다는 것은 많은 환경 용인의 영향을 받기 쉽다고 하는 의미가 있는 동시에 각각의 환경에 적합한 효소가 반드시 있다고 하는 의미도 있다.

효소의 조제, 정제, 결정화의 방법은 일반 단백질의 처리법과 같다.

현재까지에 결정화된 효소는 1926년 섬너(James B. Sumner)에 의한 우레아제(urease)를 비롯하여 펩신, 트립신, 키모트립신 등 200종이 넘고 모두가 단백질인 것이 증명되었다. 결정상 효소 중에서 우레아제, 펩신 등은 단순 단백질로 간주되나, 황색효소(yellow enzyme), 카탈라아제 등 복합단백질에 속하는 것도 많고 각각의 보결분자단(prosthetic group)의 구조가 합성적으로 확정되어 있다. 또한 이 경우 각 보결분자단 속에 있는 작용기의 비교적 간단한 화학변화에서 효소작용이 영위되는 것도 알았다. 이러한 식견에서 효소는 대체로 그 특이성을 결정하고 작용을 증강하는 단백질 부분(apoenzyme)과 실제의 화학변화에 관계하는 작용기(coenzyme)로 되어 있다고 생각하는 것이 현재 통념으로 되어 있다. 보효소로서는 니코틴아미드 아데닌디뉴클레오티드(NAD) 및 그 인산에스테르(NADP), 플라빈 모노뉴클레오티드(FMN), 티아민 피로인산(TPP), 피리독살 인산 등 비타민 유도체가 함유되어 있다. 비타민이 생체에 불가결한 것은 보효소로서 작용하기 때문이다. 또 효소는 여러 가지 무기염류(특히 K^+ , Ca_2^+ , Mg_2^+ , $Cl-$, PO_4^{3-} 등), 유기물의 존재로 그 작용은 크게 방해되고 혹은 촉진된다. 이 연구는 효소의 구조, 작용기, 작용기구의 해명에 기여하고 있다. 또 효소는 두드러진 특징으로서 그 작용을 받는 기질(substrate)의 구조에 대해 엄밀한 특이성(specificity)를 갖고 있다. 즉 효소는 무기촉매에 비해 훨씬 고도의 특이성을 갖고 그 촉매 작용은 단 한 개의 물질 또는 특정한 화학구조를 갖는 일군의 물질에서만 한한다. 이를 테면 α-글루코시다아제는 α-D-글루코시드만을 기질로 하며, β-D-글루코시드에는 전혀 작용하지 않는다. 이 효소작용을 종종 열쇠와 자물쇠와의 관계로 비교한다.(그림 13-7)

현재까지 확인된 900종의 가까운 효소의 대부분은 그 작용과 성질만으로 존재가 확인되는 것이며 물질로서의 구조는 아직 분명하지 않다. 따라서 효소를 분류, 명명하는 데는 그 작용에 의하여 시행되고 있다. 이를 테면 가수분해 반응은 촉매하는 효소는 히드로라아제(hydrolase)라 하고 비가수분해적으로 기질에서 기를 제거하는 반응을 가역적으로 촉매하는 효소는 리아제(lyase)라 한다.

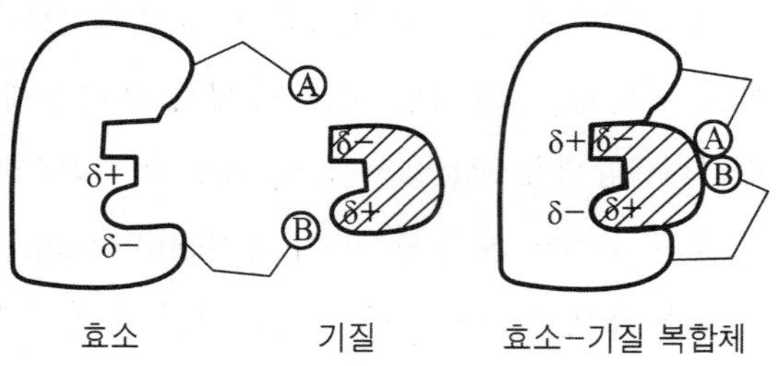

그림 13-7 열쇠와 자물쇠 모형에 의한 효소작용

13-12 핵산의 화학성분

핵산은 단백질, 지질, 탄수화물, 물 등과 더불어 생물체를 구성하는 주요 성분의 하나이며 생명이 존재하는 곳에는 반드시 존재하고 있다. 1955년 담배모자이크 비루스(TMV)의 단백질과 핵산을 싸서 행한 실험에서 TMV의 유전형질은 핵산 성분만으로 인계된다는 것을 알게 되었다. 따라서 핵산은 생물과 무생물과의 구별하는 가장 기본적인 물질의 하나라고 생각되고 있다.

핵산을 그림 13-8에 나타낸 바와 같이 여러 조건으로 가수분해하면 염기, 당, 인산, 뉴클레오시드(nucleoside), 뉴클레오티드(nucleotide) 등이 얻어진다. 이 결과를 종합하면 핵산은 염기-당-인산을 구성단위로 하는 거대 분자라고 생각된다.

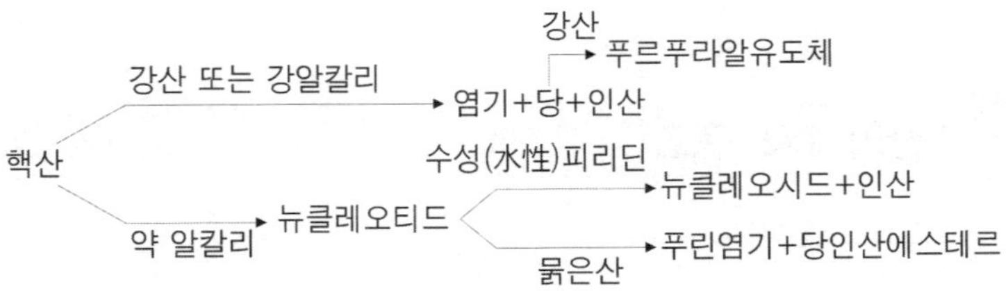

그림 13-8 핵산의 가수분해 생성물

핵산에서 얻어진 당은 펜토오스(pentose)로서, DNA에서는 2-데옥시-D-리보오스(2-deoxy-D-ribose), RNA에서는 D-리보스(D-ribose)이다.

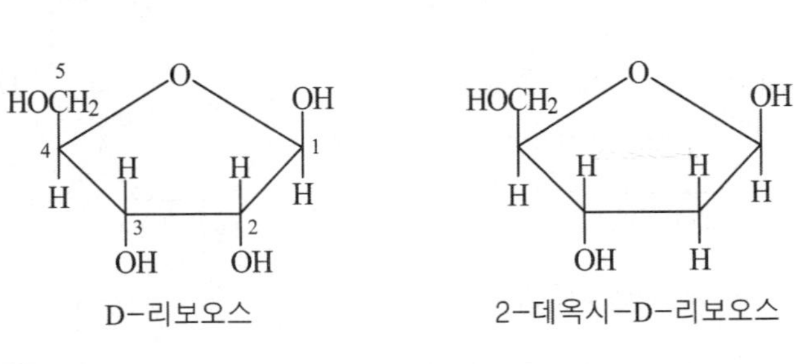

그림 13-9 리보오스와 데옥시리보오스의 구조

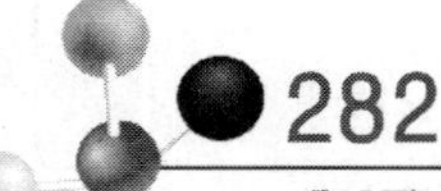

핵산에서 얻어진 염기에는 푸린염기(purine base)와 피리미딘염기(pyrimidine base)의 2종류가 있다. DNA를 가수분해할 경우에는 아데닌(adenine)의 4종류가 얻어지고 RNA를 가수분해할 경우에는 티민 대신에 우라실(uracil)이 얻어진다.

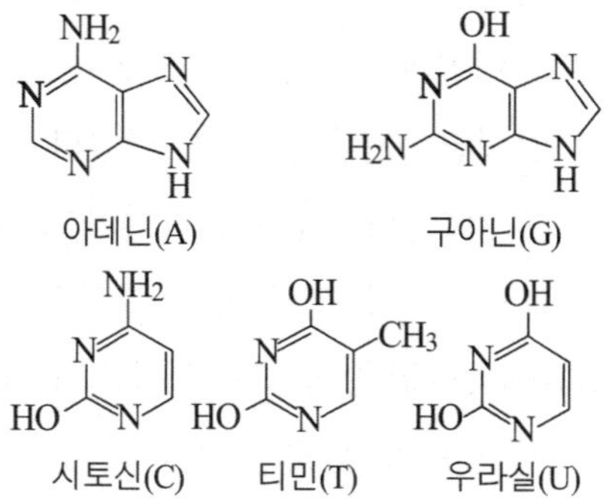

아데닌(A) 구아닌(G)

시토신(C) 티민(T) 우라실(U)

그림 13-10 핵산염기의 구조

13-13 핵산의 1차 구조

앞에서 기술한 바와 같이 염기성분(푸린염기 또는 피리미딘염기)과 당의 환원기가 결합하여 뉴클레오시드가 되는데 일반적으로 당이 염기의 질소원자와 β-글리코시드 결합을 하고 있고 이때 푸린염기는 N_9에서 피리미딘 염

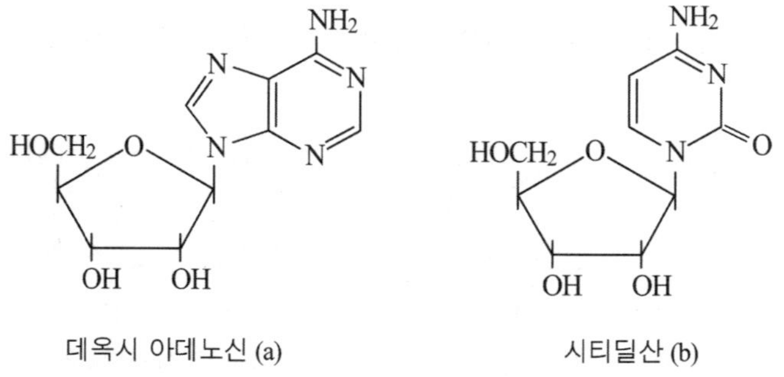

데옥시 아데노신 (a) 시티딜산 (b)

그림 13-11 뉴클레오시드와 뉴클레오티드의 구조

기는 N_3에서 결합한다. 예를 들면 데옥시리보오스와 아데닌으로 만들어진 뉴클레오시드는 데옥시아데노신(deoxyadenosine)이라 부른다. (그림 13-11)

뉴클레오시드와 인산이 결합한 것이 뉴클레오티드(nucleotide)이다. 핵산은 뉴클레오티드가 중합(polymerization)한 것이데, 그 결합의 위치는 뉴클레오티드의 인산(이것은 당의 5′ 위치에 결합하고 있다)이 이것에 인접한 뉴클레오티드의 당의 3′ 위치 히드록시기와 에스테르 결합을 한다. 예를 들면 시토신, 리보오스와 인산으로 만들어진 뉴클레오티드(nucleotide)는 시티딜산(cytidylic acid)이라 부른다.(그림 13-8) 표 13-2에 핵산의 구성 성분의 명칭을 표시하였다.

표 13-2 핵산 구성 성분

	염기	당	뉴클레오시드의 이름	뉴클레오티드의 이름
DNA	Adenine	Deoxy-ribose	Deoxyadenosine	Deoxyadenylic acid
	Guanine		Deoxyguanosine	Deoxyguanylic acid
	Cytosine		Deoxycytidine	Deoxycytidylic acid
	Thymine		Deoxythymidine	Deoxythymidylic acid
RNA	Adenine	Ribose	Adenosine	Adenylic acid
	Guanine		Guanosine	Guanylic acid
	Cytosine		Cytidine	Cytidylic acid
	Uricil		Uridine	Uridylic acid

또 그림 13-12는 RNA 분자의 단면을 표시하였다.

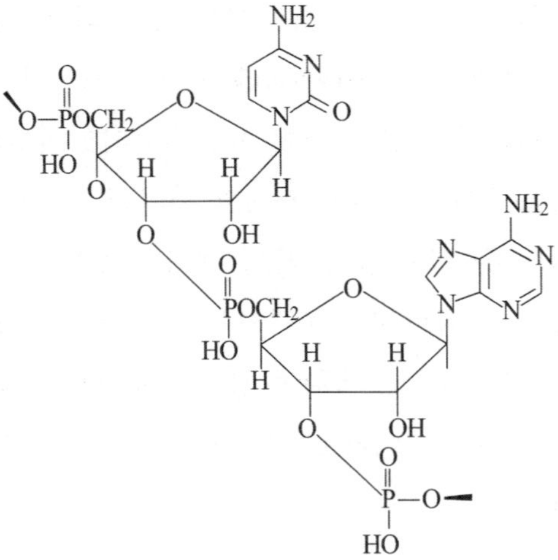

그림 13-12 RNA 분자의 단면

13-14 DNA의 2차 구조

왓슨과 크릭이 1953년에 제안한 DNA 분자구조의 약도(그림 13-13)을 보면 당과 인산을 뼈대로 하여 달리는 두 줄기의 뉴클레오티드가 오른손 회전(시계와 반대 방향의 회전)을 하여 한 개의 주축(axis)을 갖는다. 이것을 DNA의 2중나선(double right-handed helix)이라고 부른다. 염기들은 2중나선의 중간에서 주축에 수직으로 싸여 나가며 염기들은 수소결합으로 연결된다. 각 나선의 완전 회전마다 약 10개의 뉴클레오티드 단위가 있다.

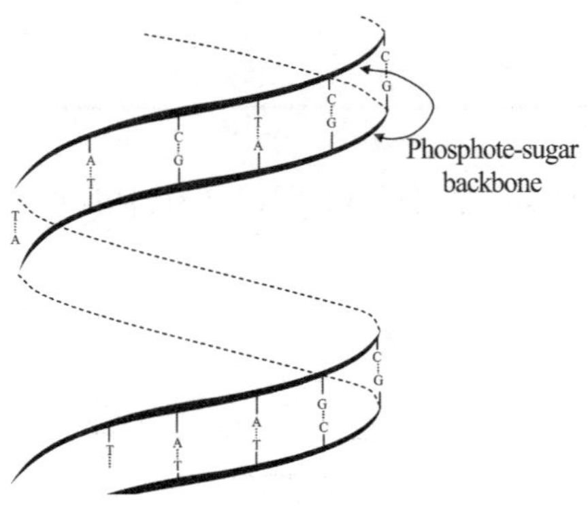

그림 13-13 DNA 분자 구조의 약도

이 나선 구조의 특징은 사슬이 상보적인 구조로 되어 있다는 것이다. 즉 한쪽 사슬의 티민과 시토신이 5′-3′이면 상보적인 다른 사슬의 아데노신과 구아닌 3′-5′로 배열되어 있다. 이 사실은 가수분해 결과 DNA에 있는 티민 : 아데닌과 시토신 : 구아닌의 비율이 1 : 1임을 나타냄으로서 지지되고 있다. 크릭, 왓슨, 윌킨즈는 이 분야의 업적으로 1962년에 노벨상을 받았다.

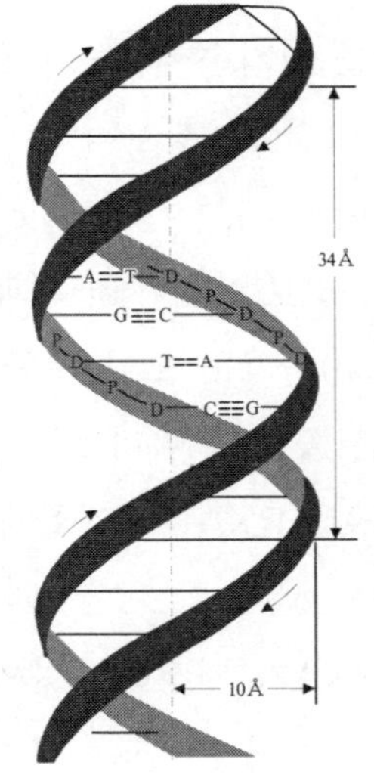

그림 13-14 티민-아데닌과 구아닌-시토신 수소결합

13-15 DNA의 복제

생물의 세포는 계속하여 분열하고 있다. 세포분열이 일어날 때 DNA 분자가 정확하게 재생산될 필요가 있다. 이 과정을 복제(replication)라 하며 왓슨과 크릭은 DNA 이중나선 모형에 따라 DA의 복제가 다음과 같은 메커니즘으로 이루어진다고 주장하였다. 즉 어버이의 두 가닥 폴리뉴클레오티드 사슬 하나씩을 주형(template)으로 하여 염기쌍을 형성하는 식으로 나머지 한 가닥의 폴리뉴클리오티드 사슬이 합성됨으로써 DNA가 복제된다는 것이다.

13-16 단백질의 생합성 - RNA의 역할

유전 물질인 DNA에서 단백질 생합성에의 유전 정보전달의 과정은 다음과 같은 기구로 행하여 진다고 생각되고 있다.

① 유전자 위에 유전 정보를 염기순서라는 기호로서 기록하고 있는 DNA를 주형으로 하고, 그것에 상보적인 구조를 가진 messenger RNA(m-RNA)가 만들어 진다.

② m-RNA는 세포 내에서 리보좀(ribosome)과 결합하고 그것이 여러 개 모여서 폴리좀(polysome)이라는 모양을 만든다.

③ 한편 각종의 아미노산은 ATP와 아미노산 활성효소의 작용에 의해 활성화되어 transfer-RNA(t-RNA)와 결합하여 아미노아실 r-RNA(A Acyl-RNA)을 형성한다.

④ A Acyl t-RNA는 m-RNA가 지정하는 순서대로 리보좀 위에서 폴리펩티드 고리가 형성된다. 그림 13-15는 위의 여러 단계의 반응을 도해한 것이다 .

유전자(gene)는 일부의 비루스를 제외하고 DNA로 이루어지고 있다. 그 DNA의 4개 구성염기 아데닌, 구아닌, 시토신, 티민의 배열 순서에 의해 개개 단백질의 1차 구조가 결정된다. 이 경우 DNA에 새겨져 있는 유전정보(암호)는 m-RNA에 전사되고 이 m-RNA는 세포질 내의 리보좀 위에서 단백질의 생합성을 지령한다.

한편 단백질의 소재(소재)인 아미노산은 t-RNA에 의해서 리보좀 위에 운반되고 이 t-RNA이 mRNA가 가지고 있는 유전정보를 해독하여 단백질이 합성된다. 이 경우 DNA에서 m-RNA에 전사된 유전암호를 코돈(Codon)이라 부르며, t-RNA가 해독하는 정보를 안티코돈(anticodon)이라 한다. 그 유전 정보가 혼란을 일으키는 경우 돌연변이가 일어난다.

t-RNA 분자는 그들이 화합한 아미노산과 함께 m-RNA를 따라 한 줄로 늘어서고, 코돈과 안티코돈에 있는 세 개의 뉴클레오티드 짝 사이에 특이적인 수소 결합을 한다. (그림 13-14)

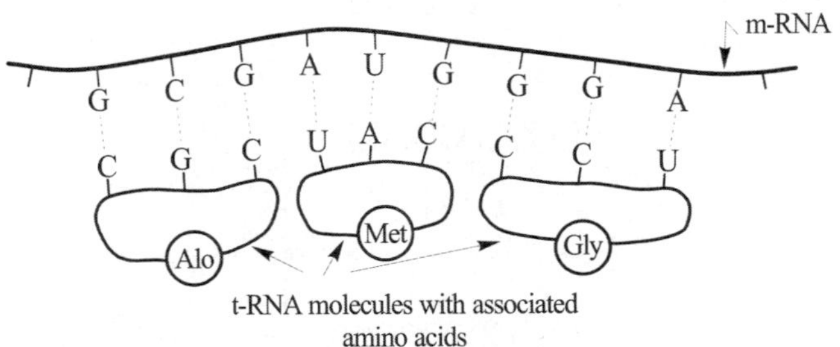

그림 13-16 단백질합성에 있어서 m-RNA와 t-RNA의 역할

각 m-RNA 분자는 특이한 단백질 합성을 지령한다. m-RNA 분자를 만드는 DNA 고리의 부분이 유전자(gene)이다.

단백질의 특이성은 약 20종의 아미노산의 결합 방법에 의해 정해지는데, 이것은 유전자의 DNA, 직접적으로는 m-RNA의 3개 염기의 1차 배열(triplet trinucleotides)에 의해서만 결정된다. 1개의 아미노산은 1종류의 암호에 의해서만 정하여지는게 아니다. 예를 들면 트레오닌(threonine)에는 ACV, ACC, ACA, ACG의 4종류의 암호가 있고 글루타민을 나타내는 암호는 CAA, CAG의 2종류이다. 염색체(chromosome)는 DNA와 히스톤이 결합한 핵단백질을 주체로 하고 헤마톡실린 등의 염기성 색소에 잘 물드는 염색체가 틈없이 감긴 나선구조를 이루고 있다.

13-17 비루스

비루스는 결국 하나의 핵산(RNA 또는 DNA)을 단백질 분자들이 둘러싸는 핵단백질체(nucleoproteine body)이며 이는 특정한 숙주에만 기생하여 번식하는 미생물이다. 비루스가 숙주세포에 들어가면 숙주의 복제, 전사, 번역 등의 메커니즘은 모두 또는 적어도 일부는 새로운 단백질 합성, 특히 효소를 지시하므로 정상 단백질의 생합성을 방해한다. 따라서 비루스는 세균, 식물 및 동물의 세포내에서만 병을 일으킨다.

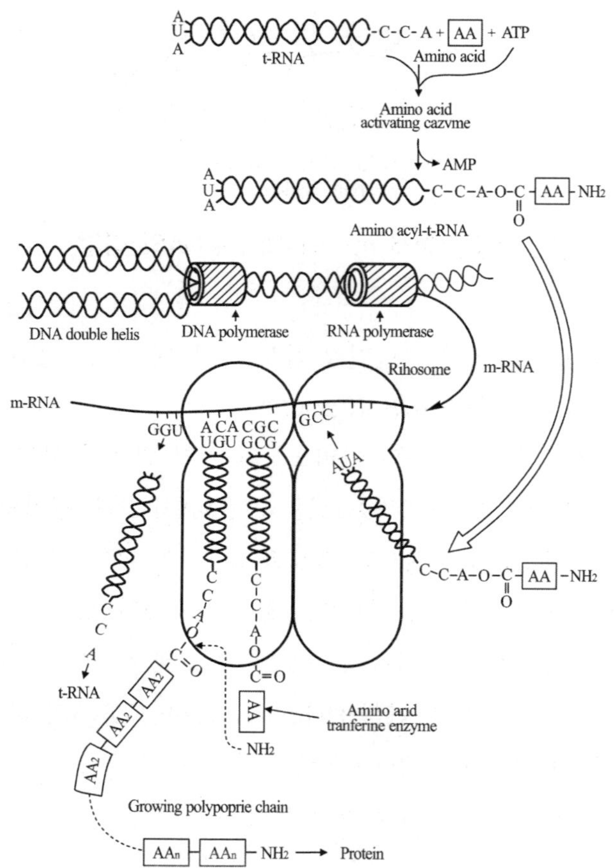

그림 13-15 단백질 생합성 모식도

문제 1. (a)모노아민 · 모노카르복실산 2종 (b) 모노아미노 · 카르복실산 2종 (c)디아미노 · 모노카르복실산 1종의 구조식과 명칭을 써라.

풀이

(a) 글리신 $CH_2(NH_2)COOH$, 알리닌 $CH_3CH(NH_2)COOH$

(b) 아스파르트산 $HOOCCH_2CH(NH_2)COOH$, 글루탐산 $HOOCCH_2CH_2CH(NH_2)COOH$

(c) 리신 $H_2NCH_2CH_2CH_2CH_2CH(NH_2)COOH$

문제 2. 글리신, 알라닌 등의 많은 아미노산은 중조수를 가할 경우에 글루탐산, 아스파르트산 등은 CO_2를 발생하는 것은 어째서인가?

풀이

글리신, 알라닌과 같은 모노아미노 · 카르복실산은 $-COOH$와 $-NH_2$가 각각 1개 있기 때문에 산성이 약해서 $NaHCO_3$를 분해하지 않는다. 글루탐산이나 아스파르트산은 모노아미노 · 카르복실산으로 되어 있어 카르복실기의 1개는 유리한 대로 존재하기 때문에 $NaHCO_3$를 분해한다.

문제 3. 글리신은 분자내에 염을 형성하기 때문에 어떤 특성이 있는가?

풀이

글리신은 융점이 높고(233°로 분해를 시작한다). 물에 가용, 에테르알코올 등의 유기용매에 불용이다. 수용액 중에서는 양성이온으로 된다. 양성 물질이므로 HCl에 의해서 HCl염을, NaOH에 의해서 Na염을 만든다.

$$H_2N-CH_2COO^- \underset{-H^+}{\overset{+H^+}{\rightleftarrows}} H_3N^+-CH_2COO \underset{-H^+}{\overset{+H^+}{\rightleftarrows}} H_2N^+-CH_2COOH$$

$$\updownarrow$$

$$H_2N-CH_2COO^-\ Na^+ \xleftarrow{NaOH} \begin{matrix} CH_2 - CO \\ \downarrow \quad\quad | \\ NH_3 - O \end{matrix} \xrightarrow{HCl} Cl^-H_3N^+-CH_2COOH$$

$-COOH$의 특유반응(에스테르화 등)을 할 경우에는 산성으로, 또 $-NH_2$의 특유반응(아실화 등)을 할 경우에는 알칼리성으로 한다.

$$Cl\text{-}H_3N\text{+}CH_2COOH \xrightarrow{C_2H_2OH} Cl\text{-}H_3N\text{+}CH_2COOC_3H_4 \xrightarrow{NaOH} H_2NCH_2COOC_2H_5$$

$$H_2NCH_2NOO\text{-}Na^+ \xrightarrow{CH_2COCl} CH_3CONHCH_2COO\text{-}Na^+ \xrightarrow{HCl}$$

$$CH_3CONHCH_2COOH$$

문제 4. 다음 사항에 대하여 써라.

(a) 등전점　　　　(b) 펩티드　　　　(c)디케토피페라진

풀이

(a) 산전리와 알칼리전리의 전리도가 같게 되는 pH.

(b) 아미노산 여러 분자가 아미노기와 카르복실기로 탈수 축합한 구조를 가진 화합물을 펩티드(Peptide)라 한다. 2분자 축합한 것은 디펩티드(Dipeptide), 3분자 축합한 것을 트리펩티드(Tripeptide), 많은 분자가 축합한 것을 폴리펩티드(Polypeptide)라 한다. 단백질은 폴리펩티드 구조를 가진다. 산으로 가수분해할 때는 각 단백질을 구성하는 아미노산이 생긴다.

디펩티드 글리실글리신(Glycylglycine)

합성법 $ClCH_2COCl\ \ NH_2CH_2COOH \longrightarrow ClCH_2CONHCH_2COOH$

크로르아세틸크로리트 글리신

$\xrightarrow{NH_3} NH_2CH_2CONHCH_2COOH$

글리실글리신

가수분해 $NH_2CH_2CONHCH_2COOH \xrightarrow[HCl]{H_2O} NH_2CH_2COOH + NH_2CH_2COOH$

트리펩티드 글루타치온(Gluetathion)

$HOOCCH(NH_2)CH_2CH_2CO \vdots NHCHCO \vdots NHCH_2COOH$

글루탐산기　　시스테인기　　글리신기

폴리펩티드(Polypeptide)　$\cdots NH\underset{|\atop R}{C}HCONH\underset{|\atop R}{C}HCONH\underset{|\atop R}{C}HCO\cdots$

(c) 글리실글리신 무수물을 디케토피페라진(Diketo piperazine)이라 한다.

$$2NH_2CH_2COOC_2H_5 \xrightarrow[\text{가열}]{} NH\langle{}^{CH_2\ \ \ CO}_{CO\ \ \ CH_2}\rangle NH + 2C_2H_5OH$$

글리신에틸에테르　　　　디케토피페라진

문제 5. 다음 아미노산의 합성법을 써라.

(a) 알라닌　　　　(b) 페닐알라닌

(c) 메티오닌　　　　(d) 히푸르산

풀이

(a) $CH_3CHBrCOOH$　　　$CH_3CH(NH_2)COOH$

$$CH_3CHO \xrightarrow[NH_3]{HCN} CH_3CH\begin{matrix}CN\\NH_2\end{matrix} \xrightarrow{\text{가수분해}} CH_3CH(NH_2)COOH$$

(b) $C_6H_5\text{-}CHO \xrightarrow[(CH_3CO)_2O]{CH_3COONa} C_6H_5\text{-}CH\ \ CHCOOH \xrightarrow{H_3} C_6H_5\text{-}CH_2CH_2COOH$

$\xrightarrow{Br_2} C_6H_5\text{-}CH_2CH(Br)COOH \xrightarrow{NH_2} C_6H_5\text{-}CH_2CH(NH_2)COOH$

(c) $CH_2=CH\ CHO \xrightarrow{CH_3SH} CH_3SCH_3CH_2CHO \xrightarrow[NH_3]{HCN} CH_3SCH_3CH_2CH\begin{matrix}NH_2\\CN\end{matrix}$

$\longrightarrow CH_5SCH_3CH_2CH(NH_2)COOH$

(d) $ClCH_2COOH \xrightarrow{NH_2} H_2NCH_2COOH \xrightarrow[NaOH]{CaHoCOCl} C_6H_5\text{-}CONHCH_2COOH$

히푸르산(Hippuric acid)

문제 6. 필수아미노산이란? 그들의 명치과 구조식을 써라.

풀이

고등동물이 영양을 유지하기 위해 없어서는 안 될 아미노산은 다음 8종류이다.
발린(valine), 로이신(leucine), 이소로이신(isoleucine), 트레오닌(threonine), 페닐알라닌(phenylalanine), 트립토판(trytophan), 메티오닌(methionine), 리신(lysine).

문제 7. H_2NCH_2COOH으로 나타낸 화합물의 이름을 써라. 이물질은 어떤 영양소에 함유되어 있는가? 또 다음의 경우에 무엇이 되는가?

(a) 그 수용액(상온)에 $NaNO_3$와 CH_3COOH를 작용시킨다.

(b) 그 수용액(얼음)에 C_6H_5COCl과 NaOH를 작용시킨다.

(c) 그 분말을 무수글리세린 중에서 가열한다.

(d) 그 분말에 무수알코올을 가하고 건조한 HCl가스를 통한다.

풀이

명칭, 글리신, 단백질의 가수분해에 의해 얻어진다.

(a) $NaNO_2+CH_3COOH \longrightarrow CH_3COONa+HNO_2$

$CH_2(NH_2)COOH+HONO \longrightarrow CH_2(OH)COOH+H_2O+N_2$

(b) $C_6H_5COCl+H_2NCH_2COONa \longrightarrow C_6H_6CONHCH_2COONa+HCl$

(c) $NH_2 - CH_2 - COOH$ / $HOOC - CH_2 - NH_2$ $\xrightarrow{-2H_2O}$ $NH - CH_2 - CO$ / $CO - CH_2 - NH$ (ring: NH–CO and CO–NH linked)

diketopiperazine

문제 8. 단백질의 최소 분자량이란 무엇인가?

풀이

단백질 분자 내에 함유되어 있는 특정의 원소, 예를 들면 황에 대하여 정량 분석을 하며, 이것이 단백질 분자 중에 1원자 함유하고 있는 것이라고 가정할 때의 분자량을 단백질의 최소 분자량이라고 한다.

최소 분자량 = 원소의 원자량 / 원소의 백분율 × 100

단백질 분자 중에 n원자 함유하고 있을 때는 단백질의 분자량은 최소 분자량의 n배가 된다.

문제 9. 산아미드와 아미노산의 제법을 쓰고 그들의 화학적 성질을 써라.

풀이

산아미드 생성법과 성질

1) 생성법

i) 카르복실산 암모늄염의 가열

$RCOONH_4 \longrightarrow R\ CONH_2+H_2O$

ii) 에스테르, 산 염화물, 산무수물에 NH_3를 작용시킨다.

$RCOOCH_3$

$RCOCl + NH_3$ ---> $RCONH_2+CH_3OH$ 또는 (HCl, RCOOH)

$(RCO)_2O$

NH_3대신에 1급 아민, 2급 아민 또는 히드라진(Hydrazine)에 대해서도 동일하게 작용하여 다음의 아실 화합물을 생성한다.

RCONHR'　　RCONRR'　　$RCONHNH_2$'

2) 성질 아미드는 아미노기를 가지고 있지만 그의 염기성은 카르보닐기에 접하고

있기 때문에 약해져서 중성이다.

$$RCONH_2 + H_2O \xrightarrow{H^+} RCOOH + NH_3 \text{ (가수분해)}$$

• 아미노산 생성법과 성질

1) 생성법

i) α-할로겐산에 NH_3를 작용시킨다.

$$ClCH_2COOH + NH_3 \longrightarrow H_2NCH_2COOH$$

ii) aldehyde (또는 ketone)에 HCN 및 NH_3를 순차적으로 작용시켜서 가수분해한다.(스트렉커[strecker]법)

$$RCHO \xrightarrow{HCN} RCH\begin{matrix} OH \\ CN \end{matrix} \xrightarrow{NH_3} RCH\begin{matrix} NH_2 \\ CN \end{matrix} \xrightarrow{H_3O} RCH\begin{matrix} NH_2 \\ COOH \end{matrix}$$

iii) grbriel법

α-할로겐산에 potassium phthalimide를 작용시키고 산으로 분해한다.

$$CH_3CHClCOOH + KN\begin{matrix} OC \\ OC \end{matrix}C_6H_4 \longrightarrow \underset{\displaystyle COOH}{CH_3CHN}\begin{matrix} OC \\ OC \end{matrix}C_6H_4$$

$$\xrightarrow{2H_2O} \underset{\text{alanine}}{CH_3CH(NH_2)COOH} + \underset{\text{phthalic acid}}{C_6H_4(COOH)_2}$$

iv) 단백질의 가수분해

단백질을 산이나 적당한 효소로써 가수분해하여 만들며, 공업적으로 glutamic acid를 이 방법에 의하여 만들어 조미료로 사용하고 있다.

2) 성질

일반적으로 물에 녹기 쉬운 결정이며 알코올이나 에테르에 녹기 어렵다.

i) 양성(兩性) 1분자 내에 카르복실기(산성)와 아미노기(염기성)를 가지므로 양성물질(Ampholyte)이다. 아미노산은 분자 내에 염을 형성하고 있고 물에 녹으면 양성이온(Twin ion)으로 된다.

$$R-CH-CO(NH_3-O) \longrightarrow H_3\overset{+}{N}-CH(R)-CO\overset{-}{O}$$

산에 대하여는 염기로서 작용하여 염을 만들고, 염기에 대하여는 산으로서 작용하여 염을 만든다.

$HCl \cdot NH_2CH(R)COOH$ 염산염 $RCH(NH_2)COONa$ 나트륨염

$$H_3N^+-CH(R)-COO^- \rightleftarrows H_2N-CH(R)-COO^- + H^+ \text{ (산전리)}$$

$$H_3N^+-CH(R)-COO^- + H_2O \rightleftarrows H_3N^+-CH(R)-COOH + OH^- \text{ (알칼리전리)}$$

둘 가운데 어느 편의 전리 비율이 큰가는 아미노산의 종류에 관계한다.

산전리(酸電離)와 알칼리전리의 전리도(電離度)가 같게 되는 pH를 등전점(等電點, Iso-electric point)이라 하며, 전전리도(全電離度)는 최소로 된다. 말하자면 양성(兩性)이온의 농도는 최대로 된다

<아미노산의 등전점>

아미노산	등전점(pH)
glycine	6.1
alanine	5.7
valine	6.0
leucine	6.4
aspartic acid	3.0
histideine	7.6

ii) 중금속과 착염(錯鹽)을 만든다. 특히 동염(銅鹽)은 안정하고 결정화하기 쉬우므로 아미노산의 정제, 분리, 확인에 이용된다.

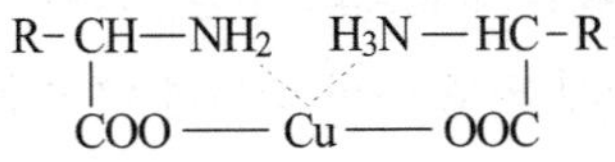

$$\begin{array}{ccccc} R-CH-NH_2 & & H_3N-HC-R \\ | & & | \\ COO & -\!\!-\ Cu\ -\!\!- & OOC \end{array}$$

iii) HNO_2에 의하여 N_2를 발생하고 옥시산으로 된다. 이 반응을 이용하여 N_2의 체적에서 아미노기나 아미노산을 정량할수 있다. (van slyke법).

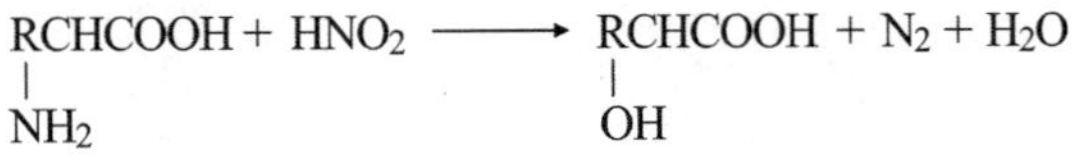

$$\underset{\displaystyle NH_2}{\underset{|}{RCHCOOH}} + HNO_2 \longrightarrow \underset{\displaystyle OH}{\underset{|}{RCHCOOH}} + N_2 + H_2O$$

iv) α-아미노기는 aldehyde와 축합하여 시프(schiff) 염기를 만든다.

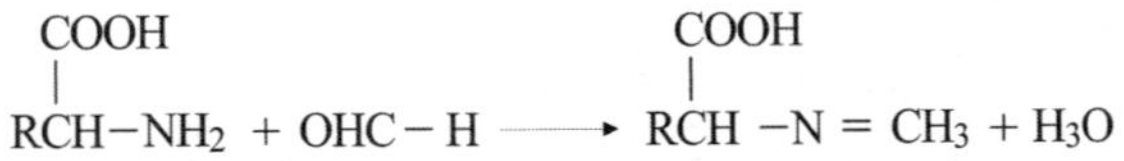

$$\overset{\displaystyle COOH}{\overset{|}{RCH}}-NH_2 + \underset{\text{tormaldehyde}}{OHC-H} \longrightarrow \overset{\displaystyle COOH}{\overset{|}{RCH}} -N = CH_3 + H_3O$$

시프 염기를 알칼리로 적정하여 아미노산을 정량할수 있다(Formol적정법).

v) 아미노산의 중성 : 약알칼리성 용액에 소량의 닌히드린(Ninhydrine)을 가하여 가열하면 적자색으로 된다. 이것을 닌히드린반응이라 하며 아미노산의 검출에 쓰인다.

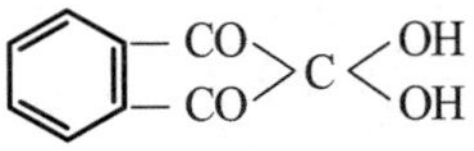

$$C_6H_4\begin{array}{l}-CO\\-CO\end{array}\!\!>C<\!\!\begin{array}{l}OH\\OH\end{array}$$

ninhydrine

문제10. 뇨중의 당 및 단백질을 시험하는 방법을 써라.

풀이

요중의 당은 포도당이므로 훼엘링 용액의 환원반응에 의해 시험한다. 또 요를 시험관에 넣고 가열할 때 흐리게 되고 진한 질산을 몇 방울 가하여도 없어지지 않을 때에는 단백질이 있다.

제14장 헤테로고리 화합물

고리화합물 중 고리를 구성하는 원자의 일부가 탄소 원자 외에 다른 원자(주로 산소, 질소, 황)로 된 화합물을 헤테로고리 화합물(heterocyclic compound)이라 하고, 탄소 원자 이외의 산소, 질소, 황 따위의 원자를 헤테로(hetero)원자라 한다.

그러나 에틸렌옥사이드, 숙신아미드(succinamide), 락톤 등과 같이 비교적 쉽게 고리가 끊어지는 것은 일반적으로 헤테로고리 화합물로 취급되지 않는다.

헤테로고리 화합물은 vitamin류, hemoglobin, chlorophyll, alkaloid, 핵산 등 생리작용과 중요한 관계가 있는 화합물 중에 그 일부분으로 존재한다.

14-1 원자고리화합물(hetero 원자 1개인 것)

이 계통의 대표적인 것은 furan, thiophene, pyrrole 등이다.

```
H-⁴C ── C³-Hβ      H-C ── C-H      H-C ── C-H
  ⁵‖     ‖²          ‖     ‖         ‖     ‖
H-C  ..  C-Hα      H-C ..  C-H     H-C ..  C-H
    \O₁/               \S/             \N/
     ..                 ..              H
```

furan b.p. 31.4℃ | thiophene b.p. 84℃ | pyrrole b.p. 131℃

이들 화합물은 평면구조를 가지며 방향족의 성질을 가지고 있고, 각 hetero 원자의 고립전자쌍은 불포화결합의 π전자와 중첩하여 benzene의 경우와 같은 환의 상하면에 전자운을 만든다. 따라서 furan을 예로 들면 다음

Ⅰ에 표시하는 표현이 적당하다.

그러나 반응을 나타내는 데 편의상 Ⅱ와 같이 표현한다. 또 고립전자쌍의 전자가 공명하므로 benzene환에 비하여 전자밀도는 높고 치환 반응은 쉬우며, 특히 α위치에서의 치환이 β위치보다 일어나기 쉽다.

14-1-1 Furfural(furfuraldehyde)

무색의 액체(b.p. 161~164℃)로서 수증기 증류가 되고, 공기와 접촉하면 산화되어 변색한다. 이것은 겨, 밀기울 등에서 얻는다.

```
H—C————————————C—H                    HC ——— CH
  ┊HO ┊|          |┊OH ┊               ‖      ‖      O
  ┊ H ┊|          |┊H  ┊    ———→     HC     C — C ⁄
H—C                C—C=O                 O         \
     \O ┊H    HO┊ /     \H                          H

        pentose                            furfural
```

이것을 묽은 황산으로 처리하면 이에 함유되어 있는 pentosan이 가수분해하여 pentose가 되고, 또 pentose의 탈수반응이 일어나서 furfural이 된다.

furfural은 용매로서 사용되지만 중요한 용도는 phenolfurfural 수지의 제조, nylon의 원료인 아디프산 $(-CH_2{-}CH_2COOH)_2$과 hexamethylendiamine $(-CH_2{-}CH_2{-}CH_2NH_2)_2$의 제조 원료로 많이 이용된다.

14-1-2 Pyrrole

pyrrole은 nicotin, cocain 등 alkaloid 및 chlorophyll, hemin 분자 구조의 일부를 구성하고 있다.

hemin은 붉은 색소이며 단백질과 결합하여 적혈구의 hemoglobin을 구성한다.

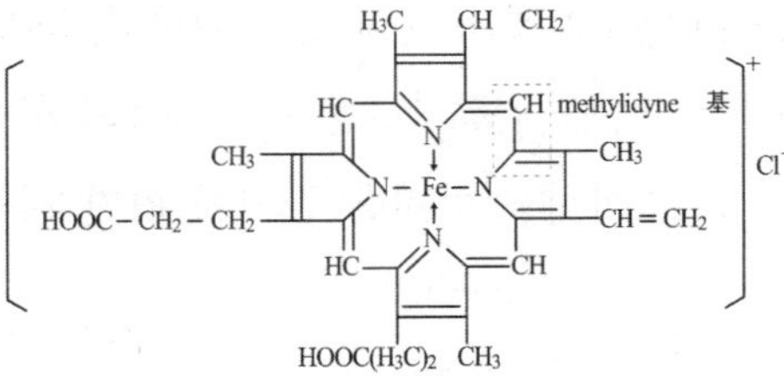

hemin

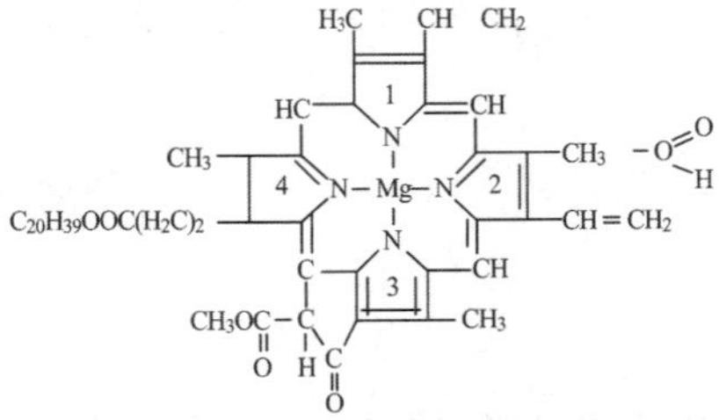

chorophyll a

chlorophyll에는 청록색의 a체와 황록색의 b체가 있으며, 식물체 내에서는 단백질과 결합하고 있다. 채소를 삶으면 처음에는 선명한 녹색을 띠고 있으나 오랫동안 가열하면 녹갈색으로 변색한다. 이것은 가열 중에 채소에서 용출되는 산으로 chlorophyll의 Mg가 H로 치환되어 pheophytin이 되기 때문이다.

따라서 중조 등을 가하여 약 알칼리성으로 하여 끓이면 녹색을 유지할 수 있다. 또 용기의 뚜껑을 덮지 않고 끓이면 휘발산이 어느 정도 제거되므로 녹색을 조금 오랫동안 유지할 수 있다.

14-1-3 Indole

benzene 환(環)에 pyrrole이 축합한 것으로 tryptophan 분자의 일부를 이루고 있다. 3-methylindole을 skatole이라고 하며, 인분의 악취 성분이지만 향로 중에 미량 가하게 되는 경우가 많다. 3-indole 초산은 식물성 성장 hormone이다.

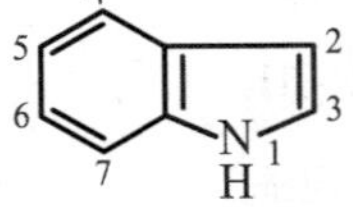

indole 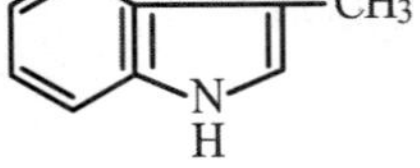　　skatole 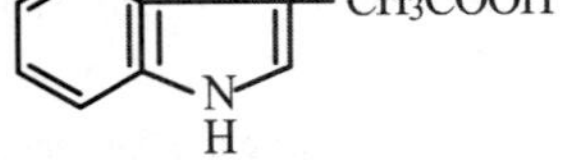　　indole-3-acetic acid

indole의 구조는 또 indigo의 분자 중에도 존재한다. indigo는 식물에서 얻어지는 청색의 염료이며, 목면(木綿)의 염색에 사용되어 왔다. 환원형인 무색의 백남(白藍)에 옷감을 적시고 이것을 공기에 쬐면 청남(青藍)으로 된다.

indigo　　　　indigo white

14-2 • 5원자 고리 화합물(hetero 원자 2개인 것)

이 계통의 기본적인 물질은 다음의 5종류이다.

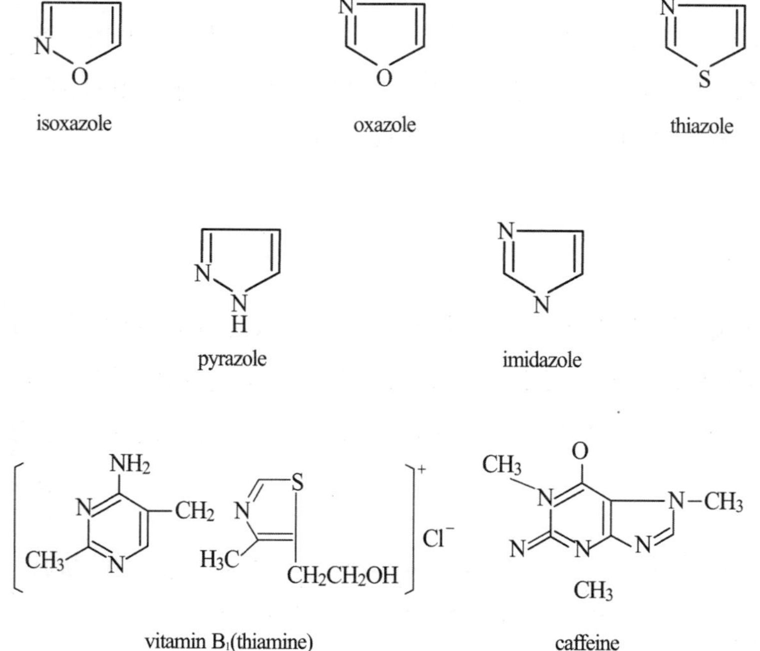

isoxazole　　oxazole　　thiazole

pyrazole　　imidazole

vitamin B_1(thiamine)　　caffeine

14-2-1 티아졸(thiazole) 유도체

티아졸 유도체는 극히 안정하며, 티아졸환(環)은 열이나 질산에 의하여 작용하지 않는다. 그러나 다른 산과는 안정한 염을 형성한다. 티아졸의 수용액은 중성이며, 환원제에는 작용하지 않는다.

티아졸핵은 비타민 B_1, 페니실린 등에 들어 있다.

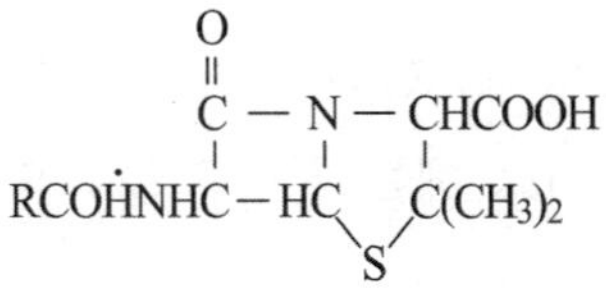

O
C − N − CHCOOH
RCOHNHC − HC　C$(CH_3)_2$
S

natural penicillin

2-메르캅토벤조티아졸(2-mercatobenzothiazole)은 중요한 가황고무 촉진제가 되며, 다음과 같이 만든다.

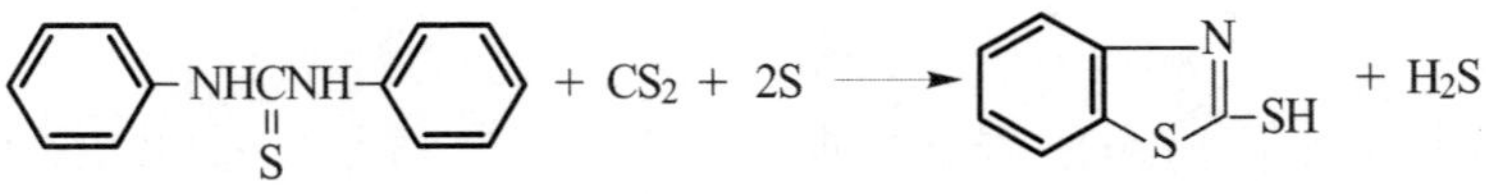

NHCNH (S) + CS_2 + 2S ⟶ N, S, SH + H_2S

thiocarbanillide　　2-mercaptobenzothiazole

14-2-2 이미다졸(imidazole) 유도체

이미다졸은 글리옥살린(glyoxaline)이라고도 하며, 이미다졸 및 그 유도체는 비교적 강한 염기성을 나타내고, 산과 안정한 염을 형성한다.

이미다졸은 별로 중요하지는 않으나 이미다졸핵은 천연으로 아미노산을 구성하고 있고, 푸린(purine) 유도체의 일부분을 이루고 있다.

히스타민(histamine)은 혈압강하제로 이용되는 물질인데, 아미노산의 일종인 히스티틴(histidine)에서 탈탄산하여 만든다.

histidine $\xrightarrow[\text{또는}]{-CO_2}$ histamine

14-2-3 피라졸(pyrazole) 유도체

피라졸은 이미다졸의 이성체인데, 자연계에서는 아직 그 유도체가 발견되지 않고 있으며, 피라졸의 유도체는 일반적으로 안정하고 약한 염기성으로 산과 염을 형성한다.

acetylene + diazomethane $\longrightarrow$ pyrazole

안티피린(antipyrine)은 해열진정제로 쓰이는데, 다음과 같이 만든다.

ethylacetoacetate + phenylhydrazine $\longrightarrow$ 1-phenyl-3-methyl-5-pyrazolone $\xrightarrow{(CH_3)_2SO_4}$ antipyrine

14-3 6원자고리 화합물(hetero 원자 1개인 것)

이 계통은 pyridine, *r* - pyran, *r* - thiopyran 등이 대표적이다.

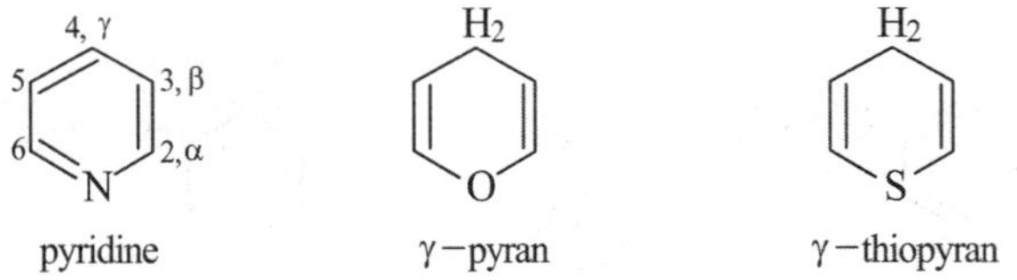

pyridine γ−pyran γ−thiopyran

14-3-1 pyridine

pyridine의 질소 고립전자쌍은 고리의 π전자와는 중첩하지 않으므로 이 전자는 proton과 결합하여 염을 만드는 성질을 가지며, pyrrole보다 염기성은 약간 크다. 다음의 공명구조가 관여하므로 치환반응은 benzene에 비하여 어렵다.

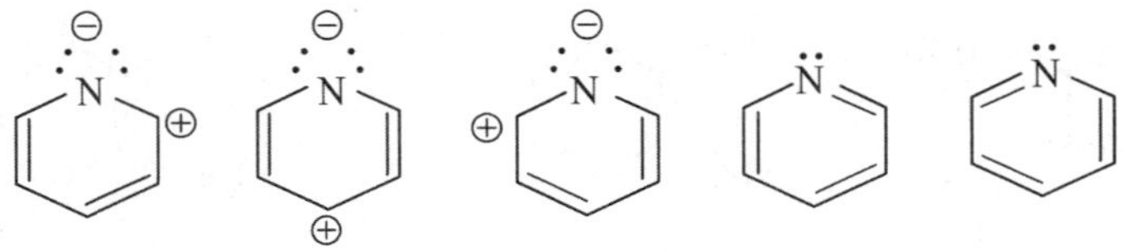

예를 들면 Friedal-Crafts 반응은 전혀 일어나지 않는다. pyridine은 악취를 가진 무색의 액체(b.p. 115℃)이며, 물 또는 유기용매와 혼합하므로 좋은 용매이다. pyridine과 그 methyl유도체는 그 약염기성을 이용하여 화학반응 및 chromatography의 전개용매로 쓰고 있다.

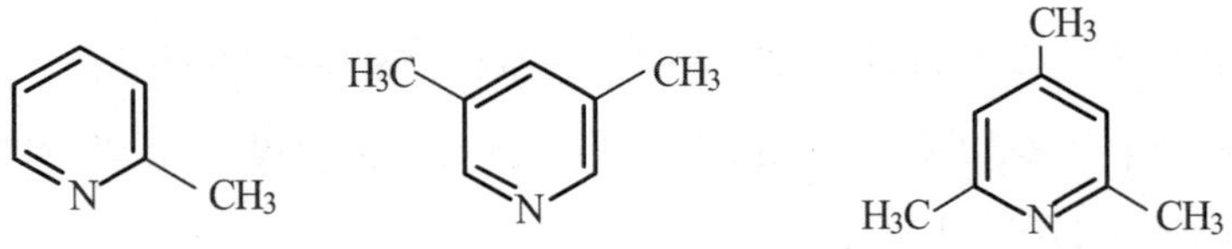

α−picoline b.p. 128～129℃ 3,5−picoline b.p. 170℃ 2, 4, 6−collidine b.p. 171℃

14-3-2 Nicotinamide

niacin이라고도 하며 vitamen B 군의 하나이다. 탄수화물 대사에 필요한 조효소에 존재하며 산화환원에 관여한다.

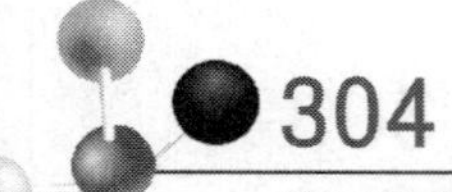

$[H]$ / $[O]$

nicotinamide

14-3-3 Vitamin B_6

pyrodoxin이며 이것의 유도체인 pyridoxal과 pyridoxamine은 생체에서의 탈카르복실반응에 관계하는 조효소의 일부라고 한다.

pyridoxin　　pyridoxal　　pyridoxamine

14-3-4 Quinoline

pyridine과 benzene 고리와 축합한 분자구조를 하고 있다. 질소 위치가 다른 것을 isoquinoline이라 한다. 어느 것이나 coal tar에서 얻어지고 악취를 가지며 공기로 산화하여 변화한다. pyridine과 같이 염기성을 가지며, 산과 반응하여 염을 만든다. quinoline에서 benzene 고리 부분의 치환반응은 pyridine에 비하여 쉽다.

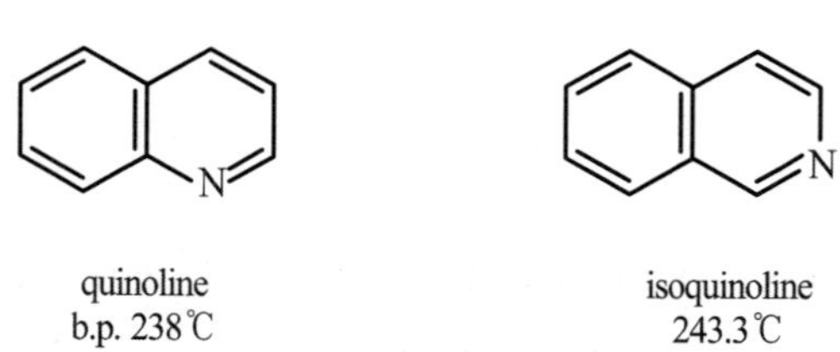

quinoline
b.p. 238℃

isoquinoline
243.3℃

14-3-5 Flavonoids

자연의 꽃과 과실의 황, 적, 자색에서 청에 이르는 색에 관련이 깊은 flavonoid라는 일련의 화합물이 있다. flavonoid는 flavone, flavonol, flavanone, flavanonl, isoflavone, anthocyan, catechin, chalcone 등을 총괄한 총칭이다. 이중 다음의 골격을 가진 flavone계 화합물의 배당체를 합쳐서 anthoxanthines이라 하고, 이것으로부터 당을 제거한 것을 anthoxanthidines이라 한다.

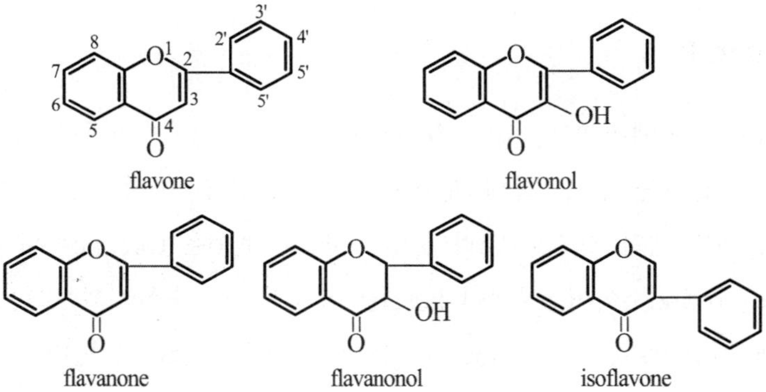

flavone flavonol

flavanone flavanonol isoflavone

anthoxanthidines의 대부분은 모핵의 5, 6, 7, 8, 2′, 3′, 4′, 5′ 등의 위치에 수산기가 있고, 이들 수산기가 있는 것은 당 또는 유기산과 결합하여 소위 배당체의 형으로 천연에 분포하고 있는 경우가 많으며 황색을 나타낸다. 5, 7, 4′-thihydroxyflavone인 apigenin은 배당체로서 황색의 다알리아나 코스모스, 파셀리 등에 포함되어 있으며, 5, 7, 3′, 4′-tetrahydroxyflavonol인 apigenin은 quercetin은 양파의 표피, 차, hop 등에 동일하게 배당체로서 존재한다. flavanone의 유도체인 hesperitin의 rhamnoglucoside는 오렌지나 레몬에서 볼 수 있다. 이들 flavone 유도체는 또 유지에 대한 천연의 항산화제로서도 알려져 있다.

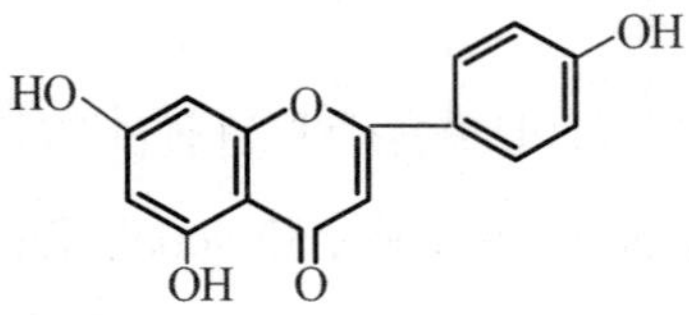

apigenin

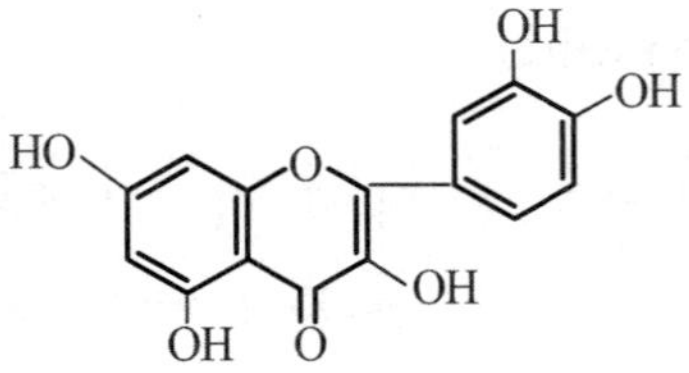

quercetin

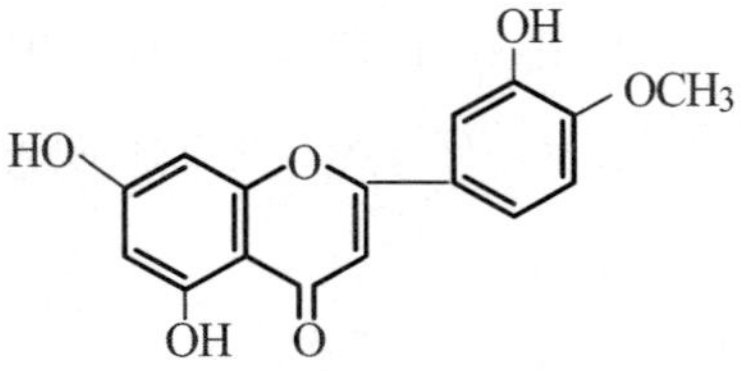

hesperitin

14-3-6 Vitamin P

수세관에서 혈액이 혈관 외에 칠출하는 것을 방지하는 작용을 가지며, 항괴혈병성 Vitamin C와 함께 lemon 기타 감귤류 중에 포함되어 있어 flavanone 배당체인 것으로 알려져 있다. 당의 부분은 rhamnose와 glucose가 결합한 rutinose이며, 이것이 hesperitin 7위치의 수산기와 결합한 것을 hesperidin이라 하고 기타 quercetin 등의 배당체로 알려져 있다.

이와 반대로 아름다운 색을 가진 anthocyan계의 화합물이라 하는 것은 다음과 같은 4종의 화합물이고 주로 염화물의 형태로 분리할 수 있다.

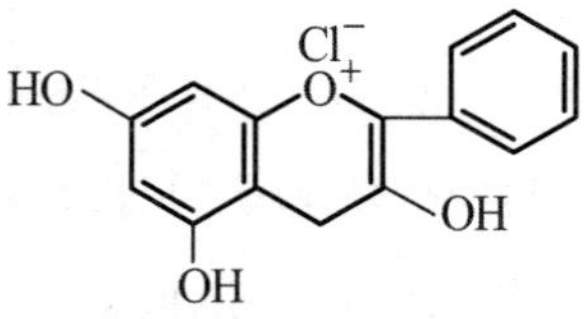

anthocyanidin chloride

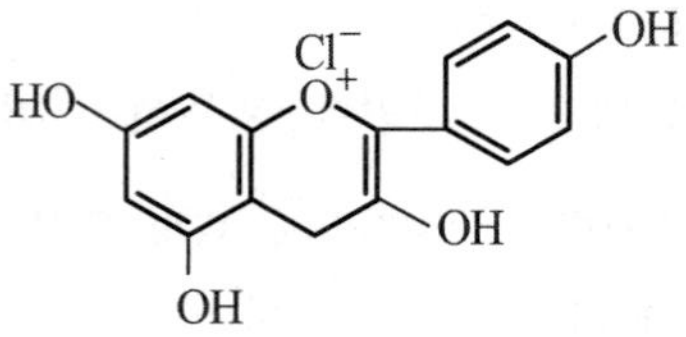

pelargonidin chloride

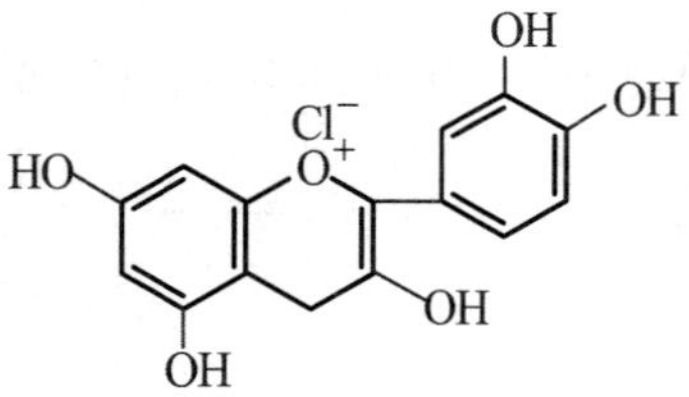

cyanidin chloride

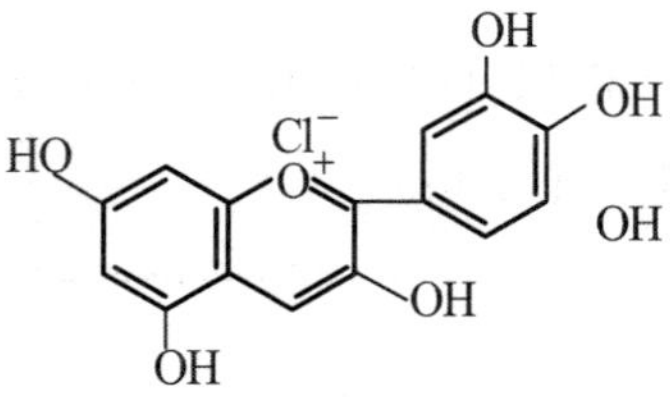

delphinidin chloride

물론 이들 물질도 천연에는 이 수산기와 당 또는 유기산, 예를 들면 *p*-히드록시 안식향산과 *p*-히드록시 계피산 등과 결합하여 존재하는 것으로, 당으로서는 glucose, galactose, rhamnose인 경우가 많다. 예를 들면 무과화의 색은 cyanidin-3-glucoside이며, 딸기의 붉은 색은 pelargonidin-3-glucoside이고, 가지의 자색은 delphinidin-3-glucose이다. 또한, 이들의 색은 pelargonidin, cyanidin, delphinidin의 순으로 진해지지만 같은 화합물이라도 농도에 따라 변하고, 또 이에 배위하는 산기 또는 금속염에 의하여 색조가 현저히 달라진다. 즉 산기가 배위하고 있을 때는 붉고, 금속염에서는 자색에서 청색으로 되며, 금속의 종류에 의해서도 색조가 변한다. 예를 들면 붉은 장미꽃과 들국화의 자색은 같은 cyanidin을 함유하고 있지만 전자는 산과 결합하고 있으며, 후자는 Al, Fe의 착염으로 존재한다. 또 같은 화합물이지만 pH에 의해서도 색조가 변화하는 것을 알 수 있다. 보통 anthocyanidin색소는 낮은 pH에서 적색을 띠며 pH가 커짐에 따라 자색으로 된다. 이 변화를 cyanin(cyanidin의 배당체)을 예를 들어 표시하면 다음과 같다.

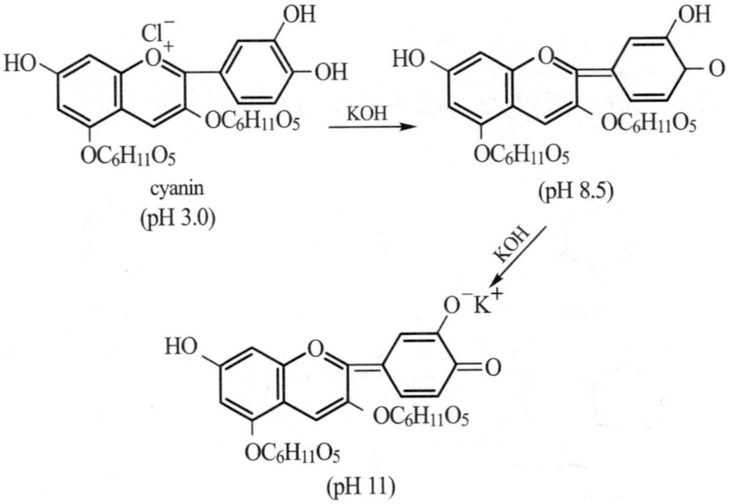

cyanin (pH 3.0) —KOH→ (pH 8.5) —KOH→ (pH 11)

catechin은 차에서 배당체로 발견되었고, chalcone(C_6H_5-CO-CH=CH-C_6H_5)은 carbonyl기에 결합하고 있는 benzene 고리의 o⁻의 위치에 수산기가 있으면 flavanone이 되는 성질을 가지며, 연지(紅)의 색소 carsamine은 이

chalcone형 화합물로서의 구조식을 가지고 있다.

14-3-7 α-Tocopherol

α−tocopherol

pyran 고리를 환원한 구조를 가지며 식물유에 존재한다. 이 유사체로서 β, γ, δ, 등이 있다. tocopherol은 또한 유지의 산화방지작용을 가지며 항산화제로서 사용된다. 이 물질은 소맥 배아유 중에 많이 함유되어 있다.

14-4 6원자고리화합물(hetero 원자 2개 이상인 것)

다음 식을 가진 물질이 그 대표적인 화합물이다.

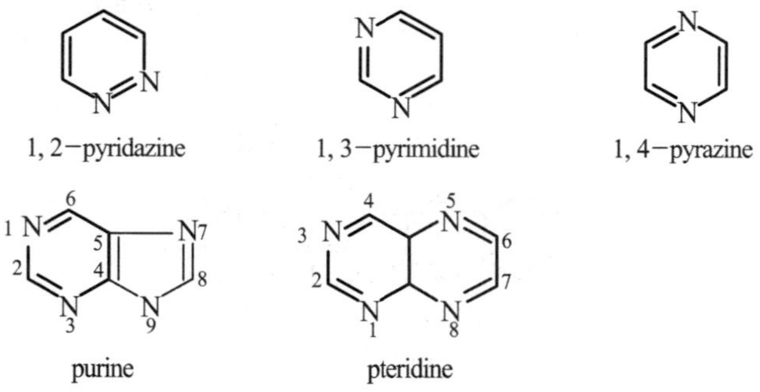

1, 2−pyridazine 1, 3−pyrimidine 1, 4−pyrazine

purine pteridine

pyrimidine 고리는 vitamin B_1 및 B_{13}의 분자구조의 일부를 형성하고, purine은 vitamin류 및 핵산, caffeine, 요산의 분자를 구성하고 있다.

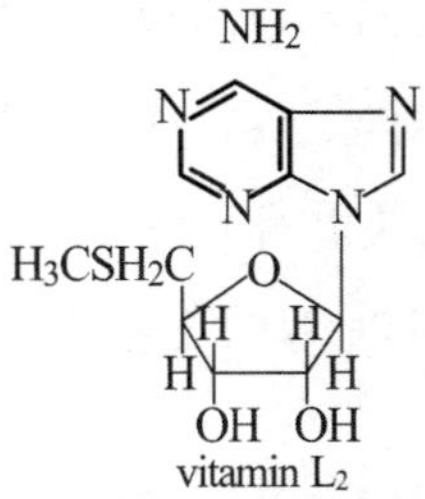

vitamin L_2
(5'-thiomethyladenosine)

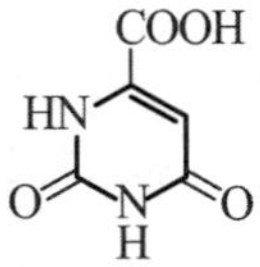

vitamin B_{13}
(orotic acid)

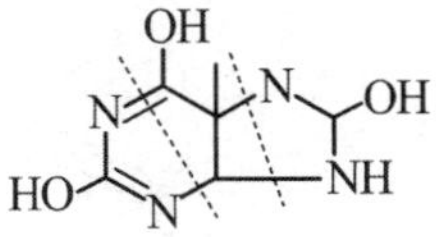

(uric acid)

vitamin B_{13}은 동물의 생장인자로서, L_2는 최유인자(催乳因子)이다. 요산은 요(尿)에 배출되어 양은 적지만 방광결석의 주성분이다. 요산은 2분자의 요소로 되어 있다고 볼 수 있다.

14-5 핵산(nucleic acids)

아데닐산은 핵산의 일종으로 adenine 부분의 구조가 다른 것이 수종 발견되어 있다. ribiose가 결합하고 있는 ribo핵산, 약하여 RNA라 하며, 주로 mitochondria, microsome에 존재한다.

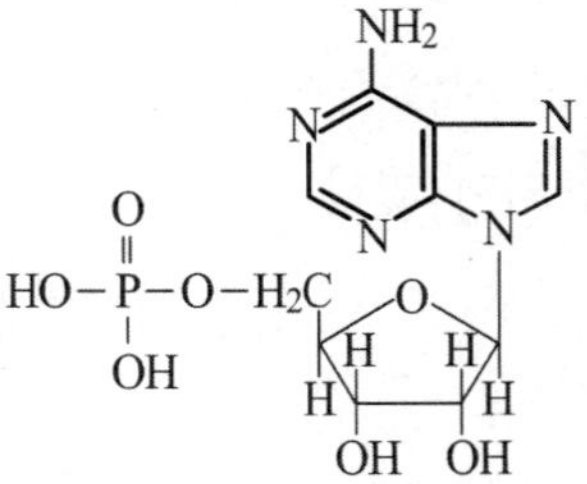

D-ribose

adenosine

adenylic acid

한편, ribose 대신으로 deoxyribose($CH_2OH-(CHOH)_2-CH_2-CHO$)가 결합하고 있는 것을 deoxyribo 핵산, 약하여 DNA라 하며, 이것은 세포핵에 많이 존재한다. 천연의 핵산은 중합체로서 인산부분을 통하여 결합하고 있으며, 그림 14-1에서 표시한 바와 같이 2줄의 나선상이다.

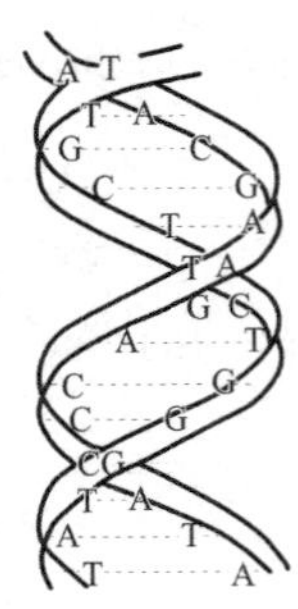

그림 14-1 DNA고분자의 일부

사슬은 수소결합에 의하여 3차원 구조를 유지하고 있다는 것이 밝혀졌다. 또한, 이들은 단백질과 결합하여 소위 핵단백질로서 세포핵 중에 존재하고 있다.

핵산은 단백질의 생합성에 관계하고, 또 세포분열을 할 때의 유전자(gene)의 구성 성분으로서 유전에 관계하는 것으로 알려져 있다. 최근에는 이 방면의 연구가 성하여, 생명-유전 등 인간에 있어서 신비의 장을 밝히려고 세계학자들의 노력이 경주되고 있다.

조미료의 하나로서 새로 개발된 이노신산은 핵산의 일종으로 아데닐산의 NH_2가 OH로 치환된 것이며, 국물용으로 사용되는 고기, 어육(魚肉) 또는 콩나물 등의 채소에도 함유되어 있다.

14-6 Vitamin

14-6-1 Vitamin B_2와 Vitamon M

vitamon B_2는 황색의 결정으로서, 성장인자이며 녹색 채소, 곡류의 배아,

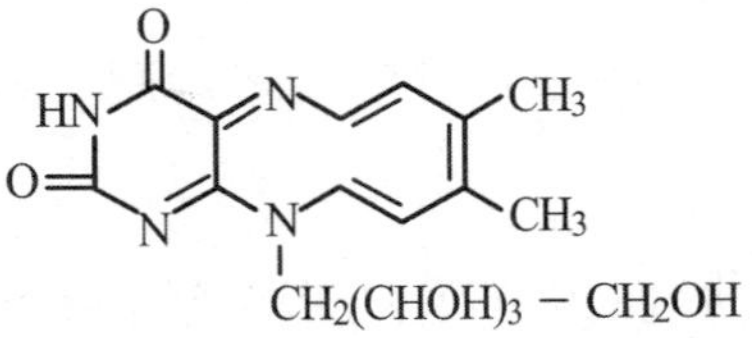

vitamin B_2
riboflavin
m. p. 280℃

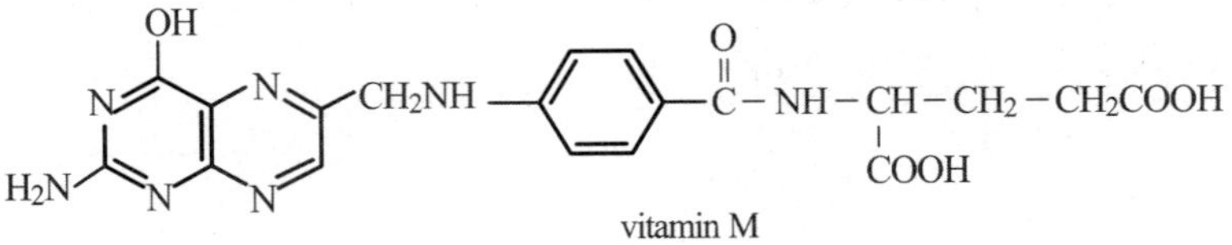

vitamin M
(folic acid)
(pteroylglutamic acid)
m. p. 250℃

우유, 알류, 간장(肝臟) 등에 함유되어 Vitamon B_1과 공존하는 경우가 많다. vitamin M은 항빈혈성 인자로서 시금치 기타 식물의 잎에 함유하므로 엽산이라고도 한다. 이 vitamin은 열에 약하며, 신선한 상태 그대로 식용되는 경우에만 유효하다.

14-6-2 Biotin(vitamin H)

Haut의 첫 문자를 따서 vitamin H라고 명명하였으나 일반적으로 biotin이라고 알려져 있고, 여기에는 α-와 β-biotin이 있으며 이들의 구조식은 다음과 같다.

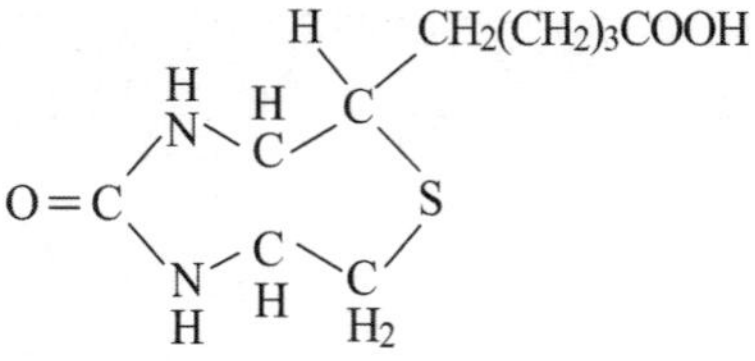

α−biotin

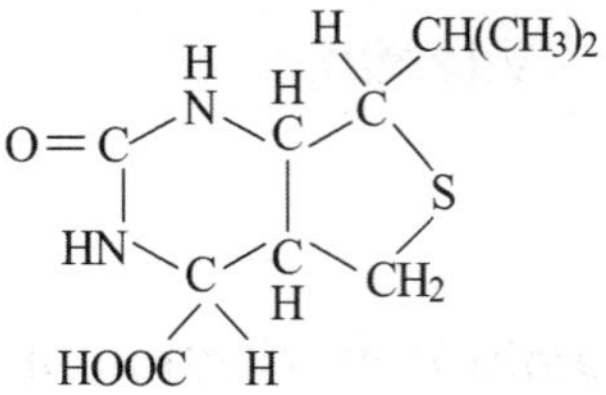

β−biotin

이는 항지루성 피부염의 성질을 가지므로 피부염에 유효하고, 또 미생물의 번식에도 필요하다. 주로 간장(肝腸), 신장, 두류, 채소 등에 많이 함유되어 있다.

이외에 pepper(후추)의 신미 성분(active constiuents of spices or condiments)으로 chavicine이라는 화합물은 다음에 표시하는 바와 같이 pyridine을 환원하여 얻은 piperidine의 산 아미드화합물이다. 그러나 이 입체이성체인 piperidine은 매운맛이 없다.

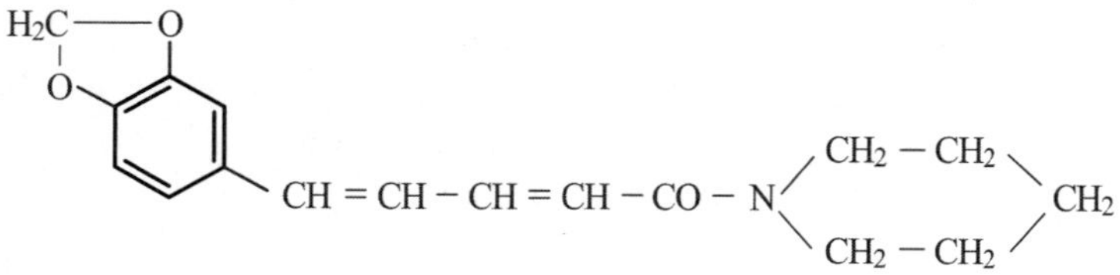

chavicine

문제 1. 다음 각 항의 반응식을 써라.

a) 푸르푸랄에 30% KOH를 가하고 가열

b) 푸르푸랄을 무수초산 및 무수초산 나트륨과 가열

c) 푸르푸랄을 KCN 수용액과 가열

풀이

a) Cannizzaro 반응

(furan)–CHO $\xrightarrow{KOH}$ (furan)–CH_2OH + (furan)–COOK

Furfuryl alcohol　　Pyromucic acid(K-염)

b) Perkin 반응

(furan)–CHO + $(CH_3CO)_2O$ $\xrightarrow{CH_3COONa}$ (furan)–CH=CHCOOH

c) 벤조인 축합(아실로인 축합)

(furan)–CHO $\xrightarrow{KCH}$ (furan)–CH(OH)–CO–(furan)

Furoin

문제 2. 다음 각 반응을 식으로 써라.

a) 피롤에 클로로포름과 NaOH를 작용시킨다.

b) Skraup의 퀴놀린 합성법

c) 퀴놀린에 NaOH 존재로 벤즈알데히드를 작용시킨다.

d) 퀴놀린을 $KMnO_4$로 산화하고, 생성물을 가열하여 탈탄산한다.

풀이

a) 라이머-티이만(Reimer-Tiemann) 반응

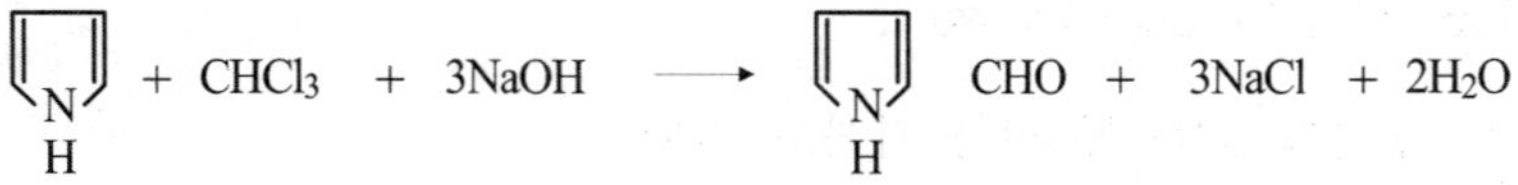

$$\text{Pyrrole} + CHCl_3 + 3NaOH \longrightarrow \text{Pyrrole-CHO} + 3NaCl + 2H_2O$$

b) 아닐린, 글리세린, 황산(탈수제) 및 니트로벤젠(산화제)의 혼합물을 가열하면 생긴다(Skraup법).

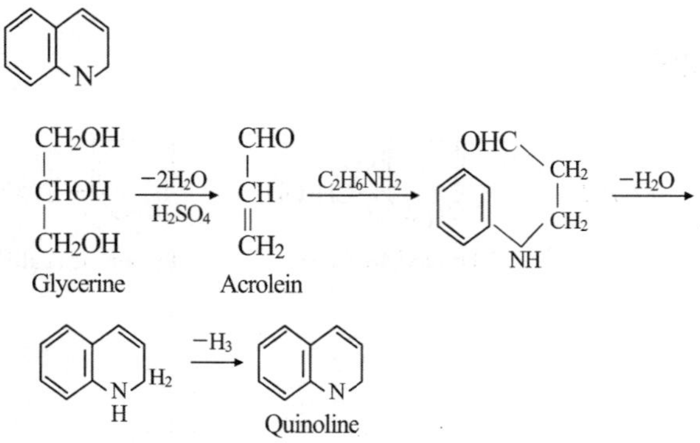

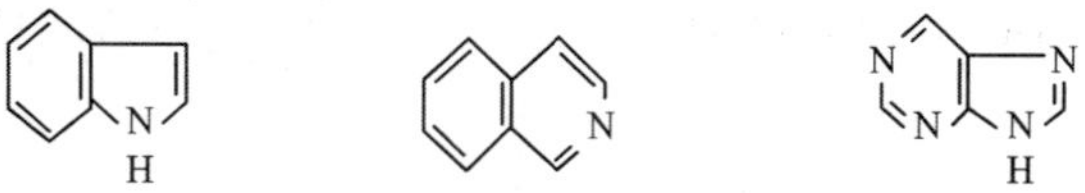

$$CH_2OH-CHOH-CH_2OH \text{ (Glycerine)} \xrightarrow[H_2SO_4]{-2H_2O} CHO-CH=CH_2 \text{ (Acrolein)} \xrightarrow{C_6H_5NH_2} \xrightarrow{-H_2O} \xrightarrow{-H_2} \text{Quinoline}$$

Indole　　Isoquinoline　　Purine

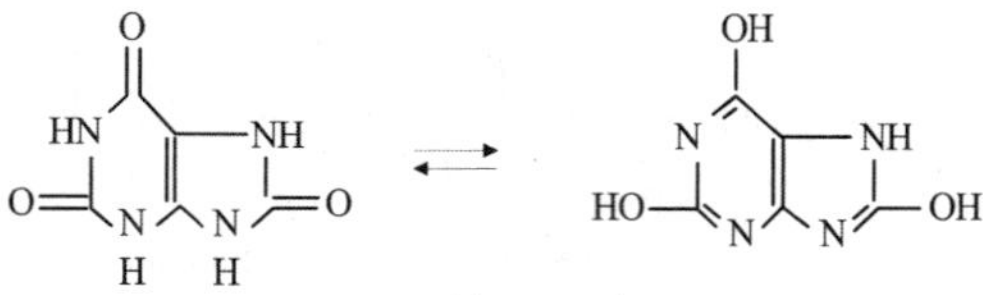

요산(Uric acid)

c) $\text{2-Methylquinoline}-CH_3 + OHC-C_6H_5 \xrightarrow{NaOH} \text{Quinoline}-CH-CH-C_6H_5$

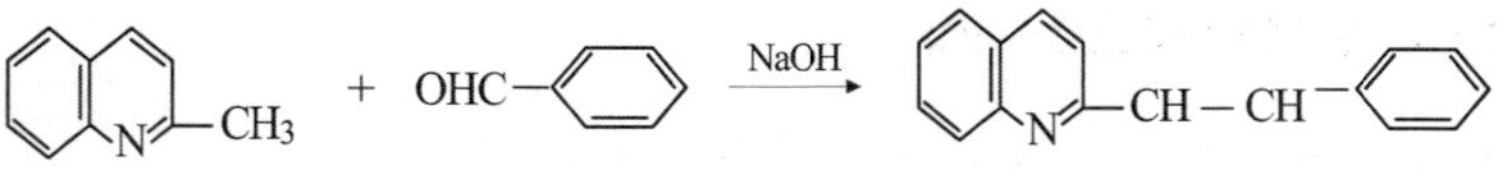

d) $\text{Quinoline} \xrightarrow{KMnO_4} \text{2,3-}(HOOC)_2\text{-pyridine} \xrightarrow{-CO_2} HOOC\text{-pyridine}$ (nicotinic acid)

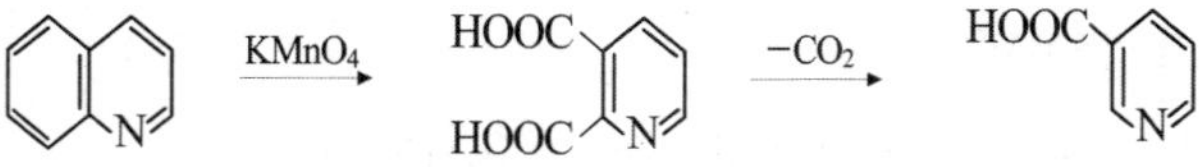

(주) α-위치의 -COOH는 탈탄산을 일으키기 쉽다.

문제 3. 피리딘에 대해 쓰고 생물화학상 중요한 유도체를 들어라.

풀이

코울타르에서 얻어지는 무색 악취의 액체(b.p.116°). 물에 가용이고 용매로서 쓰인다. 화학적 성질은 벤젠과 비슷하고, 핵의 수소는 할로겐화, 니트로화, 슬폰화한다(1치환체에는 α, β, γ의 3종의 이성질체가 있다). 산화에 의해서 곁사슬은 카르복실산으로 된다. 니트로 피리딘을 산화하면 아미노피리딘으로 되고, HNO_2에 의해서 디아조늄염을 생성하며 여러 가지 디아조반응을 한다. 수소를 첨가하면 피레리딘으로 된다.

$$\text{Pyridine (C}_5\text{H}_5\text{N)} \xrightarrow{3H_2} H_2C\langle{}^{CH_2-CH_2}_{CH_2-CH_2}\rangle NH$$

벤젠과 다른 점은 피리딘은 제 3급의 질소를 가진 약염기로 산화제에 대해 벤젠핵보다 안정하다.

생화학상 중요한 유도체로서 니코틴산, 니코틴산 아미드(항펠라그라 비타민, 비타민 B), 이소니코틴산히드라지드(결핵치료약), 비타민 B_6(항피부염 비타민)이 있다.

Nicotinic acid (pyridine-3-COOH) · Nicotinic acid amide (pyridine-3-$CONH_2$) · Isonicotinc acid hydrazide (pyridine-4-$CONHNH_2$) · Vitamin B_6 (CH_2OH, $HOCH_2$, OH, OH_3 substituted pyridine)

문제 4. 생물계에 존재하고 (a) 피롤핵을 가진 중요한 물질 (b) 황을 포함한 인체와 관계 깊은 유기화합물을 들어라.

풀이

(a) 엽록소, 혈색소, (b) 메티오닌, 시스틴, 시스테인, 글루타티온, 비타민 B_1, 페니실린

제15장 테르펜

식물의 각 부분에 존재하는 휘발성 물질 중 수증기 증류에 의하여 얻을 수 있는 정유(essential oil)는 식물의 종류에 따라서 다르고 이들의 조성에 있어서도 탄화수소, 알코올, ester, ketone 또는 개환상(開環狀), 단환상, 중환상 등의 여러 가지 차이가 있지만 각 물질의 기본적인 구성 단위는 isoprene 즉 2-mythyl-1, 3-butadiene(C_5H_7)으로 되어 있다.

terpene류는 구조상으로 볼 때 isoprene의 분자가 2분자, 3분자 또는 4분자 중합된 것과 같은 탄소를 가지고 있는 복잡한 구조의 화합물이다. 이들 terpene은 다음과 같이 나눌 수 있다.

(i) hemiterpene, C_5H_8(isoprene 뿐이다.)
(ii) terpene, $C_{10}H_{18}$
(iii) sesquiterpene, $C_{15}H_{24}$
(iii) diterpene, $C_{20}H_{32}$
(iii) polyterpene, $(C_5H_8)_n$

또 terpene은 탄소와 구조골격에 따라 개쇄상(open chain), 단환상(monocyclc) 및 중환상(bicyclic) terpene 등으로 나누다. 다음 식 중의 점선은 isoprene 단위를 나타낸 것이다.

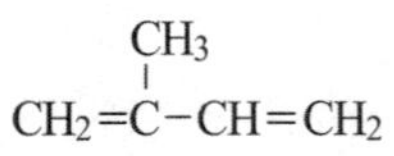

$CH_2=C(CH_3)-CH=CH_2$

isoprene의 구조식

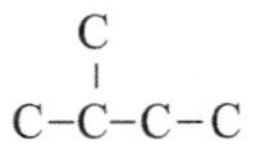

C−C(C)−C−C

isoprene의 핵

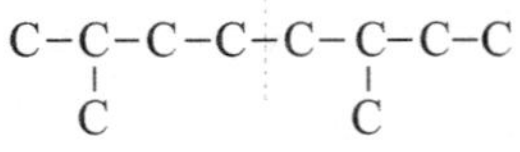

C−C(C)−C−C−C−C(C)−C−C

open chain terpene

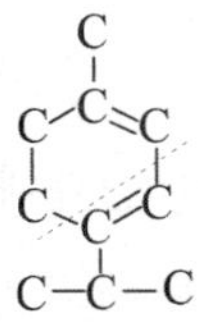

monocyclic terpene
(cymene)

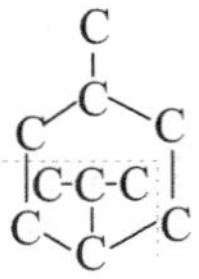

bicyclic terpene
(camphene 실화합물)

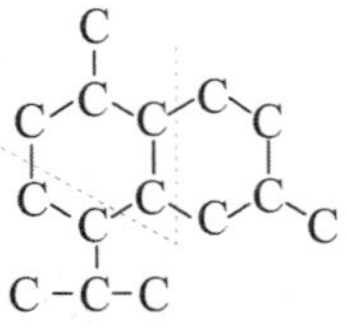

sesquiterpene

15-1 개쇄상(開鎖狀) 테르펜류

개쇄상(open chain) 테르펜류에서 흔히 볼 수 있는 것은 알코올류와 알데히드류이다.

15-1-1 제라니올(geraniol)

이것은 제라늄(geranium)·장미·라벤더(lavender)·시트로넬라(citronella) 등의 정유 중에 들어 있는 불포화의 알코올이다.

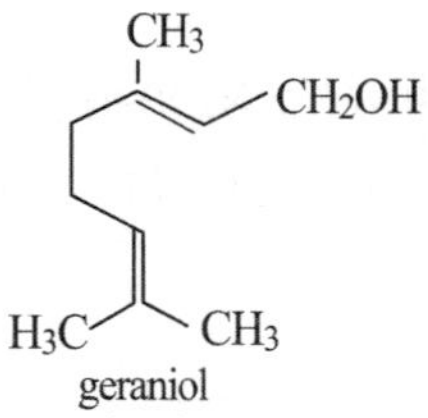

CH_3, CH_2OH, H_3C, CH_3

geraniol
(rose)

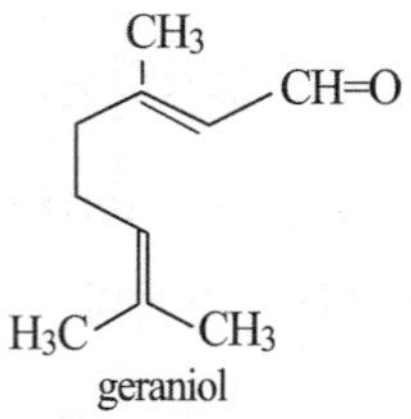

CH_3, CH=O, H_3C, CH_3

geraniol
(lemon grass)

15-1-2 시트랄(citral)

이것은 오렌지, 귤 등의 중요한 성분으로 독특한 냄새를 가지고 있으며,

제라니올을 산화시켜서도 만든다.

시트랄은 묽은 H_2SO_4와 K_2SO_4를 작용시키면 탈수되어 방향족화합물인 시멘(cymene)으로 된다.

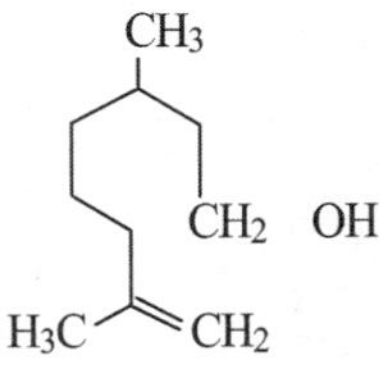

CH_3
CH_2 OH
H_3C CH_2

citronellol
(rose)

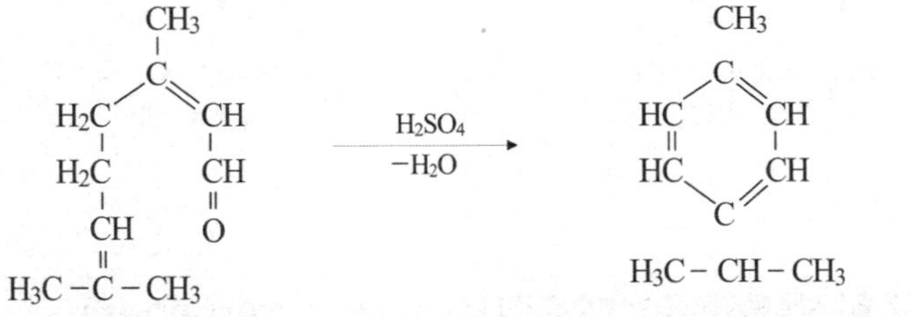

CH_3
C
H_2C CH
H_2C CH
CH O
$H_3C-C-CH_3$
citral

$\xrightarrow[-H_2O]{H_2SO_4}$

CH_3
C
HC CH
HC CH
C
$H_3C-CH-CH_3$
cymene(b.p. 174℃/755 mmHg)

15-2 단환상(單環狀) 테르펜류

단환테르펜류는 방향족화합물인 시멘(cymene)과 비슷한 구조의 시클로파라핀(cycloparaffin)으로 중요한 것으로는 다음과 같은 것이 있다.

15-2-1 리모넨(limonene, $C_{10}H_{16}$)

널리 분포되어 있는 정유의 한 성분으로서, *d* 리모넨은 오렌지 껍질에 많이 들어 있고, *l* 리모넨은 솔잎에 들어 있다. 이것의 라세미(racemi)체를 디펜텐(dipentene)이라 한다.

15-2-2 멘톨(menthol, $C_{10}H_{19}OH$)

이것은 박하뇌라고도 하며, 박하유 중에 들어 있다. 멘톨은 방부제로 쓰이는 외에 시원한 느낌을 주므로 면도용 화장수를 비롯하여 과자용·담배용으로 그 용도가 넓다.

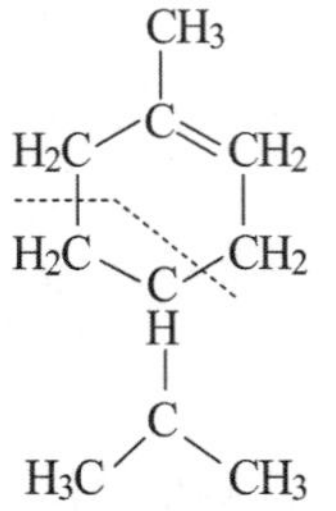

limonene(b.p. 178℃)
$[\alpha]_D^{20} = \pm175$

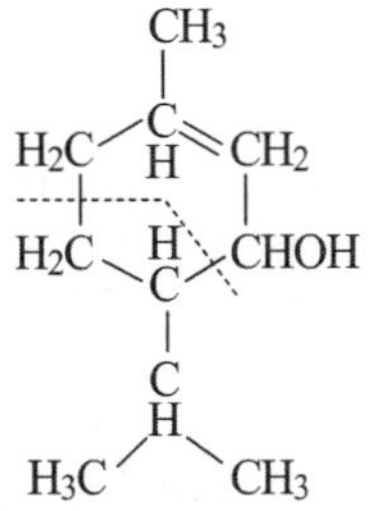

l-menthol(b.p. 215~216℃)
$[\alpha]_D^{20} = -49.7°$

15-3 중환상(重環狀) 테르펜류(bicyclic terpenes)

15-3-1 α피넨(α-pinene, $C_{10}H_{16}$)

이것은 테르펜류 중 중요한 것의 하나이며, 대부분의 정유에 들어 있다. 송백류의 몸에서 나오는 송진이나 또는 오래된 수간부를 수증기로 증류했을 때 얻어지는 올레오레신(oleoresin, crude turpentine)은 피넨의 좋은 자원이다.

15-3-2 장뇌(camphor)

일본이나 대만 등지에서 있는 신나모뭄캄포라(Cinnamomum camphora, 장뇌나무)를 수증기 증류하여 만들며, 승화법으로 정제한다. 천연산 장뇌는 우선성($[\alpha]$ =+44.2°)이지만, 용뇌(borneol)의 산화에 의하여 얻은 캄파는 좌선성이다.

캄파는 셀룰로이드(celluloid)와 무연화약의 가소제(plasticizer) 또는 강심제를 비롯한 의약품의 원료로 사용되는 한편 실험실에서는 분자량을 측정하는데 용매로서 사용된다.

캄파는 공업적인 합성으로 값싸게 생산하게 되었는데, 그 방법은 다음과 같다.

α-pinene (b.p. 155～156℃) —HCl→ bornyl chloride —1. CH_3COONa 2. 가수분해→ borneol (m.p. 202～203℃) —산화→ camphor (m.p. 178～179℃)

15-4 세스퀴테르르류($C_{15}H_{24}$)

이들 화합물은 isoprene 단위(C_5H_8)로서 구성되어 있는 화합물로서 isoprene 단위 2개가 중합된 것을 테르펜($C_{10}H_{16}$)이라 하며, isoprene 단위 3개가 중합체를 형성한 것을 세스퀴테르펜이라 부른다.

15-4-1 파르네솔(farnesol, $C_{15}H_{25}OH$)

파르네솔은 나리꽃을 비롯하여 여러 가지 꽃의 정유 중에 들어 있는 세스퀴테르펜알코올로서 중요한 향료가 된다. 또 생강의 정유 중에 있는 징기베렌(zingiberene), 구충제로 알려진 산토닌(santonin)은 환상 세스퀴테르펜의

하나이다.

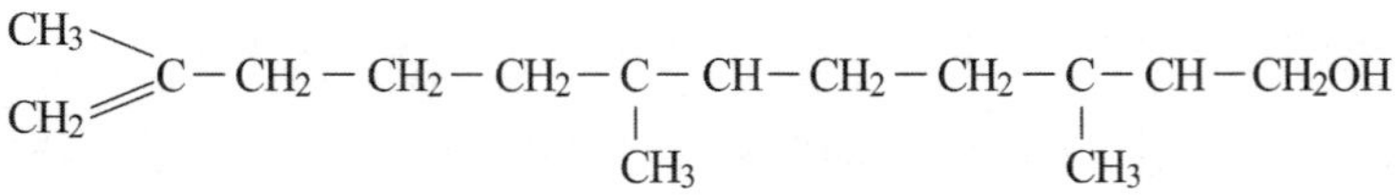

$$\begin{matrix} CH_3 \diagdown \\ CH_2 \diagup\!\!\!\diagup \end{matrix} C-CH_2-CH_2-CH_2-\underset{\displaystyle CH_3}{\underset{|}{C}}-CH-CH_2-CH_2-\underset{\displaystyle CH_3}{\underset{|}{C}}-CH-CH_2OH$$

α-farnesol

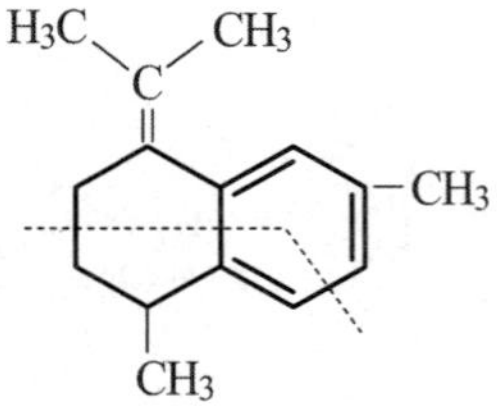

zingiberene

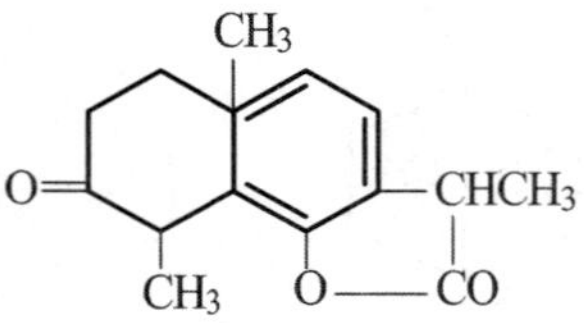

santonin

15-4-2 피톨(phytol, $C_{20}H_{39}OH$)

엽록소를 가수분해해서 얻을 수 있다.

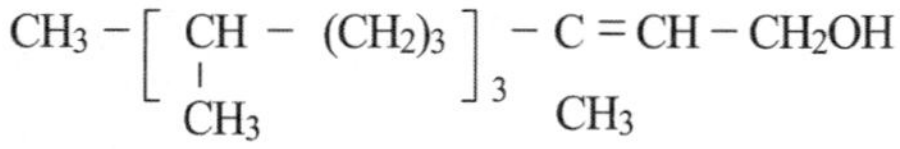

$$CH_3-\left[\underset{\displaystyle CH_3}{\underset{|}{CH}}-(CH_2)_3\right]_3-\underset{\displaystyle CH_3}{C}=CH-CH_2OH$$

phytol

15-4-3 아비에트산(abietic acid, $C_{20}H_{30}O_2$)

이것은 올레오레신(oleoresin)에서 터펜틴(turpentine)유를 제거시킨 나머지 고형물(rosin)의 주성분인데, 알칼리와 처리하여 송지비누를 만들며, 니스(vanish), 리놀륨(linoleum)의 제조원료 및 종이의 사이즈(sizing)제로 널리 사용된다.

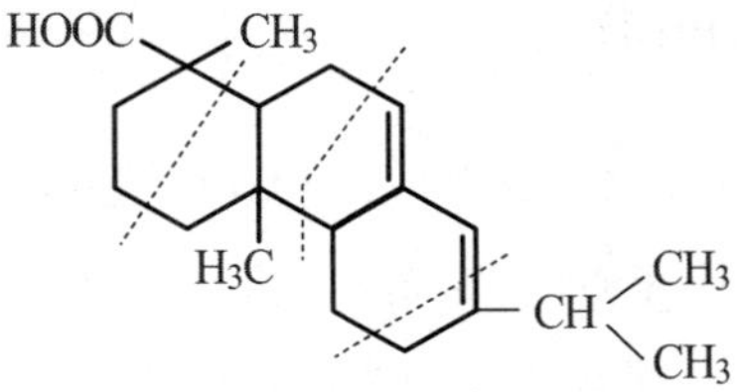

abietic acid(3 環 diterpene 類)

15-5 스테로이드(steroid)

오래전부터 동식물의 지방 속에는 비검화물이 함유되어 있고, 또한 이 부분은 탄화수소와 다환상알코올로 되어 있음이 알려졌다. 이러한 다환상알코올의 화합물을 스테롤(stoerol)이라고 하는데, 식물에서 얻을 수 있는 피토스테롤(pytosterol)과 동물에서 볼 수 있는 동물스테롤(zoosteril) 및 효모나 곰팡이 속에 들어 있는 미생물성인 미생물스테롤(mycosterol) 등으로 나눈다.

모든 스테롤은 구조 중에 페난트렌(phenanthrene)환에 시클로펜탄(cyclopentane)이 결합된 시클로펜타노파아히드로페난트렌(cyclopentanoperhydrophenanthrene)의 골격을 가지고 있다.

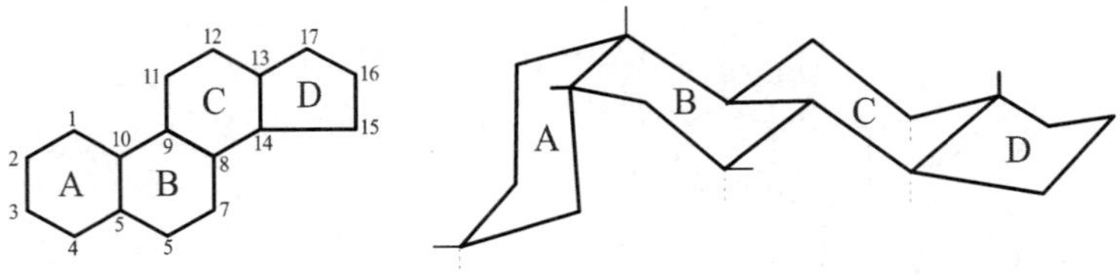

평면도

입체적

스테로이드의 기본구조

이러한 골격을 가지고 있는 일련의 물질을 스테로이드(steroid)라 하는데, 담즙의 성분, 비타민 D에 관계되는 물질, 성호르몬 및 카르디악(cardiac)배당체 등 생리적으로 중요한 것이 많다.

15-5-1 동물 스테롤(zoosterol)

동물스테롤의 대표적인 것으로는 콜레스테롤(cholesterol)을 들 수 있다.

콜레스테롤은 동물의 혈액·뇌·척수 또는 담석(gallstone) 중에 많이 들어 있는데, 이에는 여덟 개의 부제 탄소가 있다.

콜레스테롤은 체내에서 합성되는데, 동위원소로 표시된 초산 이온으로부터 수분 내에 합성된다는 것이 알려지고 있다.

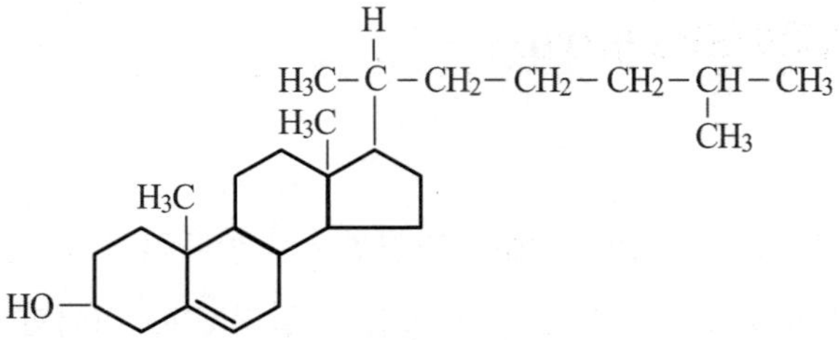

cholesterol(m.p. 148 ~151℃)

15-5-2 식물성 스테롤(phytosterol)

식물성 스테롤류에는 스티그마스테롤(stigmasterol, $C_{29}H_{48}O$, 콩기름 중의 비검화물), β-시토스테롤($C_{29}H_{50}O$, 밀의 배아유에 있음), 에르고스테롤(ergosterol) 등이 있다.

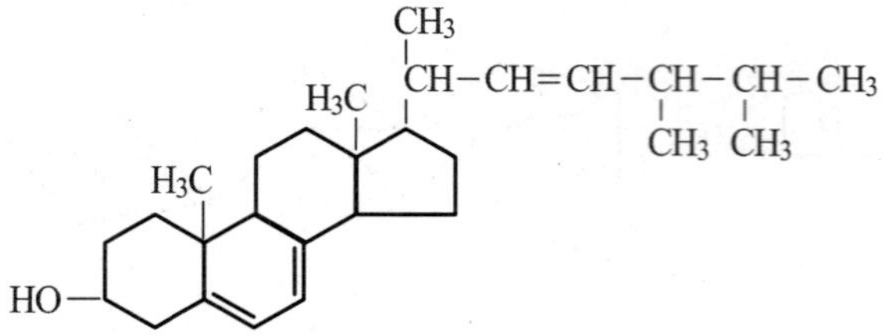

ergosterol

자외선 →

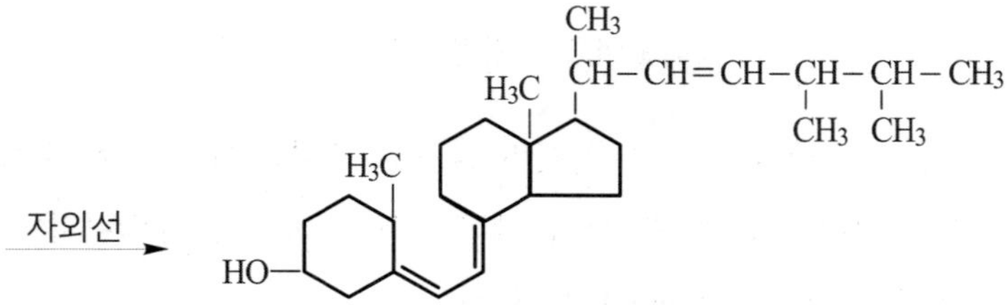

calciferol(vitamin D_2)

에르고스테롤은 맥각에서 발견되었는데, 그 후에 효모에서도 분리하였다. 이것은 콜레스테롤보다 메틸(methyl)기 한 개와 이중결합 두 개가 더 많으며, 자외선을 쬐면 비타민 D_2(calciferol)로 된다.

15-5-3 담즙산(bile acid)

담즙산은 동물의 담즙에 들어 있으며, 염의 형태로 존재한다. 이 염은 유화제의 작용을 하여 장내에서 지방의 소화·흡수작용을 돕는다.

담즙산은 4종이 알려져 있는데, 그중에서 가장 잘 알려진 것은 콜산(cholic acid)이다.

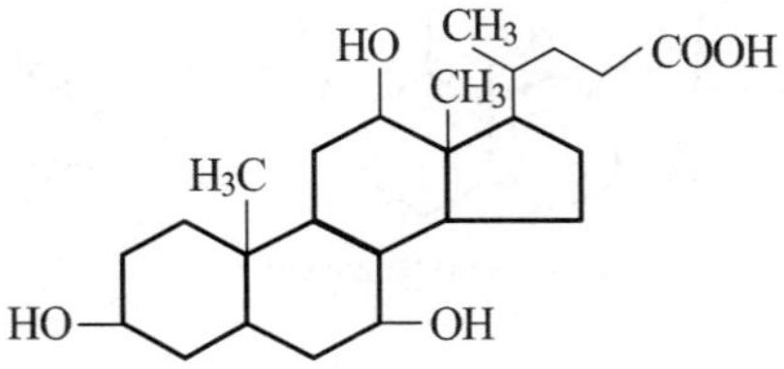

HO CH3 COOH CH3 H3C HO OH

cholic acid

15-5-4 호르몬(hormone)

(1) 남성호르몬

여기에는 안드로스테론(androsterone)과 테스토스테론(testosterone)이 있는데 전자는 남성의 오줌에서 추출되고, 후자는 고환에서 추출된다.

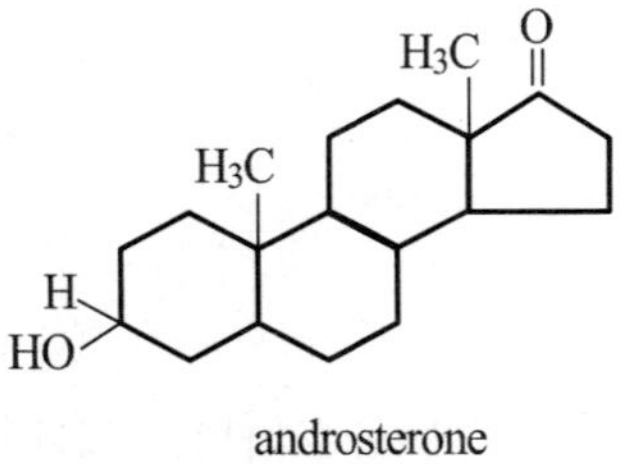

H3C O H3C H HO

androsterone

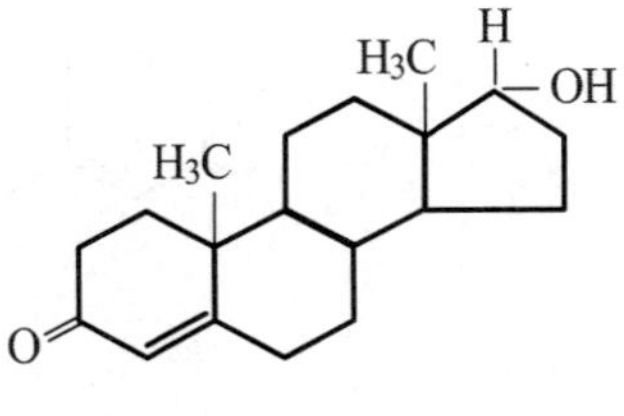

H3C H OH H3C O

testosterone

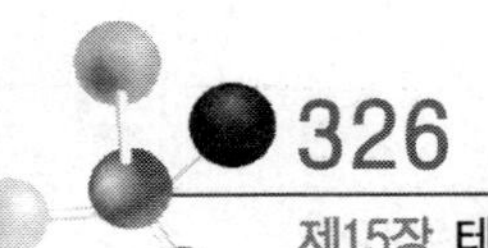

(2) 여성호르몬

여기에는 여포호르몬인 에스트론(estrone)과 황체호르몬인 프로게스테론(progesterone)의 두 가지가 있다. 여포호르몬은 발정 및 배란의 주기를 조절시키며, 황체호르몬은 임신 상태를 정상으로 유지시키는데 필요한 작용을 한다.

그런데 스테로이드의 구조를 가지고 이지 않으면서도 성호르몬의 작용을 하는 것으로는 스틸베스테롤(stilbesterol)이 있는데, 이것은 여포호르몬의 작용을 한다.

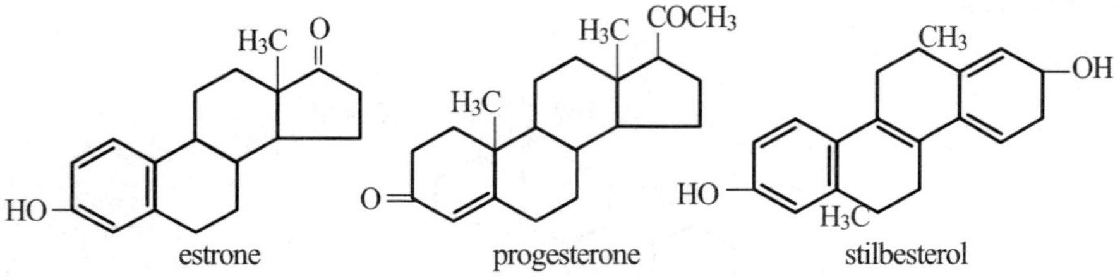

estrone　　progesterone　　stilbesterol

(3) 부신피질호르몬

부신피질(adrenal cortex)의 추출물을 연구한 결과 성호르몬의 구조와 밀접한 연관성이 있는 호르몬이 거의 30종이 단리되었다. 이들 중에는 코르티손(cortisone)이 있다.

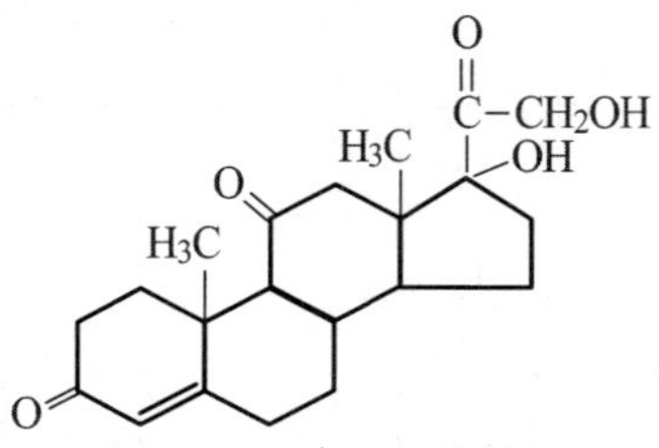

cortisone

이것은 특히 류머티스성관절염과 류머티스열에 유효하다. 코르티손 및 이와 비슷한 작용을 가진 분자는 공업적으로 합성되고 있다.

15-6 알칼로이드(alkaloid)

보통 식물체에서 얻어지며, 현저한 생리작용이 있는 질소 원자를 가진 염기성 물질들을 한데 묶어서 알칼로이드라 하는데, 독성이 있으며 쓴맛을 갖는다.

이것들 중에는 예로부터 의약품으로 이용된 것도 있으며, 구조는 헤테로고리화합물에 속하는 것이 많다. 광학적으로는 활성을 띤다.

15-6-1 니코틴산(nicotinic acid, b.p. 246.1℃/730.5mmHg)

니코틴은 가장 간단한 알칼로이드로서 담배 중에 특히 많다(1~2%). 니코틴은 무색의 액체인데, 공기 중에서는 암갈색으로 변색한다.

인체에 대한 작용을 보면 중추신경과 말초신경을 흥분시키고, 장과 혈관을 수축시키며, 혈압을 높게 하고, 설사를 일으킨다.

니코틴산은 주로 살충제로 사용된다.

nicotine —[O], HNO_3→ nicotinic acid (피리딘 고리-COOH)

nicotine —[O], 3단계→ N-methylpyrrolidine-2-carboxylic acid

15-6-2 아트로핀(atropine, m.p. 118℃)

아트로핀은 가시독말풀(Datura alba) 등에 들어 있는 알칼로이드로서 이의 묽은 용액은 동공을 넓히는 작용이 있으므로 안과 진단에 쓰인다.

아트로핀을 가수분해하면 트로핀(tropine)이 생성되는데, 코카인(cocaine, m.p. 98℃)에서도 마찬가지로 트로핀이 생성되므로 아트로핀과 코카인을 트로핀알칼로이드라 부르기도 한다.

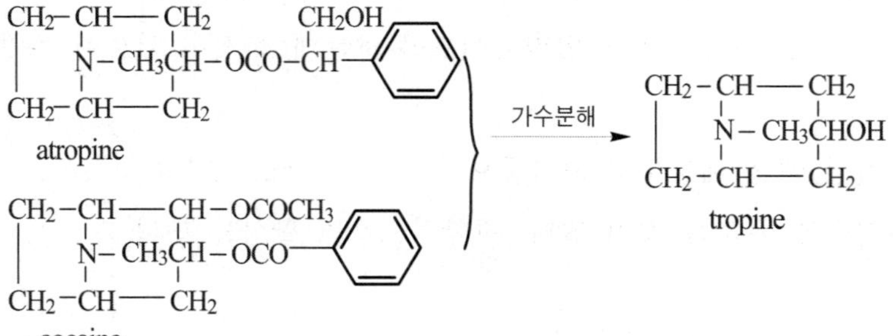

atropine

cocaine

가수분해 →

tropine

코카인은 코카나무(*Erythroxylum coca*)의 잎에서 얻을 수 있고, 말초신경을 마비시키는 성질이 있으므로 국부마취제로 사용된다. 독성과 습관성이 있는 것이 결점이다.

15-6-3 퀴닌(quinine)

퀴닌은 신코나(*Cinchona*)속 식물의 껍질에서 추출하는데, 예전부터 말라리아 치료제로 널리 사용되어 왔다. 신코나속 식물에서 얻는 알칼로이드는 퀴닌 외에도 25종이나 되고, 그의 구조는 대개 비슷하므로 신코나알칼로이드(cinchona alkaloid)라고도 한다.

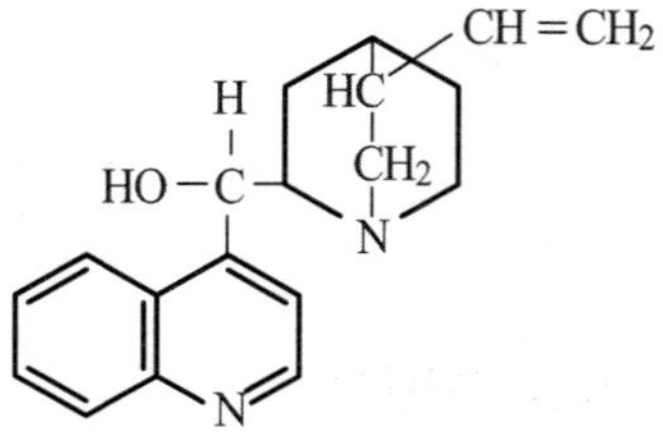

cinchonine

15-6-4 모르핀(morphine, m.p. 254℃)

모르핀은 아편(*opium*)에 들어 있는 알칼로이드의 일종이다. 아편에는 이 밖에도 파파베린(papaverine)·코데인(codein)·테바인(thebaine) 등을 비롯하여 25종 이상의 알칼로이드가 들어 있다.

모르핀은 진통·최면작용이 있으나 습관성이 있고, 코데인은 진해·진통작용이 있다.

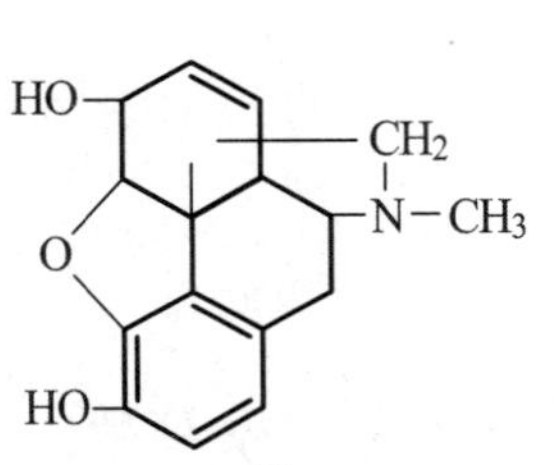

HO, O, HO, CH_2, $N-CH_3$

morphine

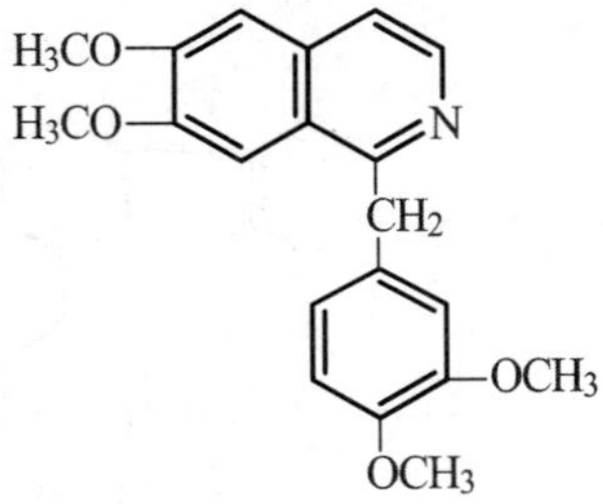

H_3CO, H_3CO, N, CH_2, OCH_3, OCH_3

papaverine

15-6-5 그 밖의 알칼로이드

후추(pepper)의 알칼로이드인 피페린(piperine, m.p. 128~129℃), 고추의 캅사이신(capsaicin, m.p. 64~65℃), 황마의 알칼로이드로서 진해 작용이 있는 에페드린(ephedrine), 커피나 차 등에 들어 있고 심장과 중추신경계통의 흥분 자극작용을 가진 카페인(caffeine), 혈압강하제·진정제로 쓰이는 레세르핀(reserpine), 소아마비의 후기 치료제로 쓰이는 세쿠린(securine) 등이 있다.

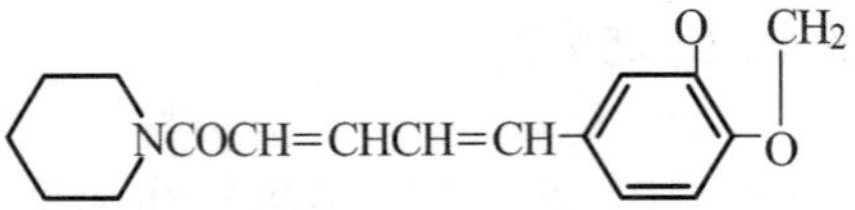

$NCOCH{=}CHCH{=}CH$ (piperine: piperidine ring – $NCOCH{=}CHCH{=}CH$ – benzene ring with $O-CH_2-O$)

piperine

$C_6H_5-CH(OH)-CH(NHCH_3)-CH_3$

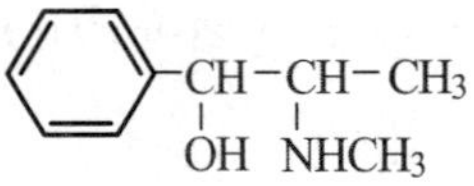

ephdrine

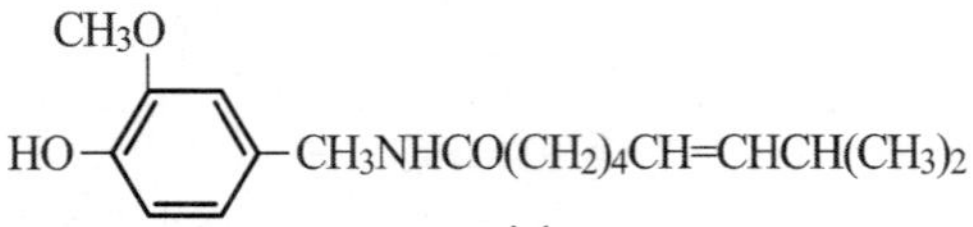

CH_3O, $HO-$ benzene ring $-CH_3NHCO(CH_2)_4CH{=}CHCH(CH_3)_2$

capsaicin

H_3CO, N, N, $H_3CO-C(=O)-$, OCH_3, $-O-C(=O)-$ benzene ring with three OCH_3

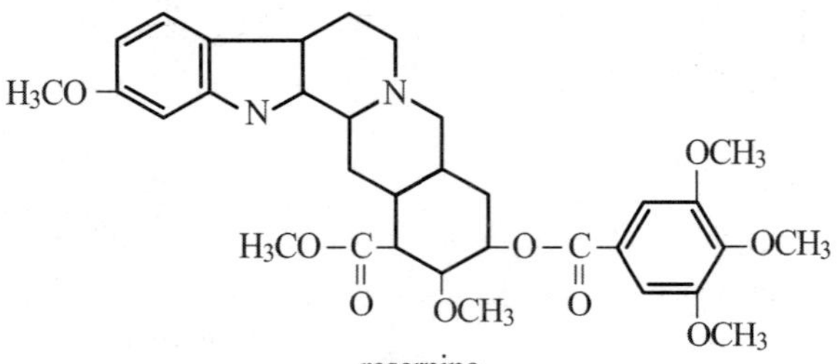

reserpine

15-7 항생물질(antibiotics)

미생물학자들은 어떤 미생물이 다른 미생물의 대사를 방해하는 물질을 생산한다는 것을 오래전부터 알고 있었다. 이와 같은 물질을 항생물질이라 하며, 항생물질은 다른 균의 발육을 방해하거나 죽이게 된다.

항생물질은 2차대전 중에 페니실린을 시발점으로 해서 그 역사가 전개되기 시작하여 오늘날에는 수많은 종류가 인류에 질병 치료에 응용이 되고 있으며, 앞으로도 더 많고 유용한 것들이 개발될 가능성이 있다

15-7-1 페니실린

페니실린(penicillin)은 푸른곰팡이인 페니실륨 노타듐(*penicillium notatum*)에서 얻어졌다. 현재는 페니실린 생산능력이 더 강한 균주인 페니실륨

크리소게넘(*penicillum chrysogenum*)을 이용하고 있다.

페니실리은 특히 운쇄상구균, 간염쌍구균 등을 비롯한 그램양성(gram positive)균에 대하여 유효하다. 페니실린의 일반식은 상기와 같고 R기의 종류에 따라 여러 가지가 있게 된다. 1957년에 쉬한(John Sheehan)에 의해서 최초로 합성이 되었다.

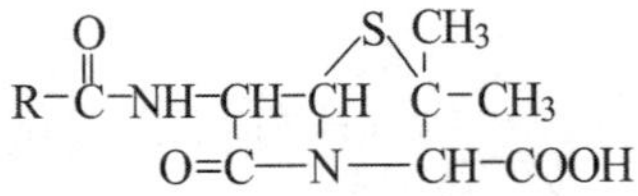
penicillin

penicillin G　　　　penicillin X

penicillin F　　　　penicillin F

R ; $CH_3CH_2CH{=}CHCH_2-$　　R ; $H_3C(CH_2)_5CH_2-$

15-7-2 스트렙토마이신

스트렙토마이신(streptomycin)은 스트렙토마이세스 크리세우스(*sterpto-myces griceus*)의 배양으로 얻어지는 항생물질이며, 그람 음성균에 대하여 유효하다.

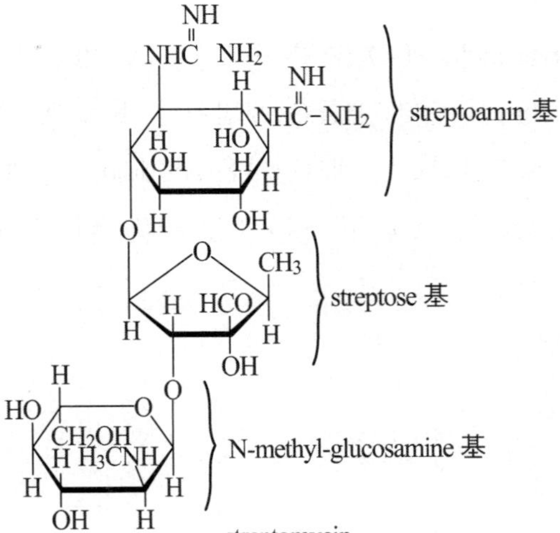

streptomycin

15-7-3 클로로마이세틴

클로로마이세틴(chloromycetin)는 클로람페니콜(chloramphenicol)이라고도 하며, 토양 미생물인 스트렙토마이세스(streptomyces)속의 일종에서 얻을 수 있다.

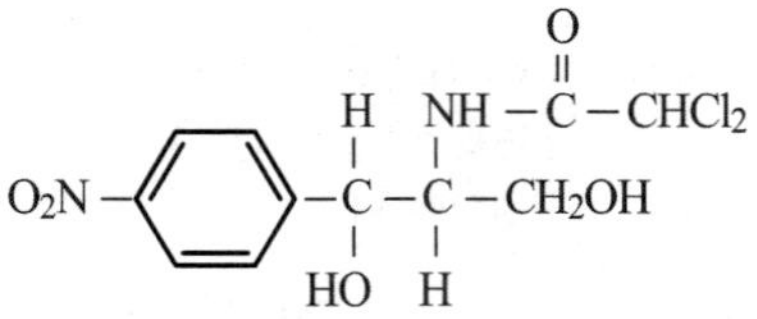

$$O_2N-C_6H_4-\underset{HO}{\overset{H}{C}}-\underset{H}{\overset{NH-\overset{O}{\overset{\|}{C}}-CHCl_2}{C}}-CH_2OH$$

chloromycetin

클로로마이세틴은 발진티프스와 어떤 비루스(virus)에 유효하며, 구조가 비교적 간단하여 합성되고 있다.

15-7-4 테라마이신(terramycin)과 오레오마이신(aureomycin)

이것은 다같이 부분적으로 수소화된 나프타센(naphthacene)핵을 가지고 있으며, 전자는 스트렙토마이세스 리모서스(streptomyces rimosus)에서 얻는다.

테라마이신(terramucin)의 OH기를 수소 원자로 바꾸면 항생물질인 테트라시크린(tetracyclin)이 된다. 이들은 광범위한 치료 효과를 가진다.

이밖에 농업용 항생물질로는 애크티디온(actidion, m.p. 115~116℃), 안티마이신 A(antimycin A, m.p. 140~142℃), 블라스티시딘(blasticidin) 등이 이용되고 있다.

15장 연습문제

문제 1. Terpene 화합물을 구조적으로 분류하시오.

풀이

(i) hemiterpene, C_5H_8(isoprene 뿐이다.)

(ii) terpene, $C_{10}H_{18}$

(iii) sesquiterpene, $C_{15}H_{24}$

(iii) diterpene, $C_{20}H_{32}$

(iii) polyterpene, $(C_5H_8)n$

또 terpene은 탄소와 구조골격에 따라 개쇄상(open chain), 단환상(monocyclc) 및 중환상(bicyclic) terpene 등으로 나누다.

문제 2. isoprene 단위의 구조식을 쓰시오.

풀이

$$\begin{array}{c} CH_3 \\ | \\ CH_2=C-CH=CH_2 \end{array} \qquad \begin{array}{c} C \\ | \\ C-C-C-C \end{array}$$

isoprene의 구조식　　　isoprene의 핵

문제 3. Steroid를 설명하시오.

풀이

동식물의 지방 속에는 비검화물이 함유되어 있고, 또한 이 부분은 탄화수소와 다환상알코올로 되어 있는 것을 스테롤(stoerol)이라고 하는데, 식물에서 얻을 수 있는 피토스테롤(pytosterol)과 동물에서 볼 수 있는 동물스테롤(zoosteril) 및 효모나 곰팡이 속에 들어 있는 미생물성인 미생물스테롤(mycosterol) 등으로 나눈다.

스테롤의 구조는 페난트렌(phenanthrene)환에 시클로펜탄(cyclopentane)이 결합된 시클로펜타노파아히드로페난트렌(cyclopentanoperhydrophenanthrene)의 골격을 가지고 있다.

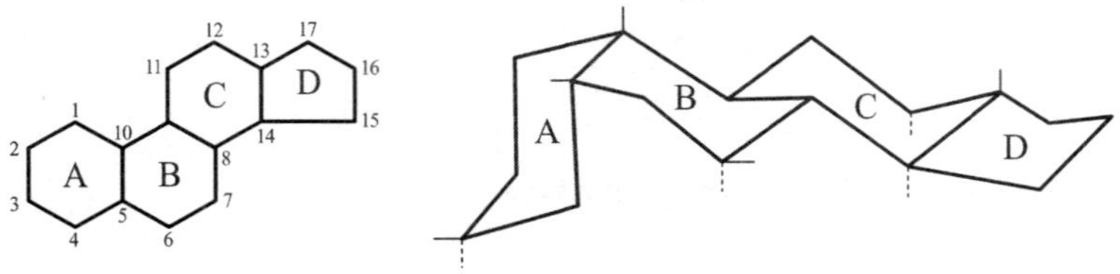

평면도 입체적

스테로이드의 기본구조

이러한 골격을 가지고 있는 일련의 물질을 스테로이드(steroid)라 하는데, 담즙의 성분, 비타민 D에 관계되는 물질, 성호르몬 및 카르디악(cardiac) 배당체 등 생리적으로 중요한 것이 많다.

문제 4. 여성호르몬에 대하여 설명하시오.

풀이

여성호르몬에는 여포호르몬인 에스트론(estrone)과 황체호르몬인 프로게스테론(progesterone)의 두 가지가 있다. 여포호르몬은 발정 및 배란의 주기를 조절시키며, 황체호르몬은 임신 상태를 정상으로 유지시키는데 필요한 작용을 한다. 에스트론, 에스트라다이올, 에스트라트리올을 일반적으로 에스트로겐이라고 부른다. 그러나 스테로이드의 유사구조로 성호르몬의 작용을 하는 것으로는 스틸베스테롤(stilbesterol)이라 부르는 화합물이 있는데, 이것은 여포호르몬의 작용을 한다.

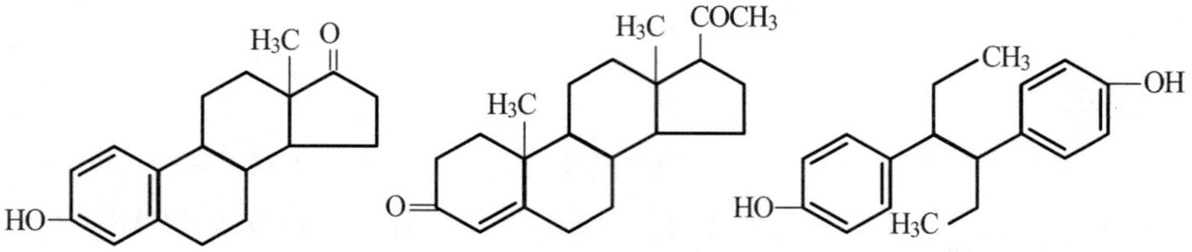

estrone progesterone stilbesterol

유기화합물의 분광법

유기화합물을 어떻게 확인할 수 있는가? 유기화합물의 정확한 구조를 어떻게 알아낼 수 있는가? 유기화학자의 가장 큰 관심사는 유기화합물에 흡수된 복사선의 파장이 화합물의 구조에 따라 어떤 관련이 있다는 사실이다. 그러므로 여러 가지의 분광법(sepectroscopy)이 이들 미지 화합물의 구조나 유기화합물의 결합 특성을 연구하는 데 이용된다. 즉 분광학(sepectroscopy)은 복사선과 어떤 물질 사이의 상호작용을 연구하는 학문이라 할 수 있다.

분광법은 화학적인 시험 방법과는 달리 측정 중 시료가 변하지 않으므로 측정 다른 목적에 이용할 수 있다. 이러한 과정 중에서 얻어진 정보는 유기화합물의 구조를 확인하고 결정하는데 매우 중요한 역할을 한다. 또한, 혼합물 중 소량 들어 있는 유기물의 정성 및 정량에 이용할 수 있다.

이런 편리한 점 때문에 생화학적 반응 또는 환경오염 등 각종 많은 문제를 해결하는 데 이용되며, 이 장에서는 일반적으로 널리 사용하고 있는 4가지의 분광법을 기술하고자 한다.

16-1 전자기 복사선과 분자

전자기 복사선(eletromagnetic raduation)은 파동의 형태로 공간을 통해서 투과하는 에너지이다. 가시광선, 자외선, 적외선 라디오파, X-선 등과 같은 형태의 전자기파는 한 파장의 정점에서 다음 파장의 정점인 거리, 즉 파장(wavelength)에 의해 특징 지워진다.

전자기(eletromagnetic)란 명칭은 전자기 복사가 주기적인 형태로 증감하는 전기장 및 자기장과 관련이 있어 붙여진 것이다. 모든 전자기 복사선은 진공 상태에서 빛의 속도와 똑같이 3.0×10^{10}cm의 속도로 진행한다. 그러나 전기장과 자기장이 증가하는 진동수(frequency)는 다르다.

상당부분의 전자기 복사선의 영역을 그림 16-1에 표시하였다.

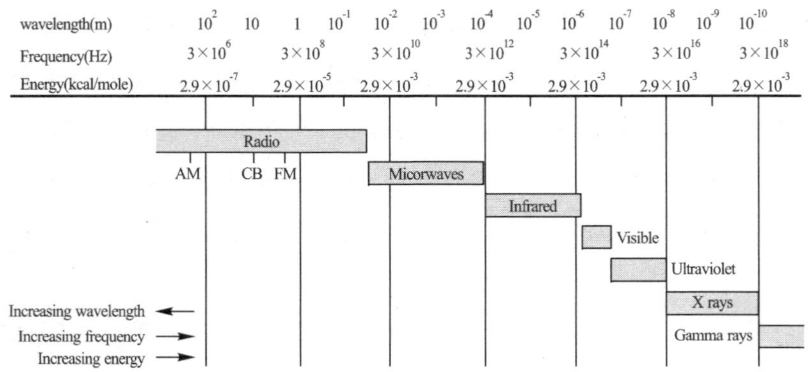

그림 16-1 전자기 복사선의 영역

X-선이나 혹은 적외선 복사(infrared radiation) 등은 특수한 파장의 복사선을 내게 하고 또 검출하는 기기에 관련하여 임의적으로 분류된 것이라 할 수 있다. 예컨대 가시광선은 인간의 눈이 검출할 수 있는 아주 작은 영역의 전자기 복사선의 일부분이다.

전자기 복사선의 빔(beam)이 공간을 통과할 때 자기장 및 전기장에의 변화는 물 표면에서의 파도를 연상케 하여 비슷한 용어로 기술한다. 복사선의 진동수(υ)는 어떤 시간에 주어진 점을 통과하는 파동수(wave number)이다. 복사선은 파장에 의해서 특성을 나타내지만 Hertz(Hz)라 부르는 초당 사이클(cycles per scound)로 정의되는 진동수(fequency)에 의해서도 특성 지워진다. 더 높은 진동수를 갖는 복사선은 초당 더 많은 진동수를 포함하게 되어 파장은 더 짧아진다. 즉 파장과 진동수는 역비례 관계에 있음을 다음 식으로 알 수 있다.

$$\lambda = \frac{c}{\nu}$$

λ = 파장(cm)
c = 전자기 복사 속도(진공상태에서 3.0×10^{10}cm/sec)
ν = 진동수(Hz)

예를 들면 가시광선 영역의 중심은 진동수가 약 5×10^{14}Hz이므로, 파장은

$$\lambda = \frac{c}{\nu} = \frac{3.0\times10^{10}\,\text{cm/sec}}{3.0\times10^{10}\,\text{cycle/sec}} = 6.0\times10^{-5}\,\text{cm/cycle}$$

분자들과 상호작용할 때는 전자기 복사선이 마치 따로따로 분할할 수 없는 입자와 같은 에너지 다발(packets of energy)로 구성된 것처럼 행동한다. 이들 전자기 복사선의 가장 작은 단위를 광양자(photon)이라 한다. 각 진동수(파장)의 광양자는 진동수에 비례하는 특정한 에너지를 갖고 있다. 즉 자외선과 광양자는 가시광선의 광양자보다 더 큰 에너지를 가지며 라디오파의 광양자보다 큰 에너지를 갖는다.

$$E = \text{constant} \times \nu$$

표 16-1에서 에너지 값은 1몰(Avogaro's number)의 광양자에 대한 것이다.

양자 역학은 어떤 주어진 화합물의 분자들이 다만 일정한 에너지를 갖고 있다는 것을 나타낸다. 어떤 특정한 분자는 어떤 특정한 진동수(파장)를 갖고 있는 복사선만 흡수한다. 이들 진동수는 분자의 현존하는 에너지 상태와 보다 높은 에너지의 다른 허용된 상태 사이에 에너지 차이와 일치한다. 에너지 상태가 E_1인 어떤 분자를 생각해 볼 때, 역시 E_2, E_3는 가능한 에너지 상태이다. 이 분자는 광양자가 $E_2 - E_1$이나 $E_3 - E_1$과 같은 에너지를 갖고 있는 복사선을 흡수할 뿐 다른 복사선(radiation)은 흡수하지 않는다.

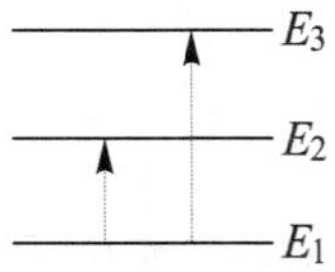

분자가 적외선을 흡수하면 분자는 새로운 에너지 상태, 즉 고에너지 상태로 야기된다. 각 분자는 각기 다른 허용하는 에너지 상태를 갖고 있어서 이는 복사선의 흡수에 있어서 독특한 양상을 띠게 된다. 즉 적외선의 선택된 진동수만이 어떤 분자에 의해 흡수된다.

흡광 분광법(absorption spetroscopy)에 있어서 시료는 전자기 복사선의 빔(beam)내에 놓여지게 된다. 복사선의 진동수(파장)가 다양하여서 흡광 강도(absorption intensity : 시료가 각 진동수의 복사선을 흡수하는 양)를 측정할 수 있다. 어떤 시료에 복사선이 흡수되면 시료를 통해서 투과된 광양자의 수는 감소한다. 이러한 흡수는 복사선의 흡광 강도 혹은 양의 감소로서 관찰된다. 이러한 흡광 강도의 변화는 분광법에서 측정치로 이용된다. 즉 각기 다른 주파수에 대하여 흡광 강도를 도시하여 나타낸 것을 흡수 스펙트럼(absorption spectrum)이라 한다.

16-2 적외선 흡광 분광법

그림 16-2는 전형적인 적외선 스펙트럼을 나타낸다. 화학자들은 이것이 일종의 간단한 알코올의 스펙트럼임을 한눈에 알 수 있다. 결합 형태가 다른 모든 물질은 서로 다른 진동수를 가지며, 다른 물질 중의 같은 형태의 결합도 조금씩은 다른 환경을 가지므로 구조가 다른 두 물질은 정확히 동일한 적외선 흡수나 스펙트럼을 가질 수 없다. 그리고 일부분의 흡수된 진동수가 같아도 어떤 두 개의 다른 물질도 적외선 스펙트럼이 일치하지 않는다. 그러므로 적외선 스펙트럼은 인간의 지문과 같이 특정한 분자의 구조를 밝히는데 유용하다. 동일한 물질이라고 추측하는 두 물질의 적외선 스펙트럼을

비교해 봄으로써 그 물질들의 동일성을 확인한다. 만약 두 스펙트럼의 피크(peak) 사이가 일치하면 대개의 경우 두 물질은 동일하다.

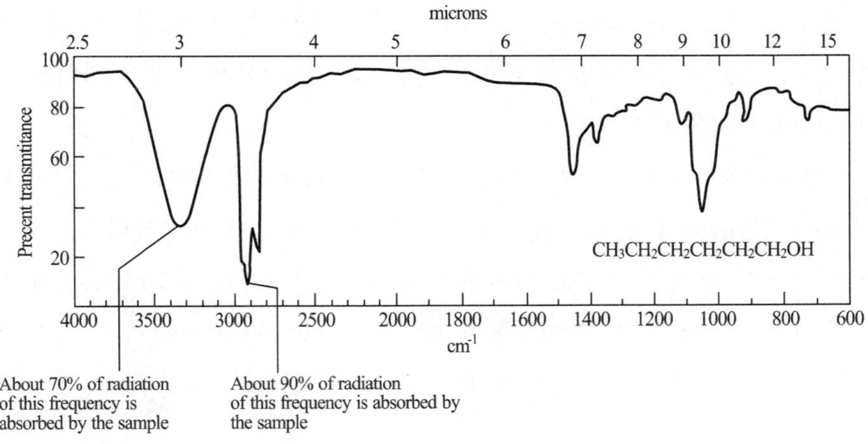

그림 16-2 1-hexanol의 적외선 스팩트럼

일반적으로 적외선 복사 영역은 약 2.5micron (1micron = 1micrometer = 10^{-6}meter)에서 16 micron까지로 본다. 그러나 흡수의 위치를 특정화하기 위해서 파동수를 사용하는 것이 관례로 되어 있다. 적외선 분광기에서 진동수는 cm당 주기수인 파동수로 표시한다. 파동수는 센티미터의 역수(cm^{-1})의 단위가 된다. 적외선 분광기에서 파장으로 사용되는 단위는 마이크로미터(μm)이다. 즉 다음 식으로 나타낼 수 있다.

$$\text{wave number} = \frac{1}{\text{wave length(cm)}}$$

대부분의 적외선 스펙트럼은 퍼센트 투광도(%T) 혹은 흡광도(A)에 대해 전자기 스펙트럼의 작은 양들을 연속적으로 변화시킨 파장 혹은 진동수를 나타낸 그림이다. 특정한 파장에서 어떤 화합물의 흡광도가 없으면 100%T

(이상적으로)로 나타낸다. 또한 0%T란 시료에 의해 모두 흡수된 것을 뜻한다. 어떤 화합물이 특정한 파장에서 복사선의 흡수가 있으면 투광된 복사선의 강도는 감소한다. 이 결과 %T가 감소하고 흡수띠(absorption band) 또는 흡수 피크(absorption peak)라 부르는 움푹 들어간 스펙트럼으로 나타낸다. %T가 100인 스펙트럼 부분을 기준선(base line)이라 부르고 적외선 스펙트럼에서 위쪽에 기록한다.

그림 16-3에 나타낸 바처럼 필수적인 구성 부품을 갖고 있는 기기인 적외선 분광기(infrared spectrometer)는 스펙트럼을 얻는데 이용된다.

본 장에서 보여주는 각종 적외선 스펙트럼들은 2개의 염화나트륨 판 사이에 넣은 액체상의 유기 화학물의 박층(thin layer)으로부터 얻은 것이다. (염화나트륨은 이 스펙트럼 영역에서 흡수되지 않는다.)

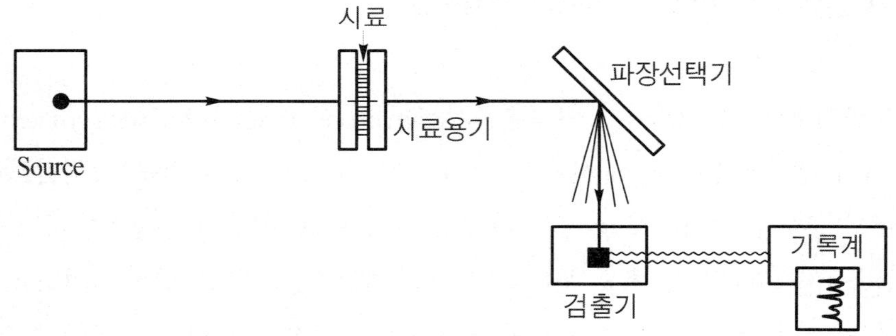

그림 16-3 적외선 분광계의 필수 구성요소

광원은 넓은 진동수 영역에 영향을 끼치는 적외선을 방사한다. 파장 선택장치(wavelength selector)는 시료에 의해 투과되는 방사선의 특별한 파장만을 허용해서 주어진 시간에 검출기(detector)에 도달하게 한다. 검출기는 방사선의 강도를 측정하여서 이 강도를 각 파장에 대해 도시(plot)한 것이 기록기에 의해 종이 위에 나타나게 된다.

스펙트라(spetra)는 어떤 용매에 녹아 있는 화합물이나 기체들로부터도 얻을 수 있다. 용매를 사용했을 경우에는 용매로 인한 흡수를 빼 놓아야 한다.

분광기들은 일반적으로 두 개의 시료 셀(sample cell) 중 하나는 화합물의 용액을 담고 있으며 또 다른 것은 오직 용매만을 담고 있다. 기기에 의한 복사선 흡수 사이의 차이를 측정함으로써 용매로 인한 흡수를 상쇄한다. 통상적으로 적외선 스펙트럼은 단 몇 분만에 미량의 시료(1~2mg)로 얻을 수 있다.

한 분자가 적외선을 흡수할 때 무슨 변화가 일어나는가? 분자들에 나타나는 결합 길이와 결합각은 모두 평균값이다.

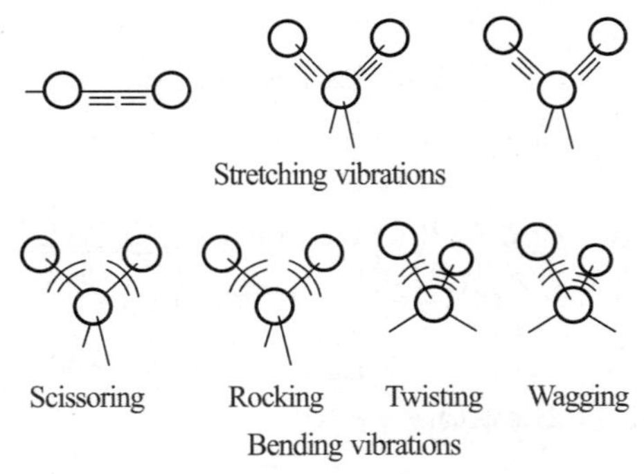

그림 16-4 오직 한두 개의 원자를 포함하고 있는 몇 가지의 분자 진동

한 분자 내에서 원자들은 실제로 상호 관련된 운동을 끊임없이 계속하고 있다. 즉 공유결합에 의해 결합된 원자의 핵은 용수철에 매달린 두 개의 공과 비슷한 양상으로 진동 혹은 진폭한다. 분자들이 적외 복사선을 흡수하면 흡수된 에너지는 결합된 원자들의 진동의 강도를 증가시킨다. 그리고 이러한 분자들은 여기된 진동 상태(excited vibrational state)에 있게 된다. 즉 이들 결합들이 신축시키고(stretch) 또한 결합각을 변형(deform)시키는 일련의 분자 운동을 분자 진동(molecular vibration)이라 한다. 그림 16-4에서는 이들 진동 중 몇 가지를 설명하였다.

신축진동(stretching vibration)은 인접한 원자들 간의 결합 거리를 변화시키고 굽힘진동(bending vibration)은 결합각을 변화시킨다.

적외선 복사선의 광양자가 흡수되면 분자는 여기되어(excited) 진동 운동(vibration motion)이 보다 활동적인 높은 에너지 수준으로 되는데, 이러한 진동운동은 분자 전체에 영향을 미친다. 그러나 상대적으로 어떤 진동은 국부적으로 일어나서 주로 두 개의 원자나 혹은 대개의 경우 소수의 원자들을 포함한다. 결과적으로 분자 중에서 남아있는 것의 구조에도 불구하고 어떤 구조적인 특징이 좁은 진동수 범위에서 나타나는 적외선 흡수가 일어나게 한다. 이러한 특징적인 흡수가 적외선 스펙트라로 하여금 알려지지 않은 구조를 갖고 있는 화합물들에 관해서 구조적인 정보를 제공하는 데 유용하게 한다.

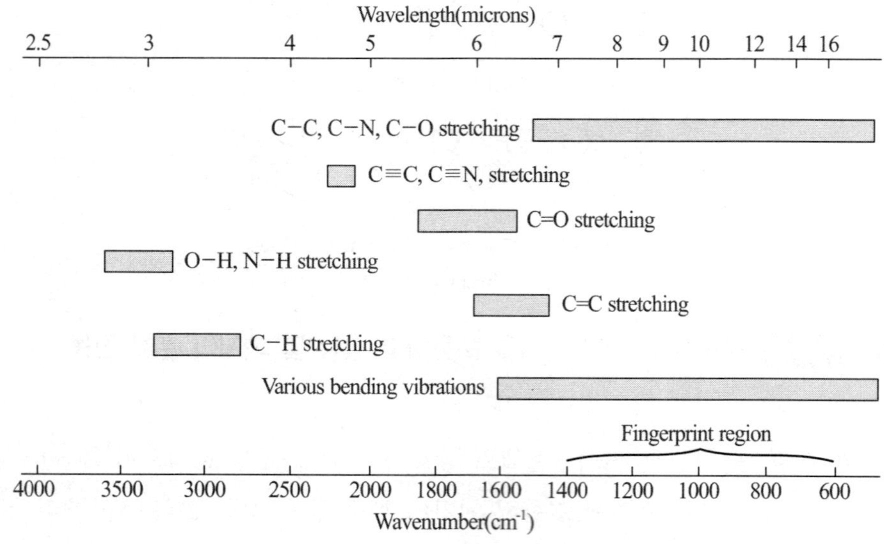

그림 16-5 신축 진동과 굽힘 진동의 대략적인 영역

몇 가지의 전형적인 진동수 범위를 그림 16-5에 나타내었다. 대단히 가벼운 수소 원자를 포함하는 결합들(C-H, O-H, N-H)과 다중결합들(C=C, C=O, C≡C, C≡N)의 신축 진동이 특별히 유용하다. 두 개의 무거운 원자들 간의 단일결합들(예컨대 C-C, C-N, C-O)을 포함하는 신축 진동은 많은 원자들을 포함하고 있는 운동들보다 더욱 관련이 있어 넓은 진동 범위에 걸쳐 나타나는 경향이 있다. 더군다나 이들 흡수는 굽힘 진동에 의해 나타나는 영역으로 붙게 된다.

적외선 스펙트럼의 왼쪽 부분인 1400-4000cm^{-1} 의 영역은 여러 작용기들을 확인하는 데 특히 중요하다. 이 영역에서 신축 진동 형태의 흡수가 나타난다. 1400cm^{-1}에서 오른쪽 영역(대략 1400-600cm^{-1})은 신축과 굽힘 진동 피크가 나타나므로 매우 복잡한 경우가 많다. 이 영역에서는 각 작용기와 각각의 흡수띠들의 상환관계가 항상 정확할 수는 없다. 그러나 각 유기화합물들은 이 영역에서 특수한 흡수가 일어난다. 스펙트럼의 왼쪽 부분은 비슷한 화합물에 대해서는 같게 나타나지만, 지문 영역도 같은 화합물에 대해 나타나는 두 개의 스펙트럼이 완전히 일치해야 한다. 이 영역 안에 있는 유기분자에 대한 복사선의 흡수는 복잡하나 유일한(unique) 것이기 때문이다. 표 16-1에서는 몇 가지 중요한 신축 진동을 보다 상세히 나열하였다. 이 정보를 참고하여 스펙트라의 특징 중 어떤 것은 이들을 나타내는 구조적 특징에 연관지을 수 있게 된다.

그림 16-6에서 처음 두 개의 스펙트라는 2800cm^{-1}과 1500cm^{-1}사이에서의 주목할만한 흡수가 없다. 그러므로 다중결합이 없다. 2970~2850cm^{-1} 영역 내의 아주 선명한 흡수는 포화된 탄소의 C-H신축 진동의 특성이다. 이성질체 알칸들의 스펙트라가 많은 유사점이 있다 해도 의심할 여지없이 각기 다르고 특별히 지문 영역일 경우는 더욱 그러하다.

그림 16-2의 스펙트럼을 살펴보면 이는 알칸류의 스펙트라를 닮았으나 역시 3340cm^{-1}에 중심을 둔 강하고 넓은 띠(broad band)를 갖고 있다. 이 흡수는 히드록시기의 O-H 신축진동의 전형이다. 이 흡수의 특별히 큰 폭(width)은 수많은 각기 다른 수소 결합 종들(species)의 존재 때문인데 이들 각각은 각기 다른 흡수 진동수를 갖고 있다. 그림 16-6의 (c)와 (d)에 있는 스펙트라는 2,4-dinitrophenylhydrazone 유도체를 형성하는 화합물들이다. 그러므로 이들은 아마 알데히드나 케톤일 것이다. 이러한 가정이 맞는다면 양쪽 스펙트라는 1700cm^{-1}근방에서 카르보닐기의 대단히 강한 흡수 특성을 갖게 된다.

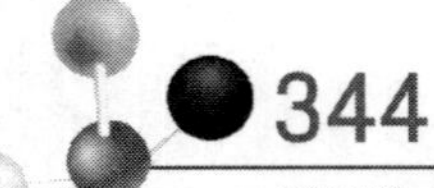

첫 번째 화합물은 CHO 단의 C-H신축의 특징이 $2720cm^{-1}$에서의 흡수로 나타내기 때문에 알데히드로 쉽게 확인할 수 있다. 그러므로 또 다른 화합물은 케톤임에 틀림없다.

그림 16-6의 (e)에서의 스펙트럼상에 나타나는 $2220cm^{-1}$에서의 예리한 흡수(absorption)는 삼중결합의 특성이다. 방향족 고리가 존재하면 $1600cm^{-1}$과 $1450cm^{-1}$사이에서 흡수 집단(group of absorption)을 나타내고 이는 =C-H 신축 진동의 흡수와 일치한다.

그림 16-6의 (f)에서의 스펙트럼 중 $2500\sim3500cm^{-1}$영역에서의 대단히 폭넓은(broad) 흡수와 $1710cm^{-1}$에서 강한 카르보닐 흡수는 카르복실산 임을 나타낸다.

적외선 스펙트럼으로부터 어떤 미지 분자에 관한 구조적 정보를 추론하려는 시도를 위해서는 먼저 특정한 작용기들의 진동수 특성을 나타내는 흡수가 존재하는지 여부를 살펴보는 것으로부터 접근한다. 적외선 분광법은 역시 이미 알려진 화합물의 시료를 확인하는 데도 광범위하게 이용되고 있다. 많은 화합물들은 약 110℃의 끓는점을 갖고 있거나 물 100g 중 2g 정도 녹는 용해도를 갖고 있다. 끓는점과 용해도처럼 단순한 값을 나타내는 성질에 반해서 적외선 스펙트럼은 다양한 성질과 관련되었다. 즉 다수의 진동수들 각각에 대해 복사선의 흡수가 나타난다. 동일한 적외선 스펙트라는 수많은 특징을 나타내는 데 있어 동일하다. (동일한 지문 혹은 얼굴과 마찬가지로) 같은 화합물에서는 거의 틀림없다.

표 16-1 신축 진동에 기인한 몇 가지의 특징적인 흡수 진동수

Bond	Functional class		Absorption rang(cm[1]) (intensity of absorption)	Notes
C-H	alkane(-C-H)		2350-2970(m-s)	
	alkane(C=C H)		3010-3100(m)	
	alkane(C≡C-H)		3290-3320(s)	
	aromatic(Ar-H)		3000-3100(s)	
	aromatic(C(=O)-H)		2720-2850(s)	somtimes two absorptions in this region
O-H	alcohol	free	3600-3640(s)	sharp
		hydrogen bonded	3200-3600(s)	generally broad
	carboxylic acid	hydrogen bonded	2500-3500(m)	several broad, overalpping absorptions
N-H	amines, amides		3300-3500(m)	
C=C	alkenes		1450-1600	3 to 4 absorptions in this region
	aromatic rings		near 1600(v) near 1580(v) near 1500(v) near 1450(v)	these absorptions vary considerably in intensity overlaps with C-C bending vibrations
C≡C			2100-2260(v)	
C≡N			2210-2260(m)	
C-O	alcohols, ethers, carboxylic acids, esters		1050-1350(s)	
C=O	aldehydes, ketones carboxylic acids, esters, amides, acyl haides		1550-1850(s)	
C-N	amines		1020-1360(s)	
C-Cl			800-600(s)	
C-Br			600-500(s)	

* The following abbreviation are used toindicate the intensity of absorption : s, strong : m, medium : w, weak : v, variable

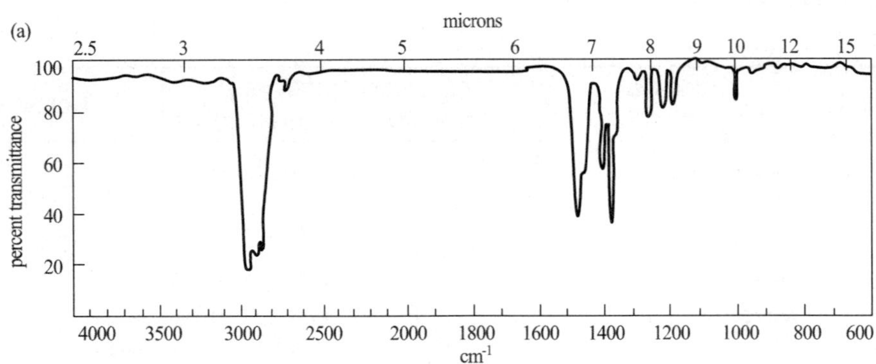

(a) 2,2,4-trimethylpentane

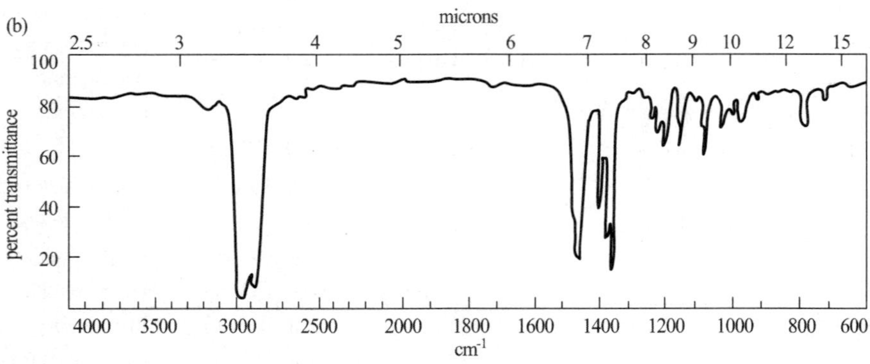

(b) 2,3,3-trimethylepntane

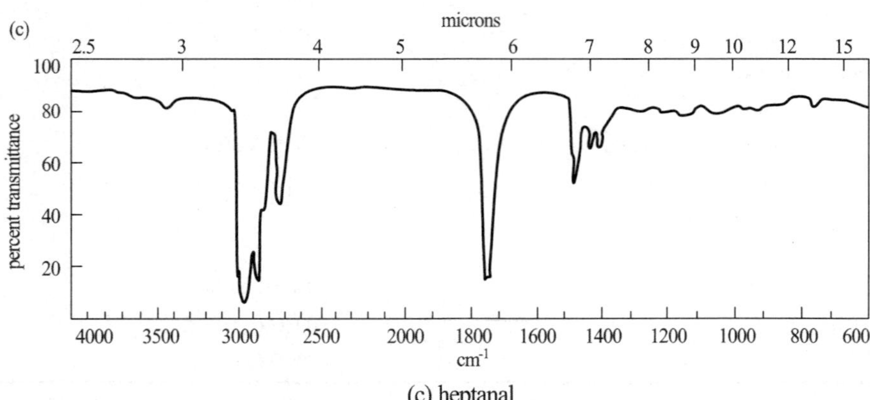

(c) heptanal

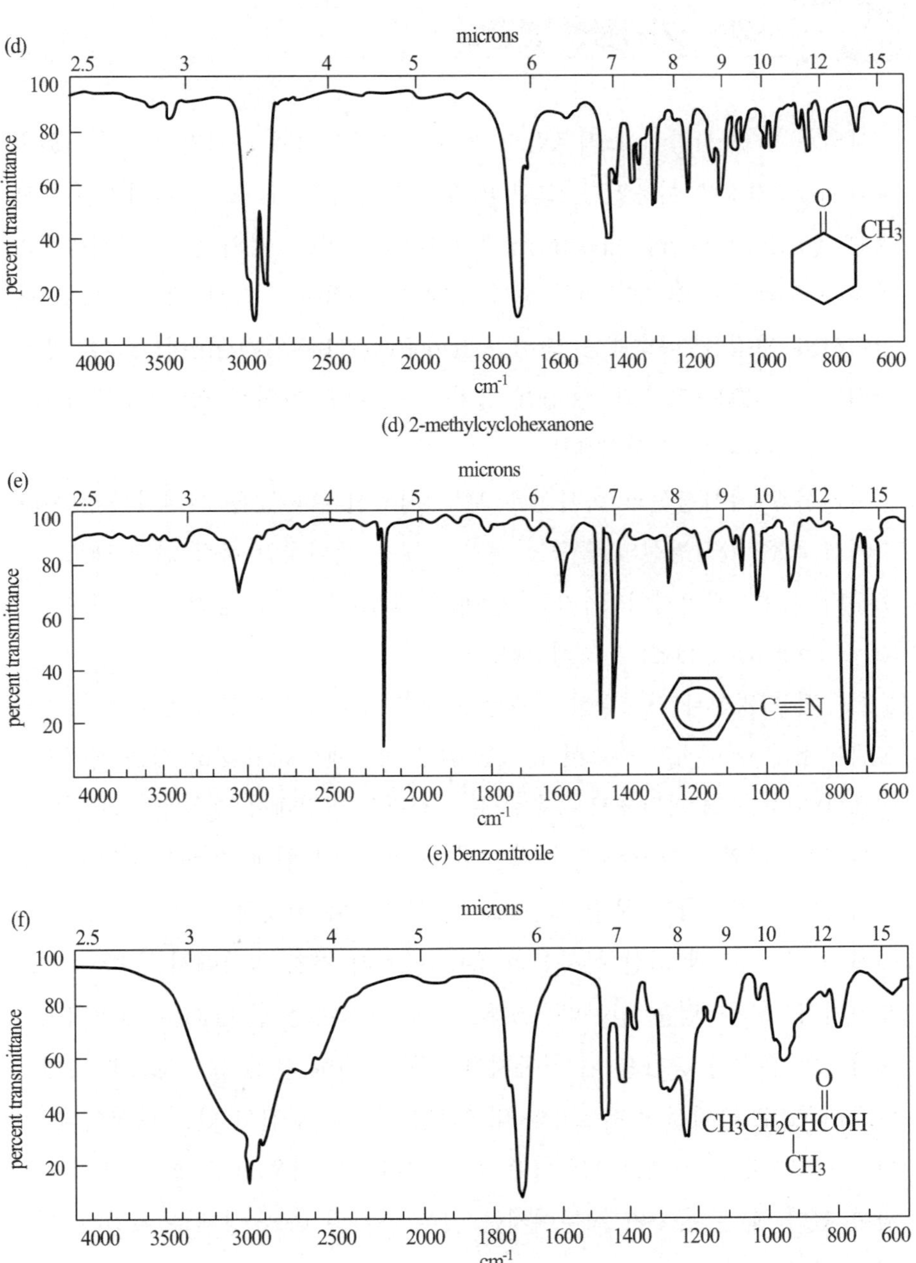

(d) 2-methylcyclohexanone

(e) benzonitroile

(f) 2-methylbutanoic acid

그림 16-6 적외선 스펙트라

16-3 자외선-가시광선 분광법

자외선 및 가시광선 스펙트럼도 적외선 스펙트럼과 마찬가지로 유기화합물의 구조 결정에 이용된다. 그림 16-7은 전형적인 자외선 - 가시광선 스펙트럼 (traviolet-visible spectrum)을 나타내고 있다. 자외선 및 가시광선의 파장은 적외선 파장보다 아주 짧다. 그래서 자외선 - 가시광선 스펙트라에 있어서의 파장을 나타내는 단위는 nanometer(1㎚= 10^{-9}m)이다. 가시광선 스펙트럼은 400㎚로부터 750㎚에 걸쳐 있고, 한편 자외선 스펙트럼은 100㎚에서 400㎚범위에 걸쳐 있다.

자외선과 가시광선의 복사선은 모두 적외선보다 높은 에너지를 갖는다. 자외선 혹은 가시광선의 흡수는 전자를 낮은 에너지인 바닥 상태 궤도함수로부터 높은 에너지의 여기된 상태의 궤도함수로의 승격, 즉 전자전이(electronic transition)를 초래한다.

흡수된 자외선과 가시광선의 파장은 전자 승격의 용이성에 좌우된다. 전자 승격에 많은 에너지가 필요한 분자는 짧은 파장에서 흡수하고 적은 에너지가 필요한 분자는 긴 파장에서 흡수한다. 가시광선 범위에서 빛을 흡수하는 화합물은 짧은 자외선 파장을 흡수하는 화합물보다 더 쉽게 전자를 승격시킨다.

자외선 - 가시광선 분광계는 적외선 분광계와 비슷한 기본 설계로 이루어져 있다. 시료에 의한 복사선의 흡수는 여러 가지 파장에서 측정하고 기록기에서 스펙트럼을 얻는다. 스펙트럼을 추적하는 선(line)은 일반적으로 복사선의 흡수가 증가할 때 기록지의 위쪽을 향해 움직이는 것으로 나타난다. 그러므로 적외선 스펙트라와 비교하면 거꾸로 뒤집혀 있는 형상이다. 자외선 - 가시광선 스펙트럼은 넓은 파장 범위에서 더욱 넓은 흡수 띠로 구성되어 있다. 넓은 흡수가 이루어지는 것은 분자의 바닥 상태와 여기된 상태의 에너지 준위가 회전과 진동 부준위로 세분화되기 때문이다. 전자 전이가 한 바닥 상태의 어느 한 에너지 부준위로부터 여기된 상태의 어느 한 부준위로 일어날 수 있다. 이들 여러 가지 전이는 에너지가 다소 다르기 때문에 그들의 파장은 다소 달라져서 스펙트럼에서 볼 수 있는 넓은 띠(borad band)의 근원이 된다. 복사선이 흡수된 정도 보통 흡광도(absorbane, A)라 불리는 양으로 곡선을 그린다. 흡광도는 복사선 빔(beam)의 진로상에 있는 화합물의 분자 수에 비례하고 그리고 시료를 담고 있는 셀(cell)의 길이에 비례한다. 만약 화합물이 어떤 용매에 녹아있다면(일반적인 경우) 흡광도는 용액의 농도에 비례한다.

$$A = \varepsilon cl$$

ε = 화합물의 몰 흡광계수
c = 용액의 농도(mole/l)
l = 시료 셀의 길이 (cm)

흡광도는 흡광계수 혹은 몰 흡광도라 불리는 ε의 특정한 값을 갖고 있다. 화합물과 파장에 따라서 ε는 0에서 10^5 이상의 범주에 속해 있다. ε의 값이 클수록 흡수된 복사선의 부분이 크다.

그림 16-7에서의 스펙트럼은 길이 1cm의 셀(cell)에 들어있는 5.3×10^{-5}M 용액의 것이다. 이들 c 및 l 그리고 스펙트럼으로부터 읽을 수 있는 A의 값으로부터 각 파장에서의 4-methyl-3-butene-2-one에 대한 ε를 계산할 수 있다. 237nm에서 최대 흡수점이 A는 0.61이며 그리고 이 화합물에 대한 ε 수치는 그림 16-7에 나타내었다.

$$\varepsilon = \frac{A}{cl} = \frac{0.61}{(5.3\ 10^{-5})\times 1} = 11,500$$

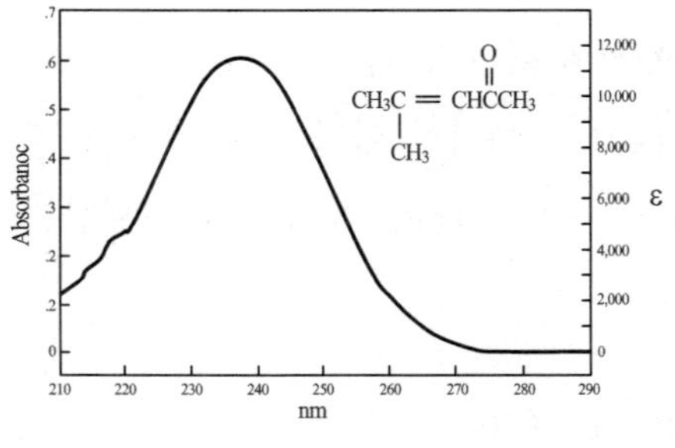

그림 16-7 4-methyl-3-butene-2-one의 methanol용액의 자외선 스펙트럼

적외선 스펙트라와 비교하면 대부분의 자외선 - 가시광선 스펙트라는 상대적으로 외관상 단순한다. 일반적으로 한두 개 이상 흡수 피크를 갖고 있지 않고 그리고 한 개 뿐일 경우도 있다. 결과적으로 자외선 - 가시광선 스펙트라는 종종 파장(λ_{max})과 각 흡수 피크의 가장 높은 흡수점(maximum)의 ε를 써서 기술하기도 한다. 4-methyl-3-butene-2-one 은 λ_{max}×273nm 와 ε 11500으로 나타낸다.

자외선-가시광선 분광기의 필수적인 특성을 적외선 분광기의 것과 비슷하다. 화합물을 용해시키는데 강하게 흡수되지 않아야 한다. 시료셀(cell)은 보통 유리와는 다른 석영으로 만들어져 있다. 석영은 200nm보다 긴파장에서 흡수되지 않기 때문이다.

자외선-가시광선 복사선과 관련된 에너지는 커서 800nm에서 광양자에 대해 35.8kcal/mole부터 200nm 143kcal/mole까지의 범위 내에 있다. 이들 에너지는 전형적인 공유결합 에너지(약 50~120kcal/mole)에 비길 만하다. 적외선에 관련된 에너지는 보다 작아서 보통의 적외선 범위(600~4000cm^{-1})에 대한 광양자 2~11kcal/mole이다. 적외선 복사광의 흡수가 내부 진동에 대한 에너지를 증가시킬 동안 자외선-가시광선 복사광은 전자들의 에너지를 증가시킨다. 한 분자내의 전자들은 정상적으로 가장 낮은 에너지의 궤도를 채우고 있다. 자외선-가시광선 복사광의 흡수는 채워진 궤도로부터 보다 높은 에너지의 채워지지 않는 궤도로 전자를 여기시킨다.

보다 높은 에너지 준위에로의 σ 전자들의 여기(excitation)는 대단히 높은 에너지를 갖는 복사선의 흡수를 필요로 한다. 알칸, 알코올 및 에테르의 주된 흡수는 모두 200nm 이하의 파장에 있다.

1-butene과 acetone으로 예시한 바와 같이, 고립된 다중결합을 갖고 있는 화합물의 주된 흡수가 보통 200nm 이하에서 존재한다.

$$CH_3CH_2CH=CH_2$$
λ_{max} 175nm, ε 11,200

$$CH_3\overset{\overset{\large O}{\|}}{C}CH_3$$
λ_{max} 188nm, ε 1900

두 개 이상의 공액 이중결합을 갖고 있는 분자들은 보다 긴 파장에서 강한 흡수가 나타난다. 아래의 polyene들의 예에서와 같이, 분자들은 공액 이중결합의 수가 증가할수록 점점 더 긴 파장에서 흡수가 일어난다.

Two conjugated C=C	$CH_2=CH-CH=CH_2$ λ_{max} 217nm, ε 21,000	$CH_3-CH=CH-CH=CH_2$ λ_{max} 224nm, ε 26,000
Two conjugated C=C	$CH_2=CH-CH=CH-CH=CH_2$ λ_{max} 258nm, ε 35,000	vitamin D_3 λ_{max} 265nm, ε 20,000
Five conjugated C=C	vitamin A λ_{max} 326nm, ε 50,000	
Five conjugated C=C	β-carotene λ_{max} 478nm, ε120,000	

1,4-pentadiene이 2개의 이중결합을 갖고 있을지라도, 이들은 공액 상태가 아니며 이의 스펙트럼은 1-butene의 것과 비슷하다.

$CH_2=CH-CH_2-CH=CH_2$

λ_{max}178, ε17,000

역시 알데히드와 케톤은 공액 이중결합의 수와 함께 증가하는 파장에서 흡수가 일어난다.

$CH_2=CH-C(=O)-CH_3$
λ_{max} 212nm, ε 7100

$CH_3-C(CH_3)=CH-C(=O)-CH_3$
λ_{max} 212nm, ε 11,500

$CH_3-CH=CH-CH=O$
λ_{max} 220nm, ε 15,000

$CH_3-CH=CH-CH=CH-CH=O$
λ_{max} 271nm, ε 25,000

$CH_3-CH=CH-CH=CH-CH=CH-CH=O$
λ_{max} 315nm, ε 37,000

그림 16-8은 naphthalene의 자외선 스펙트럼을 나타내고 있다 방향족 화

합물들의 흡수는 공액계(conjugated system)의 증가하는 크기에 따라 보다 긴 파장쪽으로 이동한다.

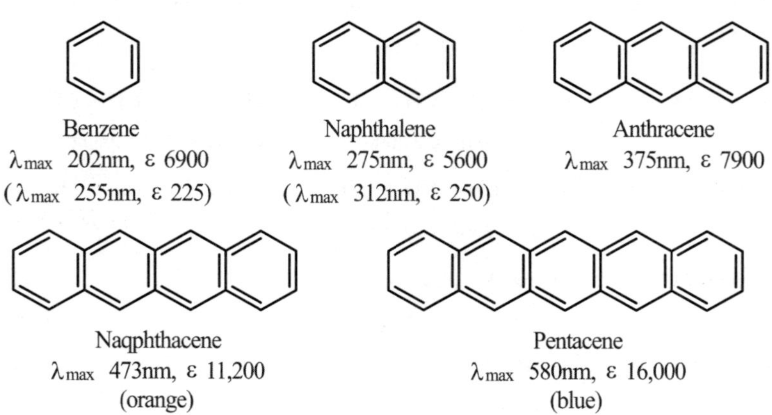

자외선-가시광선 분광법은 분자들의 공액 부분의 성질에 관한 정보를 밝혀줌으로써 구조 측정에 있어서 상당히 유용하게 한다.

복잡성에는 상당한 차이가 있을지라도 1, 3, 5-hexa- triene과 vitamin D_3는 세 개의 공액 탄소-탄소 이중결합으로 된 똑같은 계(system)를 갖고 있어서 비슷한 자외선 흡수를 이루고 있다. 분자에 관해서 무엇인가 약간 알려져 있다면, 자외선-가시광선 스펙트럼의 상세한 내용이 구조에 있어서 세밀한 점을 밝혀낼 수도 있다. 예컨대 dienen 혹은 α, β-unsaturated ketone에 알킬 치환체는 흡수광의 파장이 커진다. 그러므로 이들 공액계들 중 하나를 갖고 있는 것으로 알려진 어떤 흡수의 정확한 진동수는 알킬기에 의한 치환 정도를 나타내 준다.

자외선-가시광선 분광법은 역시 분석도구로서도 유용하다. 만일 어떤 파장에서 한 화합물의 ε를 안다면, 어떤 용액의 측정된 흡광도는 그 화합물의 농도를 제공한다. ε가 크면 대단히 묽은 용액의 농도가 측정될 수 있다.

자외선-가시광선 분광법은 임상 시료 및 생리 시료의 분석에 특별히 유용하게 이용되고 있는데 이는 중요한 화합물들의 양이 종종 소량이기 때문이다.

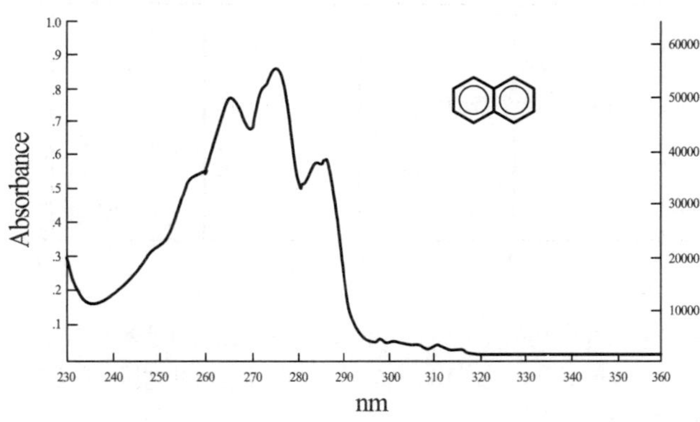

그림 16-8 naphthalene의 methanol용액의 자외선 스펙트럼

16-4 착색된 분자 : 염료

인간의 눈은 대략 375 *nm*에서 750 *nm*범위의 빛의 파장에 생리적 및 심리적 반응을 나타내는데 이 범위의 빛을 가시광선이라 한다. 만약 모든 가시광선의 파장이 망막을 때리면 하얗게 보일것이고, 가시광선의 어떤 파장도 망막을 때리지 않으면 검게 감지될 것이다. 만약 좁은 영역의 파장이 들어온다면 각각의 색깔이 관찰된다. 그림 16-9에 나타낸 바처럼 가시광선의 각기 다른 파장은 각기 다른 빛깔로 감지된다. 즉 물질이 특정한 파장의 빛을 흡수함으로써 색이 나타난다. 태양이나 전등으로부터의 빛처럼 가시광선 진동수 범위에 걸쳐있는 빛은 우리에게 흰색으로 보인다. 흰색 빛의 특정한 진동수를 흡수하는 화합물은 고유한 색깔을 나타낸다. 이때 우리는 흡수된 색을 보는 것이 아니라 반사되는 그것의 보색(complementary color)을 보는 것이다. 보색은 때때로 빼낸 색(substraction color)이라 부르는데 전체의 가시선 스펙트럼으로부터 가시선 파장의 일부를 뺀 결과이다.

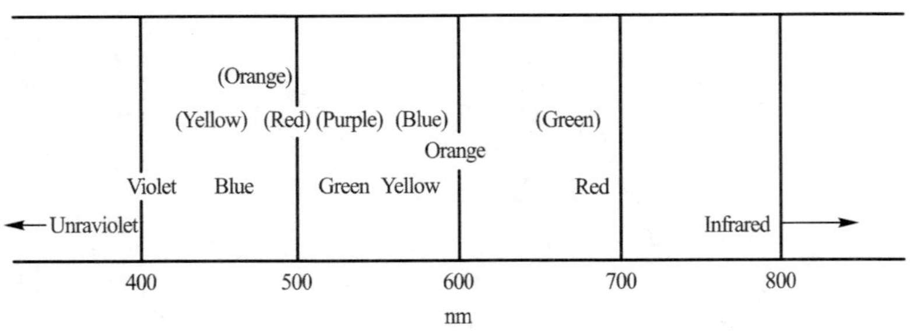

전자기 복사선의 가시 영역에 있는 각기 다른 파장으로 연상되는 색깔, 괄호로 나타낸 보색(complementary color)은 특정한 파장 영역에서 빛을 흡수하는 물체의 외견상 색깔이다.

그림 16-9

예를 들면 β-carotene(당근의 색깔)과 naphthacene은 오렌지색으로 pentacene은 파란색으로 보인다. 이들 화합물로부터 반사된 빛이 흡수된 진동수에서는 없기 때문에 우리가 이들 빛깔을 보게 된다. 그림 16-9에서는 특정한 파장 영역에서 빛을 흡수하는 물체의 외관상의 색깔과 보색을 나타내었다.

β-carotene과 naphthacene는 가시 범위의 파란색 끝에서 빛을 흡수하고 pentacene은 긴 노란 부분을 흡수하고 다른 파장은 반사한다. 직물 섬유, 종이, 플라스틱 및 식품에 사용되는 염료는 일반적으로 유기분자이다. 이들은 가시광선을 흡수해야 하기 때문에 염료는 보통 광범한 공액계(extended conjugated system)를 갖고 있다. 터키 레드라고 불리는 알리자린(alizarin)을 꼭두서니속 식물의 뿌리에서 얻는 퀴논 염료 중의 하나이며, 라이어 도시 근처에서 발견된 뿔고동속 달팽이로부터 얻는 타이어 자주(tyrian purple)는 인디고(indigoid) 염료 중의 하나이다.

많은 염료가 아조(azo) 염료 족에 속해 있다. Malachite green은 triphenylmethyl 양이온의 유도체인 triphenylethane 염료의 한 예이다.

$$(CH_3)_2N\text{-}C_6H_4\text{-}C^+(C_6H_5)\text{-}C_6H_4\text{-}N(CH_3)_2 \longleftrightarrow (CH_3)_2N^+{=}C_6H_4{=}C(C_6H_5)\text{-}C_6H_4\text{-}N(CH_3)_2$$

Malachine green

많은 공명 구조는 이처럼 특별히 안정한 카르보 양이온을 나타낼 수 있게 한다.

16-5 임상 화학

임상실험에서 취급하는 중요한 생리적 물질들은 때때로 극소량으로 존재한다. 결과적으로 임상 및 생화학 실험실에서 행해지는 많은 분석 방법은 예민해야 한다. 종종 이러한 과정에서 적절한 종(species)들의 자외선-가시선 흡수를 측정하게 된다. 혈청표본과 같은 생리적 시료들은 일반적으로 수많은 성분을 포함하고 있기 때문에 분석 방법이 특정한 성분에 대해서 고도로 특성화되어야 한다.

$$HO_2C\text{-}CH(NH_2)\text{-}CH_2\text{-}CO_2H + HO_2C\text{-}C(=O)\text{-}CH_2\text{-}CH_2\text{-}CO_2H \underset{}{\overset{GOT}{\rightleftharpoons}} HO_2C\text{-}C(=O)\text{-}CH_2\text{-}CO_2H + HO_2C\text{-}CH(NH_2)\text{-}CH_2\text{-}CH_2\text{-}CO_2H$$

L-Aspartic acid, *x*-Ketoglutaric acid, Oxaloacetic acid, L-Glutamic acid

현대 임상화학 방법의 좋은 예는 GOT시험법이다. 이 시험법은 glutamic oxaloacetic transaminase(GOT)라 알려진 효소 aspartate aminotransferase의

혈청 내 농도를 측정한다. 이 효소는 다음과 같은 가역적인 변환을 촉매한다.

GOT는 몸 전체에서 발견되는데, 심장근육과 간 조직에서 특히 고농도로 존재한다. 혈청 내의 비정상적으로 높은 수준의 GOT는 종종 심장이나 간 세포에 손상이 지적되는데 이는 이들 효소가 피 속으로 누출된 결과이다. 예를 들면 전염성 간염 혹은 간 경변을 갖고 있는 사람의 혈청 안에는 GOT 수준이 높다. 관상동맥의 장애(심근경색)을 일으킨 경우에는 약간의 심장세포의 파괴 때문에 혈청 내 GOT수준이 올라간다. GOT를 위한 분석 과정에서 혈청의 시료를 aspartic acid와 α-ketoglutaric acid가 포함되어 있는 용액에 가한다. 이들이 oxaloacetic acid와 glutamic acid로의 전환 속도가 혈청 내 GOT농도에 비례한다.

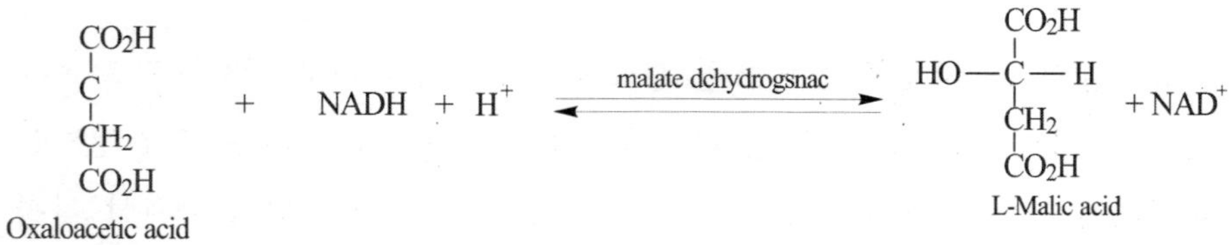

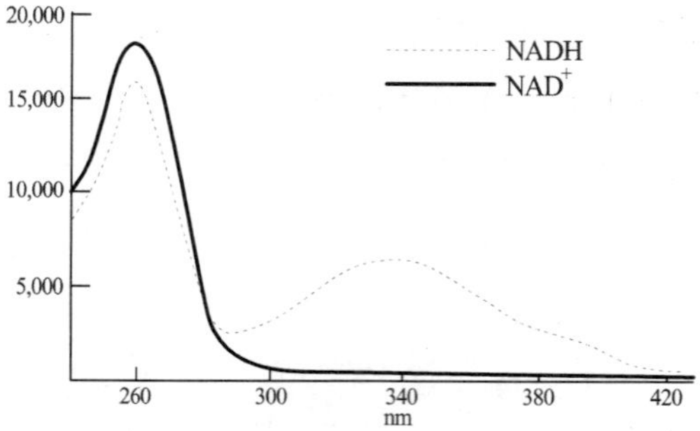

$$\underset{\text{Oxaloacetic acid}}{HO_2C-\overset{O}{\overset{\|}{C}}-CH_2-CO_2H} + NADH + H^+ \xrightleftharpoons{\text{malate dchydrogsnac}} \underset{\text{L-Malic acid}}{HO_2C-CH(OH)-CH_2-CO_2H} + NAD^+$$

그림 16-10 NADH와 NAD^+의 자외선 스펙트라

한 가지 널리 사용되는 시험법에서, oxaloacetic acid의 생성은 자외선 분광법으로 편리하게 수행되는 두 번째 반응에 의해서 감지된다. 이 방법에서 혈청 시료를 넣은 용액은 역시 NADH와 효소 dehydrogenase를 포함한다. malate dehydrogenase는 NADH에 의해서 oxaloacetic acid의 가역적인 환원반응을 촉매하여서 L-malic acid와 NAD^+를 생성한다.

그림 16-10에서 나타내는 바와 같이 NADH는 340nm에서 강한 흡수 띠를 갖고 있다. 그러나 NAD^+는 그 파장에서 아주 약하게 흡수한다. oxaloacetic acid의 환원에 따라서 같은 속도로 340nm에서 흡수 띠의 소실이 일어난다.

oxaloacetic acid가 형성되는 것처럼 빠르게 근본적으로 환원되는 것을 확실하게 하기 위해서 충분한 양의 malic dehydrogenase와 NADH를 사용한다. 그러므로 NADH 소실(disappearance)이 쉽게 측정되는 속도가 GOT의 농도와 관련되어 있다. GOT의 높은 촉매 활성 때문에 생성된 oxaloacetic acid의 양과 소모된 NADH의 양은 혈청에 존재하는 GOT양보다 훨씬 크다. NADH는 쉽게 측정할 수 있을 만큼의 충분한 농도가 사용된다. 더군다나 시험 용액 내의 340nm에서의 흡수는 주로 동일 파장에서 흡수하는 혈청 시료 내의 여러 가지 성분들보다는 상대적으로 많은 양의 NADH에 기인된다.

GOT시험법과 같은 정교한 시험법이 임상 실험실에서 많이 이루어지고 있다. 현재 임상 실험실에서는 이러한 일련의 시험이 편리한 기기에 의해 자동적으로 수행되고 또한 시험결과를 자동으로 처리하는 시스템이 구비되어 있다.

16-6 광화학

광화학은 자외선-가시선 복사의 흡수가 필연적으로 포함되는 화학을 일컫는다. 한 분자에 의해 이러한 복사선의 흡수가 일어나면 전자를 여기시키고 새로운 보다 높은 에너지 수준의 화학종을 내게 된다. 이처럼 전자가 여기된 분자는 종종 대단히 상이한 화학적 성질, 그리고 원래의 바닥 상태의 분자보다 큰 반응성을 나타낸다.

어떤 여기된 알켄은 또 다른 알켄 분자와 반응해서 cyclobutane고리를 포함하는 생성물은 만든다.

‖* + ‖ → □ (*은 여기된 상태를 나타냄)

자외선에 노출됨으로서 DNA에 끼치게 되는 가장 일반적인 손상(damage)인 thymine고리의 이합체화(dimerization)는 중요한 예가 된다.

전자가 여기된 알켄에서는 이중결합이 보다 약해져서 *cis-trans*이성질화가 보다 손쉽게 된다. 예를 들면 이성질체인 1.2-diphenyl- ethylene은 자외선을 쪼이면 상호 전환된다.

$$\underset{\text{Ph}}{\overset{\text{H}}{}}\!\!\diagdown\!\text{C}=\text{C}\!\diagup\!\!\underset{\text{Ph}}{\overset{\text{H}}{}} \quad \underset{}{\overset{\text{ultraviolet light}}{\rightleftarrows}} \quad \underset{\text{Ph}}{\overset{\text{H}}{}}\!\!\diagdown\!\text{C}=\text{C}\!\diagup\!\!\underset{\text{H}}{\overset{\text{Ph}}{}}$$

자외선 조사로 인한 7-dehydrocholesterol이 vitamin D 에로의 이성질화는 전자가 여기된 cyclic diene의 반응이다.

전자가 여기된 분자들은 광합성과 시력(vision) 등을 포함한 중요한 생리적 과정 속에서 일어나며 또한 상업적 사진과 복사업 등에서도 응용되는 것이다.

16-7 핵 자기 공명 분광법

화합물의 적외선 스펙트럼은 유기 화합물의 각기 다른 작용기의 피크를 나타내 주지만 분자의 탄화수소 부분에 대한 정보제공은 매우 빈약하다. 핵 자기 공명 분광법(nuclear magnetic resonance spectroscopy : nmr)은 분자 내의 수소원자에 대한 정보를 제공해주므로 이러한 결점을 보완해 준다.

핵 자기 공명 분광법은 유기 분자가 강한 자기장(magnetic field) 내에 있을 때 핵에 의해 라디오파를 흡수하는 것에 기초를 두고 있다.

현재 널리 쓰이고 있는 핵 자기 공명 분석법으로는 ^{13}C-신호의 스펙트럼을 얻는 13C-핵 자기 공명 분석법과 양성자(proton)로 인해 스펙트럼이 얻어지는 ^{1}H-핵 자기 공명 분석법이 있다. 앞으로 설명할 내용은 주로 ^{1}H-핵 자기 공명 분석법에 관한 것이다.

16-7-1 일반적 개요

몇 개의 간단한 핵 자기 공명 스펙트라(nmr spectra)를 그림 16-11에 예시 하였다. 흡수 띠가 자외선 분광법에서와 같이 전자기 복사선의 흡수가 증가함에 따라 종이의 상부로 이동되는 선으로 기록된다. 수평의 진동수 눈금은 임의로 0에 나타나는 흡수는 표준물질을 첨가한 tetramethylsilane, $(CH_3)_4Si$로 인한 것이다.

이와같은 스펙트라를 많이 다루어 보면 분자와 이들 스펙트라 간에 아래와 같은 관계가 있음을 곧 알아차리게 된다.

① 흡수는 수소에 기인한 것이다.
② 각기 다른 분자의 환경에 놓여 있는 수소는 각 환경의 특성을 나타내는 각각의 다른 위치에서 흡수한다.
③ 흡수의 강도(흡수 피크의 면적)는 흡수의 요인이 되는 수소의 수에 비례한다.

이와 같은 일반화된 내용은 그림 16-11에 있는 세 개의 스펙트라로 설명이 가능하다. 1-bromo-2, 2-dimethylpropane은 2개의 methylene기 수소와 9개의 상대적인 *tert*-butyl기 수소에 상응하는 2 : 9의 상대적인 면적으로 두 개의 흡수가 나타난다. toluene은 aryl기의 수소와 methyl기의 수소에 상응하는 5 : 3의 상대적인 면적으로 두 개의 흡수가 있게 된다. 마지막으로 p-tert-butylbenzyl alcohol은 aryl기와 methylene기, hydroxyl기 및 *tert*-butyl기의 각각의 수소에 상응하는 4 : 2 : 1 : 9의 비율로 4개의 흡수가 나타난다.

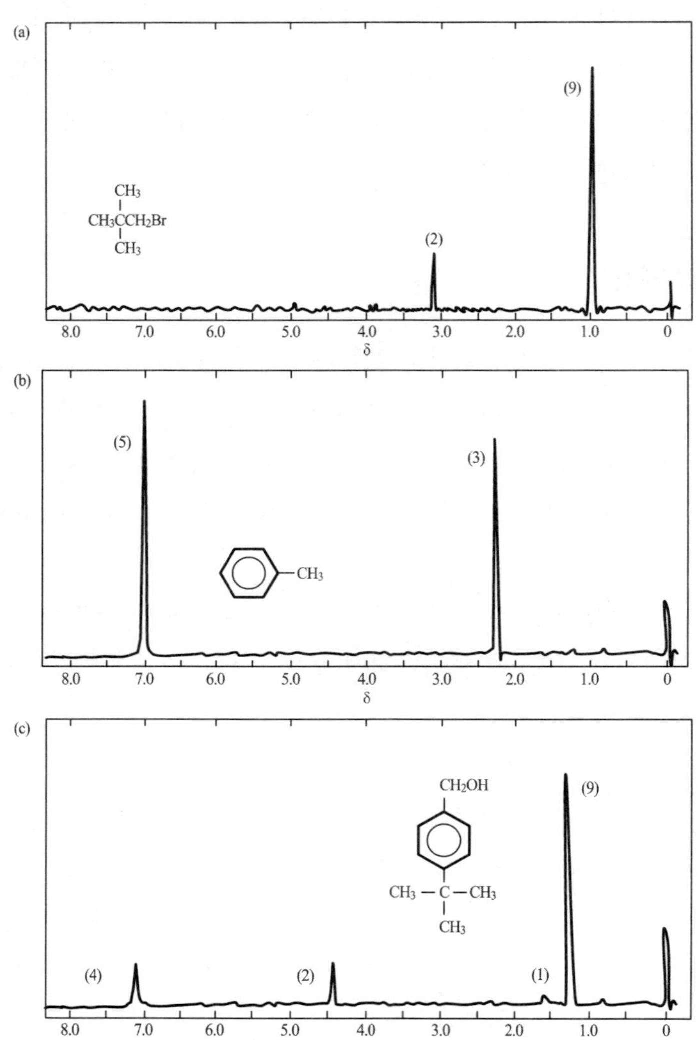

(a) 1-bromo-2,2-dimethyl-propane ; (b) toluene ; and
(c) p-tert-butylbenzyl alcohol. Relative areas of absorption are indicated by the numbers in parentheses.

그림 16-11 핵 자기 공명 스펙트라

두 개의 방향족 화합물의 aryl기 수소가 눈금상의 대략 7부근에서 흡수가 나타나고 두 개의 *tert*-butyl기의 수소는 대략 1근처에서 흡수가 나타난다.

(1) 핵 자기 공명 분광계(nuclear magnetic resonance spectrometer)

그림 16-12에 도시하였는데, 이 기기에서는 강한 자석의 극(pole) 사이에 화합물을 놓는다. 약간의 원자핵은 마치 이들이 작은 막대 자석인 것처럼 행동하게 만드는 일종의 핵 스핀(spin)이라 불리는 성질을 갖고 있다. 강한 자기장에서는 이들 핵은 장(field)에 관련해서 특정한 방법으로 정열된다. 수소의 풍부한 ^{1}H동위원소 핵인 양성자(proton)는 핵 스핀을 갖고 있다. 강한 자기장에서 양성자는 단지 두 가지의 가능한 배향만 가진다. 즉 가해진 외부 자기장에 평행(저 에너지) 또는 반대(고 에너지)의 두 가지 배향이 존재한다. 이들 배향을 갖고 있는 양성자들 사이에 에너지의 차이는 자기장의 세기에 비례한다.

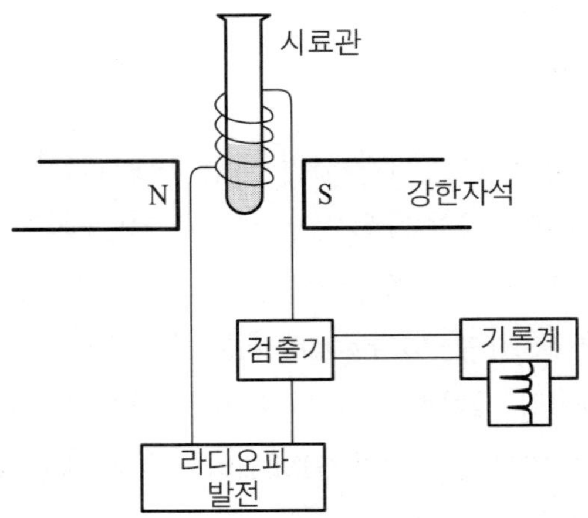

그림 16-12 간단한 핵 자기 공명 분광계의 필수적인 요소

시료는 강력한 자석의 극 사이에 놓여지고 라디오 진동수 투과가(radio frequency transmitter)에 연결된 코일에 둘러싸여 있다. 사실상 분광계는 자기장 세기가 바뀔 때 시료에 흡수된 라디오 진동수 복사선의 양을 측정하고 기록한다.

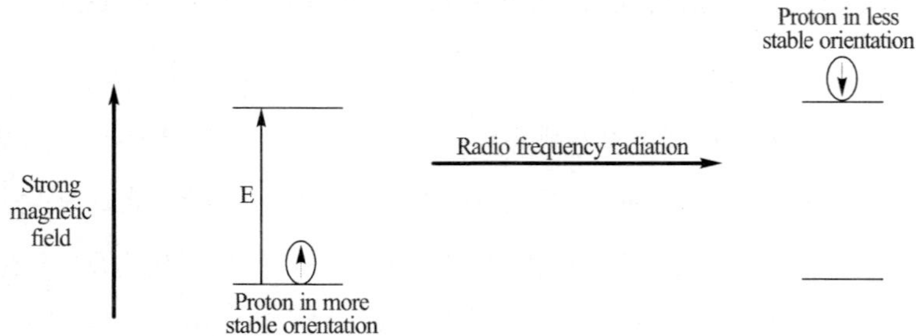

그림 16-13

E = constant × H

E = 상수가 특정 원자의 특성을 나타내는 (1H과 같이) 핵의 스핀 배향성 들 간의 에너지 차이

H = 자기장의 세기

그림 16-13에서 나타내는 바와 같이 어떤 양성자는 복사선의 흡수에 의해서 보다 높은 에너지 배향 쪽으로 이동될 수 있다. 모든 양성자는 흡수에 대해서 동등한 가능성을 갖고 있어서 흡수 띠의 크기는 흡수를 가능케 하는 양성자들의 수와 관련이 있다. *nmr*분광계는 일반적으로 14,092 혹은 23,487gauss의 자기장 세기를 갖고 있다. 이들 강한 자기장이 전자기 복사의 라디오파 영역 내의 진동수인 60MHz(milion cycles per second) 혹은 100MHz에서 양성자들에 대한 흡수가 이루어지게 한다.

화합물들이 순수한 액체일지라도 스펙트라는 용액 상태로 된 화합물로부터 얻는 것이 통상적인 방법이다. CCl_4와 같이 일반적으로 사용하는 용매는 간섭하는 흡수띠를 내게하는 수소들이 없는 것을 택한다.

중수소(^2H 또는 D)는 수소와 비교해서 대단히 다른 영역에서 흡수가 일어나므로, 모든 수소를 D로 치환시킨 $CDCl_3$를 용매로 널리 사용한다. 5~10% 용액으로 0.2~0.3ml정도만 가지고도 보통의 스펙트라를 얻을 수 있다. 특별한 기술과 감도가 좋은 분광계로는 더욱 적은 양의 시료로 분석이 가능하다.

19-7-2 화학적 이동

앞서 논의한 것으로부터 우리는 일정하게 정해진 라디오 진동수에서 모든 수소는 동일한 자기장 강도로 흡수한다는 사실을 알았다. 그러나 우리는 시료 스펙트라로부터 각기 다른 환경에 있는 수소들은 각기 다른 흡수가 이루어짐도 보았다. 이러한 차이는 한 분자 내의 전자 운동이 조그맣고 편재된 자기장(H_{local})을 생산해내기 때문이다. H_{local}의 세기(strength)는 어떤 분자의 한 영역과 또 다른 영역이 서로 다른데, 이는 전자 환경(electron environment)에 의존하기 때문이다. 그러므로 한 수소에서 자기장의 실제 세기, 즉 유효세기(effective strength)는 분광계에 의해 제공되는 큰 자기장(H_0)과 H_{local}의 합이라 할 수 있다.

$$H_{eff} = H_0 + H_{local}$$

주어진 라디오 진동수에서 모든 수소는 동일한 H_{eff}에서 흡수한다. 그러나 H_{local}이 바뀌기 때문에 어떤 화합물에서 각기 다른 환경이 있는 수소들은 약간 다른 값의 H_0에서 흡수한다. nmr 분량계에서 자기장(H_0)은 수소들 각 집단의 흡수를 일으키기 위해 약간씩 변화된다.

각기 다른 양성자의 흡수를 가능하게 하기 위해 요구되는 H_0에의 교번(alternation)은 화학적 이동 (chemical shift)이라 불린다. 화학적 이동들은 대단히 작다. 60MHz의 진동수로 작동되는 분광계에 대해서 대부분의 이동(shift)은 약 14,092gauss에서 단지 0.15gauss의 범위 내로 떨어진다. H_0의 실제 값은 분광계가 작동되는 진동수에 비례하고 100MHz로 작동하는 분광계에서는 또 다르게 된다. 그러므로 화학적 이동을 δ값으로 표현하는 것이 관례이고, 이는 모든 분광계 진동수에 대해서 동일하다. 이들 값은 기준 물질로 선택한 특별한 흡수로부터 떨어져 있는 자기장을 ppm(part per million)으로 흡수의 위치를 기술한다.

$$\delta = \frac{H_{cerference} - H_{cerference}}{H_{cerference}} \times 10^{6}$$

$H_{compound}$ = 화합물의 흡수가 나타난 H_0

$H_{reference}$ = 기준 물질의 흡수가 나타난 H_0

10^6의 인수(factor)는 0~10δ의 사용하기 쉬운 범위에 있는 대부분의 흡수에 놓이게 된다. 통상적인 기준 화합물(δ = 0)인 TMS(tetramethylsilane)은 이 영역의 한 경계에서 나타나는 오직 한 개의 단일 흡수 띠만을 갖고 있다. 더군다나 TMS는 대부분의 유기 용매에 용해되며 대부분의 화합물에 대해서 화학적으로 불활성이다.

One absorption

CH_3CH_3 CH_3Br $CH_3C(CH_3)_2CH_3$ CH_3OCH_3 $CH_3C(=O)CH_3$ CH_2 CH_2

Two absorptions(hydrogens indicated by the same letter contribute to the same absorption)

$\overset{a}{CH_3}\overset{b}{CH_2}Br$ $\overset{a}{CH_3}\overset{b}{CH_2}\overset{b}{CH_2}\overset{a}{CH_3}$ $\overset{a}{CH_3}\overset{b}{CH}(\underset{a}{CH_3})-O-\overset{b}{CH}(\underset{a}{CH_3})\overset{a}{CH_3}$ $\overset{a}{CH_3}C(\underset{a}{CH_3})=\overset{b}{CH_2}$

Three absorptions

$\overset{a}{CH_3}\overset{b}{CH_2}\overset{c}{CH_2}Br$ $\overset{a}{CH_3}\overset{b}{CH_2}\overset{c}{CH_2}\overset{b}{CH_2}\overset{a}{CH_3}$ $\overset{a}{CH_3}\overset{b}{CH_2}\overset{c}{OH}$ $(\overset{a}{H})(\underset{b}{H})C=C(Br)(\underset{c}{H})$

수소들이 각기 다른 흡수를 나타내려면 수소들의 환경이 얼마나 달라야 하는가? 온전히 동등(equivalent)하지 아니한 수소들은 적어도 다소간 다른 위치에서 흡수가 일어난다. 만일 수소들의 동등함을 결정하는 것은 앞서 배웠던 구조적이며 입체화학적 문제이다. 여러 개의 수소들이 동등한지의 여부를 결적하는 한 가지 방법은 chlorine으로 각각을 치환시켜 생각해 보는 것이다. 이 chlorine과의 치환으로 각기 다른 생성물이 얻어지는 수소들은 동등한 것이 아니며, 일반적으로 각기 다른 생성물이 얻어지는 수소들은 동등한 것이 아니며, 일반적으로 각기 다른 *nmr*흡수가 나타난다. 약간 간단한 화합물들에 대해서 예측되는(관찰된) 흡수의 수를 위에 열거하였다.

입체 화학적으로 다른 짝수의 수소들은 각기 상이한 흡수를 나타냄에 유의하라. 이따금 흡수가 일어나는 위치가 너무 유사해서 이들이 단일 피크로 나타나기도 한다. toluene에 있는 methyl기의 ortho, meta 및 para 위치에 있는 수소들의 흡수가 좋은 예가 된다.

표 16-2에는 우리가 보통 접하게 되는 구조적인 정황에서의 수소들의 화학적 이동을 열거하였다. 산소와 질소에 결합된 수소들의 화학적 이동은 이들이 화합물의 구조와 농도 및 화합물을 녹인 용매에 관련한 수소결합의 정도에 좌우되기 때문에 흡수 위치에 특별히 다양성을 나타낸다.

흡수 위치를 판단하는 데는 다음과 같은 세 가지의 일반화된 사실이 유용하게 받아 들여지고 있다.

① CH_3의 수소에 대한 흡수의 값들은 비슷한 환경에 있는 $-CH_2R$ 및 $-CHR_2$의 수소들에 대한 값을 판단하는 데 사용된다. $-CH_2R$ 수소들의 흡수는 보통 0.2~0.5δ에서 그리고 $-CHR_2$의 수소는 0.6~1.0δ으로 $-CH_3$의 수소들보다 큰 영역에서 나타난다. 예를 들면, alkane에 있는 이와 같은 수소들의 흡수를 열거한 표 16-2의 앞부분의 세 칸과 alkyl choloride에 대한 아래의 값들을 살펴보아라.

CH_3Cl	RCH_2Cl	R_2CHCl
3.1δ	about 3.5δ	about 4.1δ

② 치환체일지라도 하나 혹은 두 개의 탄소는 수소의 흡수에 약간의 영향을 끼친다. 예컨대 ethyl chloride와 propyl chloride에 있는 methyl기의 흡수는 alkane의 methyl기의 흡수(0.8~1.0δ)에서 보다 약간 큰 화학적 이동이 나타난다.

CH_3Cl	CH_3CH_2Cl	$CH_3CH_2CH_2Cl$
3.1δ	1.3δ	1.1δ

③ 치환체들의 영향은 대략 부가성(additive)을 나타낸다. 아래의 예를 보면 -CH^{2-}흡수를 치환기 단독으로 존재할 때보다도 상당히 많이 이동되었음을 알 수 있다.

$ClCH_2Cl$ 5.3δ $CH_2 = CHCH_2Cl$ 4.0δ $C_6H_5-CH_2Cl$ 4.5δ

표 16-2 수소들에 대한 특징적인 화학적 이동

Location of hydrogen	Chemical shift(δ)	Notes
$R-CH_3$	0.8−1.0	alkanes(R=sturated alkyl)
$R-CH_2-R$	1.2−1.4	alkanes(R=sturated alkyl)
$R-CH(R)-R$	1.5−1.7	alkanes(R=sturated alkyl)
$>C=CH_2$	4.6−5.0	
$>C\ C(H)R$	5.1−5.8	(R=saturated alkyl)
$-C\equiv C-H$	1.7−3.3	
$Ar-H$	6.5−8.0	

16-7-3 스핀-스핀 갈라짐

자기적으로 동등하지 않은 이웃 양성자가 없는 양성자는 *nmr*스펙트럼에 한 개의 피크 즉 단일선(singlet)을 나타낸다. 만일 이웃에 한 개의 동등하지 않은 양성자가 있는 환경의 양성자는 두 개의 피크, 즉 이중선(doublet)으로 갈라진 신호가 나타난다. 어떤 양성자 이웃에 이와 동등하지 않은 양성자 두 개가 있으면 이 양성자의 *nmr*신호는 삼중선(triplet)으로 나타난다. 이웃에 동등하지 않은 양성자 세 개가 있을 경우엔 사중선(quartet)로 나타나는데, 단일선을 제외한 나머지를 모두 다중선(multiplet)이라 한다.

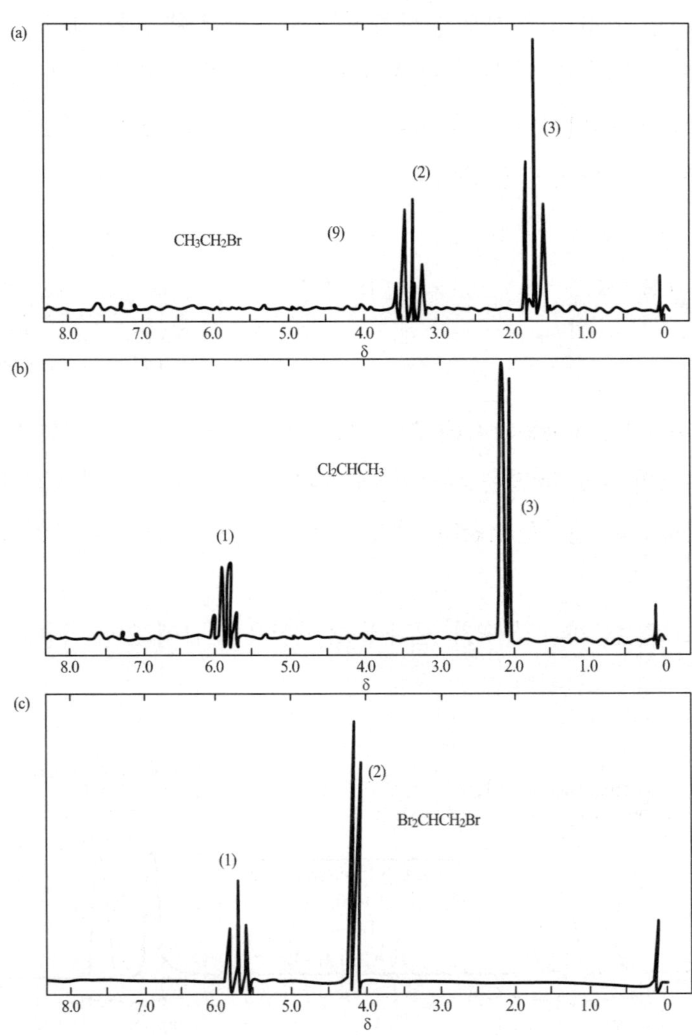

(a) ethyl bromide ; (b) 1,1-dichloroethane ; and
(c) 1,1,2-tribromoethane. Relative areas of absorption are indicated by the numbers in parentheses.

그림 16-14 핵 자기 공명 스펙트라

그림 16-14에 나타낸 스펙트럼은 각 화합물이 두 가지 환경에 있는 수소들을 갖고 있으며 두 개의 흡수가 이루어질 것으로 예측된다. 각각의 스펙트럼은 예측된 영역에서 흡수가 나타났으나 흡수들이 피크의 세트(sets of peaks) 즉 다중선(multiplet)으로 나타난다. 예를 들면 ethyl bromide의 스펙

트럼은 $-CH_2-$가 흡수할 것으로 예측되는 3.3δ에 중심을 둔 네 개의 피크와 $-CH_3$가 흡수할 것으로 예측되는 1.7δ에서 세 개의 피크를 갖고 있다. 이와 같은 다중선은 예외적인 것이 아니다. 사실 이들 다중선은 단일 흡수 피크보다 더욱 더 일반적인 현상이다.

CH_3-CH_2-Br: CH_3 → 3 peaks (triplet), CH_2 → 4 peaks (quartet)

$Cl-CH(Cl)-CH_3$: CH → 4 peaks (quartet), CH_3 → 2 peaks (doublet)

$Br-CH(Br)-CH_2-Br$: CH → 3 peaks (triplet), CH_2 → 2 peaks (doublet)

예컨대 ethyl bromide의 CH_3수소들에 기인된 다중선은 이웃한 탄소에 붙어있는 수소의 수보다 많은 피크인 세 개의 피크를 갖고 있다. CH_2수소들에 기인한 다중선은 인접한 methyl기의 수소들 수보다 많은 피크인 4개의 피크를 나타낸다.

다중선으로 한 개의 흡수가 갈라지는 현상은 인근에 있는 수소들의 핵의 작은 자기장에 기인된다.

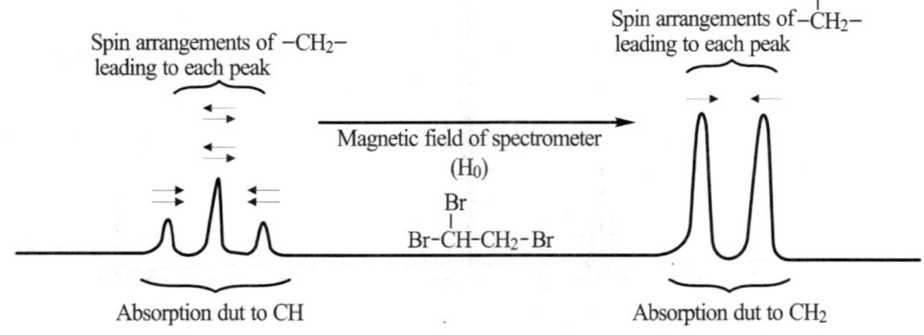

(CH_2 이중선 내의 각 피크는 이웃한 CH수소가 두 개의 가능한 스핀 배향중 하나를 갖고 있는 분자에 기인한 것이다. CH삼중선내의 피크들은 두 개의 CH_2 수소들에 대한 각기 다른 스핀 배열을 갖고 있는 분자로 인해 생긴 것이다.)

그림 16-15 1,1,2-tribromoethane의 핵 자기 공명 스펙트럼

1,1,2-tribromoethane의 CH_2흡수를 생각해보자. 이웃한 탄소에 붙어 있는 3차 수소(tertiary hydrogen)의 핵 스핀이 분광계의 장(H_0)과 제휴되어 있는

분자들 내에서는 CH_2수소들에서의 자기장은 약간 증가된다. 그러나 3차 수소의 스핀이 장(field)과 반대쪽에 있는 분자 내에서는 감소된다.

분자들 중 50% 가량이 이들 스핀 배열 중 하나를 갖게 된다. 그림 16-15에서 보여주는 바와 같이, 동등한 강도의 흡수를 H_0의 약간 다른 값에서 보여준다. CH_2수소들의 스핀이 네 가지 방법으로 배열된다. 그러나 한 개의 수소는 제휴되어 있고 하나는 장밖에 있는 두 개의 결합이 같은 효과를 갖는다. 결과적으로, CH_2수소들은 다른 것보다도 두 배나 강한 중간 정도의 흡수인 세 가지 흡수를 보여준다.

표 16-3은 대등한 인접 수소들의 각기 다른 수에 의해 갈라짐이 일어나는 다중선에서 피크의 수와 상대적인 면적을 요약해 놓은 것이다. 대등하지 않은 수소들에 의해 흡수가 갈라질 때 다중선은 더욱 복잡하게 된다.

갈라짐은 일반적으로 인접한 탄소에 붙어있는 수소들 간에도 유의하다. 그러나 동일한 화학적 이동을 갖고 있는 수소들에 대해서는 갈라짐이 관찰되지 않는다. $ClCH_2CH_2Cl$, benzene 혹은 cyclopentane 등의 모든 수소들이 동등하기 때문에, 이들 분자들에 대해서는 오직 단일 흡수만이 보일 뿐이다.

표 16-3 동등한 수소들의 각기 다른 수에 의해 갈라짐이 일어나는 다중선 내의 피스 수와 상대적 면적

Number of hydrogens causing the splitting	Number of peaks	Relative areas of peaks
1	2(doublet)	1:1
2	3(triplet)	1:2:1
3	4(quartet)	1:3:3:1
4	5(quintet)	1:4:6:4:1
5	6(sextet)	1:5:10:10:5:1
6	7(septet)	1:6:15:20:15:6:1

toluene의 *ortho*, *meta*, *para* 위치의 수소들의 흡수에 대한 갈라짐은 관찰되지 않는다. 왜냐하면 이들 흡수는 대개 동일한 화학적 이동이기 때문이다.

16-7-4 핵자기 공명 분광법의 응용

핵자기 공명 스펙트라는 분자를 확인하는데 유용하고 풍부한 정보를 제공한다. 흡수의 수는 분자 내 수소 환경의 수와 관련이 있다. 흡수 면적은 각 환경에서 수소의 상대적 수를 지시한다. 화학적 이동은 각각 수소 환경의 성질에 관한 정보를 준다. 다중선으로의 쪼개짐은 인접한 수소들의 수에 관련되어 있다.

앞서의 *nmr*스펙트라는 ^{1}H핵(양성자)에 기인한 것이다. 유기 화합물에서 대단히 풍부한 ^{12}C와 ^{16}O을 포함한 많은 원자핵들은 핵스핀을 갖고 있지 않다. 그러나 비록 양성자보다 대단히 상이한 라디오 진동수(혹은 자기장 세기)에서 일지라도 몇 개의 다른 원자핵은 스핀을 갖고 있어서 nmr흡수가 일어난다.

몇몇 분광계는 탄소 내의 ^{13}C의 존재비가 단 1.1%에 불과한 ^{13}C핵으로 인한 스펙트라를 얻기 위해 충분히 예민하게 고안된 것이 나와서 실용화되었다. 유기화합물들의 스펙트라를 위해 많이 이용되는 기타의 핵종으로는 단지 천연으로 산출되는 F와 P의 동위원소인 ^{19}F와 ^{31}P 등이 있다.

결론적으로, 핵자기 공명분광법으로 분자의 모양 및 구조에 관한 정보를 얻을 수 있을 뿐만 아니라 특히 분자를 구성하고 있는 각종 형태의 수소 화학적 환경에 관한 정보를 얻을 수 있을 뿐만 아니라 특히 분자를 구성하고 있는 각종 형태의 수소 화학적 환경에 관한 정보를 얻을 수 있으므로 취급하고 있는 분자의 구조를 명확히 확인할 수 있다. 또한, 유기 화합물의 정성 및 정량 분석에 이용된다.

16-8 질량 분석법

앞서 논의한 분광법은 모두 분자에 의한 에너지 흡수로 일어나는 것이었다. 질량 분석법(mass spectrometry)은 질량 분석계(mass spectrometer)에서 기체 상태의 시료에 그 화합물의 첫 번째 이온과 전위를 능가하는 충분한 에너지를 가진 전자를 충돌시킨다. 한 화합물이 강력한 전자의 충돌을 받으면 원자가전자(valence electron)가 떨어져 나가면서 분자 이온(molecular ion)이라 불리는 양성이온(positive ion)을 생성하게 된다.

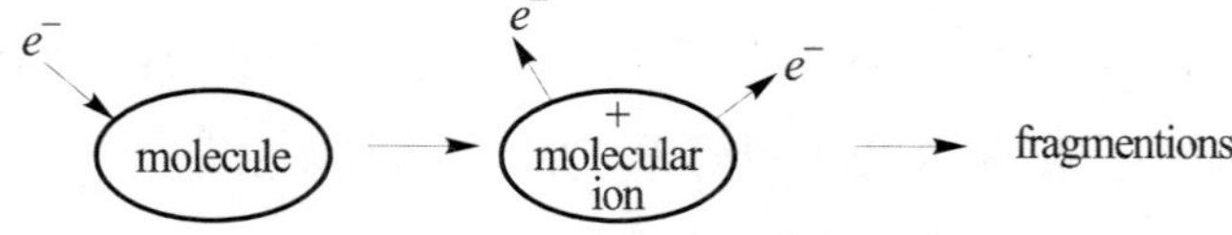

높은 에너지 전자 충격으로부터 생긴 분자 이온은 불안정하므로 자유 라디칼과 다른 이온의 더 작은 토막으로 쪼개진다. 전형적인 질량 분석계에서 양으로 하전된 토막이 검출된다.

질량 스펙트럼(mass spectrum)은 존재비(abundance), 즉 다른 양으로 하전된 토막들에 대한 상대적인 양 또는 토막의 질량대 전하비(mass to charge ratio)로 도시(plot)한다. 결과적으로 보면 실제로 질량 스펙트럼은 토막의 질량대 상대적 존재비를 기록한 것이다.

분자나 이온이 어떻게 토막으로 깨어지는 가는 어떤 작용기가 존재하느냐에 달려 있다. 그러므로 토막의 구조와 질량은 모체 분자 구조에 대한 단서를 제공해 준다. 또 흔히 질량 스펙트럼으로부터 그 화합물의 분자량을 결정할 수 있다. 앞서 언급했던 기타의 기기 분석법(instrumental method)과는 달리 질량 분석법(mass spectroscopy)은 전자기 복사와 화합물의 상호작용을 포함하고 있지 않다. 질량 분석계(mass spectroscopy)라 불리는 기기에서는 어떤 화합물의 소량을 증발시켜 전자 빔(electron beam)으로 충격을 준다. 전기장 및 전자장의 응용으로 나오는 양성 이온들은 질량에 따라 선별된다. 각 질량의 이온들의 존재비는 검출기(detector)에 의해 측정되고 그리고 기록된다. 그림 16-16에서 보여주는 바와 같은 질량 스펙트라는 막대 그래프로 표현된다.

모든 화합물은 토막이온(fragment ion)의 전형적인 모양(pattern)을 갖고 있다. 그림 16-16에서 이성질체 알칸들의 스펙트라 사이에 유의할 만한 차

이를 관찰하라. 미지 시료의 질량 스펙트럼을 이미 아는 화합물의 스펙트럼과 맞추어 보는 것은 어떤 유기화합물을 확인하는 중요한 방법이다. 질량 분석법은 단지 대단히 적은 시료를 필요로 하기 때문에 이와 같이 유기화합물 확인에 유용하게 쓰이고 있다. 10^{-8}~10^{-11}g보다 적은 양의 화합물도 감도가 좋은 질량 분석계로는 분석이 가능하다. 이러한 민감도 때문에, 대단히 적은 양으로도 그 영향이 대단히 큰 환경 오염물질이나 생리적 화합물들을 확인하기 위해 질량 분석법이 광범위하게 이용되고 있다.

질량 스펙트라는 역시 미지 화합물들의 구조에 관한 정보를 제공한다. 토막내기(frgmentation)는 부분적으로 예언할 수 있는 방법으로의 구조에 따라 결정된다. 예를 들면 토막내기는 보다 많은 안정성이 있는 여러 가지의 가능한 카르보 양이온(carbocation)을 생각해 내는 경향이 있다. 2-methylpentane의 질량 스펙트럼에서 두 개의 현저한 피크가 탄소-탄소 결합의 쪼개짐에 의해 생성될 수 있는 2차 카르보 양이온에 상응한다는 것을 관찰하라.

$$CH_3-\underset{\displaystyle CH_2}{\underset{|}{CH}}-CH_2-CH_2-CH_3 \longrightarrow CH_3-\underset{\displaystyle CH_3}{\underset{|}{CH^+}}$$

$$\longrightarrow {}^{+}\underset{\displaystyle CH_3}{\underset{|}{CH}}-CH_2-CH_2-CH_3$$

hexane의 탄소-탄소 결합의 쪼개짐은 단지 1차 이온(primary ion)을 생산할 수 있으며 그의 토막내기로 선택성이 덜 관찰된다.

일반적으로 질량 스펙트럼에서 가장 큰 질량의 피크는 분자 이온에 기인하므로 그 화합물의 분자량을 갖고 있다. 그림 16-16에서의 질량 스펙트라의 각각에서 가장 큰 질량의 피크가 86인 관찰결과는 그 화합물이 그와 같은 분자량을 갖고 있음을 암시한다. 그러나 이들이 완전한 토막내기를 진행시키기 때문에 몇 개의 화합물들 중 분자 이온들이 관찰되지 않는다.

큰 정확성으로 질량을 측정하는 질량 분석계를 사용하면 분자량뿐만 아니라 분자식까지도 측정될 수 있다.

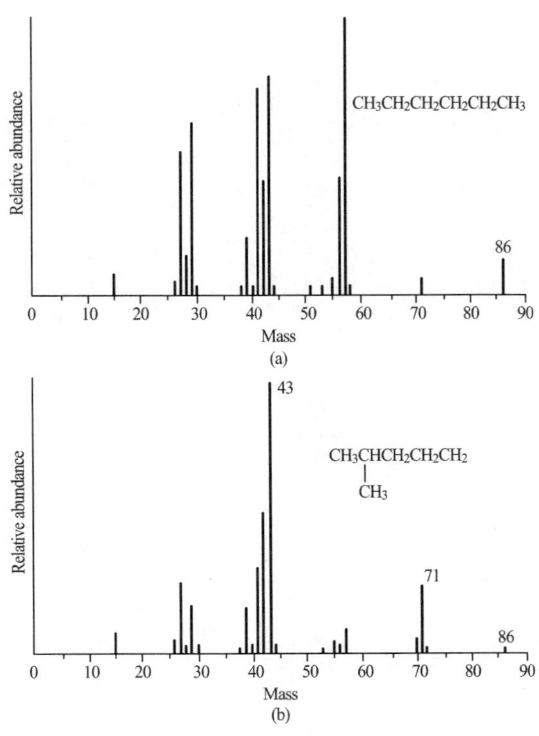

(a) hexane과 (b) 2-methylpentane의 질량 스펙트라

그림 16-16

C_6H_{14}, $C_5H_{10}N_2$를 포함하는 다종의 화학식을 갖는 화합물들은 86이라는 분자량을 갖고 있다. 그러나 각 동위원소의 원자량(정확하게 12.00000으로 정의된 ^{12}C를 제외한)은 소량에 의한 정수 값(integral value)과는 다르다. 예를 들면 ^{1}H은 1.00078, ^{14}N는 14.00307 그리고 ^{16}O은 15.99492 등이다. 그러므로 아래의 화학식에 상응하는 분자량은 정확히는 86이 아니다.

C_6H_{14}	86.10948
$C_5H_{10}O$	86.07311
$C_4H_{10}N_2$	8608434

이러한 값들을 구분하는데 충분한 정확성을 가지고 질량들을 측정하는 질량 분석계는 실제의 분자식을 정할 수 있게 한다.

【저자 소개】

박성수

- 송원대학교 식품영양학과 교수
- 농학박사

백승화

- 충북도립대학 바이오식품 생명과학과 교수
- 이학박사 / 식품기술사

박영호

- 한국국제대학교 제약공학과 교수
- 이학박사

유기화학

2011년 3월 2일 1판 1쇄 인 쇄
2011년 3월 7일 1판 1쇄 발 행

지은이 : 박 성 수·백 승 화·박 영 호

펴낸이 : 박 정 태

펴낸곳 : **광 문 각**

413-756
경기도 파주시 교하읍 문발리 파주출판문화도시
500-8 광문각빌딩 4층
등 록 : 1991. 5. 31 제12-484호
전화(代) : 031) 955-8787
팩 스 : 031) 955-3730
E-mail : kwangmk@unitel.co.kr
홈페이지 : www.kwangmoonkag.co.kr

• ISBN : 978-89-7093-615-4 93590

값 20,000원